Walter Ameling · Laplace-Transformation

Studienbücher Naturwissenschaft und Technik

Band 7

Walter Ameling

Laplace-Transformation

2., durchgesehene Auflage

Friedr. Vieweg & Sohn   Braunschweig/Wiesbaden

1. Auflage 1975
2., durchgesehene Auflage 1979

Alle Rechte vorbehalten
© Friedr. Vieweg & Sohn Verlagsgesellschaft mbH, Braunschweig 1979

Die Vervielfältigung und Übertragung einzelner Textabschnitte, Zeichnungen oder Bilder, auch für Zwecke der Unterrichtsgestaltung, gestattet das Urheberrecht nur, wenn sie mit dem Verlag vorher vereinbart wurden. Im Einzelfall muß über die Zahlung einer Gebühr für die Nutzung fremden geistigen Eigentums entschieden werden. Das gilt für die Vervielfältigung durch alle Verfahren einschließlich Speicherung und jede Übertragung auf Papier, Transparente, Filme, Bänder, Platten und andere Medien.

Satz: Günther Hartmann, Nauheim

Umschlaggestaltung: Peter Steinthal, Detmold

ISBN 978-3-528-29187-7   ISBN 978-3-322-89747-3 (eBook)
DOI 10.1007/978-3-322-89747-3

Vorwort

Die Laplace-Transformation hat durch die Breite ihrer Anwendungsmöglichkeiten ständig im Bereich der Technik an Bedeutung gewonnen. Sie ist heute für den in der Praxis stehenden Ingenieur, Physiker und Mathematiker ein wertvolles Hilfsmittel zur Bewältigung seiner Aufgaben geworden.
Mit diesem Buch möchte ich sowohl dem Studierenden an Hoch- und Fachhochschulen als auch dem Ingenieur der Praxis die Theorie und Anwendung der Laplace-Transformation auf übersichtliche Art näherbringen.
An fast allen Hochschulen ist die Theorie der Laplace-Transformation in gewissem Umfang heute bereits ein feststehender Bestandteil in der Grundlagenausbildung. Sowohl für den Elektro-Ingenieur und hier insbesondere für den Elektronik-Ingenieur als auch für den Regelungstechniker ist der vertraute Umgang mit der Laplace-Transformation ein notwendiges Rüstzeug zur Bewältigung seiner Probleme.
Bei der Auswahl und Anordnung des Stoffes bin ich davon ausgegangen, daß die Laplace-Transformation für den Ingenieur nicht nur eine klare und exakte Theorie zur Behandlung von Differentialgleichungen oder technischen Schaltvorgängen sein soll; sie soll ihn außerdem in die Lage versetzen, Probleme der Praxis erfolgreich zu bearbeiten.
Aus didaktischen Gründen habe ich es vorgezogen, nicht direkt mit der Vorstellung und Definition des Laplace-Integrals selbst zu beginnen, sondern eine Hinleitung zu vermitteln und eine Einführung in das Gebiet zu geben. Ich bin davon ausgegangen, daß durch eine kurze Behandlung nichtsinusförmiger periodischer und nichtperiodischer Vorgänge mit Hilfe der Fourier-Reihe bzw. dem Fourier-Integral ein besseres Verständnis für das Wesen der Integraltransformation ermöglicht wird und der Übergang zur Laplace-Transformation dem Leser besser nahegebracht wird.
Da dieses Buch im wesentlichen für Studierende an Hoch- und Fachhochschulen und für den Ingenieur in der Praxis gedacht ist, wird der Stoff in einer solchen Art und in einem solchen Umfang dargeboten, daß es sowohl dem Studierenden als auch dem nach seinem Studium bereits im Berufsleben stehenden Ingenieur möglich ist, sich ein relativ vollständiges Wissen über diese spezielle Integraltransformation anzueignen. Ferner sollen ihm die Anwendungsmöglichkeiten und zweckmäßigen Einsatzgebiete aufgezeigt und die Anwendung selbst bei seinen vielfältigen Arbeiten ermöglicht werden. Als Voraussetzung werden vom Leser Kenntnisse aus Einführungsvorlesungen der Differential- und Integralrechnung und der Grundlagen der Elektrotechnik erwartet. Durch den einleitenden Übergang über Fourier-Reihe und Fourier-Integral zum Laplace-Integral wird, so hoffe ich, das physikalische Verständnis so weit geweckt, daß die Zusammen-

hänge zwischen Ober- und Unterbereich bzw. Original- und Bildbereich dem Leser in jedem Augenblick der Problembearbeitung bewußt sind und er mit weniger Aufwand die Analyse oder Synthese seiner Problemstellung durchführt, als dies bei einer Behandlung ohne Laplace-Transformation möglich wäre.

Mit großer Ausführlichkeit werden die Grundlagen der Laplace-Transformation durch die Darstellung und Behandlung der verschiedenen Sätze über die Laplace-Transformation gelegt. An einfachen, kleinen Beispielen bei jedem dieser Sätze kann der Leser das Wesen der Laplace-Transformation kennen und begreifen lernen. Anschließend werden mit einer gewissen Ausführlichkeit die Methoden der Umkehrung der Laplace-Transformation, der sogenannten Rücktransformation oder inversen Laplace-Transformation, behandelt. Neben dem Gebrauch von Tabellen und der Methode der Partialbruchzerlegung, den beiden wichtigsten Methoden der Rücktransformation, wird auch auf das komplexe Umkehrintegral eingegangen. Da die Rücktransformation den schwierigsten Teil bei der Lösung mit Hilfe der Laplace-Transformation darstellen kann, sollte dieser Abschnitt besondere Beachtung finden.

Auf die Behandlung des asymptotischen Verhaltens von Funktionen konnte nicht verzichtet werden, weil insbesondere in der Regelungstechnik diese Betrachtungsweise die Grundlage für Stabilitätsuntersuchungen ist.

Nachdem in systematischer Folge das notwendige Rüstzeug der Laplace-Transformation dargestellt und behandelt ist, wird im Abschnitt über die Anwendungen der Laplace-Transformation versucht, an Hand einiger ausgewählter Gebiete dem Leser ein Gefühl für die Größe und Bedeutung der technischen Anwendungsgebiete zu vermitteln. Auch hier wurden bei der Auswahl des Stoffes entsprechend dem Einsatz der Laplace-Transformation Fragen der elektrischen Netzwerke und Regelungstechnik, des dynamischen Verhaltens und der Simulation technischer Vorgänge behandelt.

In einem Anhang sind für die praktische Anwendung neben den Tabellen zur Laplace-Transformation mit den wichtigsten Original- und Bildfunktionen auch Tabellen von Übertragungsfunktionen und Übergangsfunktionen dargestellt, die bei der Behandlung von technischen Problemen von großem Nutzen sind.

Mein besonderer Dank gilt meinem Assistenten, Herrn Dr. Rütters, für die Durchsicht des Manuskriptes, bei der er mir wertvolle Anregungen und Hinweise gegeben hat. Darüber hinaus hat mich Herr Dr. Rütters bei der sehr aufwendigen Arbeit der Zusammenstellung und Überprüfung der Tabellen sowie beim Lesen der Korrekturen mit großem Einsatz unterstützt. Für diese Arbeiten, die er mit Umsicht und Sorgfalt durchgeführt hat, möchte ich ebenfalls herzlichst danken. Dem Bertelsmann-Universitätsverlag danke ich für die gute Zusammenarbeit bei der Drucklegung.

Aachen, Dezember 1974 *Walter Ameling*

In der 2. Auflage sind Fehler korrigiert und geringfügige Änderungen angebracht worden.

Inhalt

1.	*Einleitung*	11
1.1	Geschichtlicher Überblick	11
1.2	Der Begriff der Transformation	12
2.	*Übergang zur Laplace-Transformation*	15
2.1	Approximation durch Orthogonalfunktionen	16
2.2	Die Behandlung nichtsinusförmiger periodischer Vorgänge	20
2.2.1	Die Fourier-Reihe	20
2.2.2	Die Auswirkung von Symmetrieeigenschaften auf die Fourier-Koeffizienten	25
2.2.3	Die Fourier-Reihe in komplexer Schreibweise	29
2.2.4	Verfahren zur Harmonischen Analyse	33
2.3	Die Behandlung nichtsinusförmiger nichtperiodischer Vorgänge	35
2.3.1	Das Fourier-Integral	36
2.3.2	Das Laplace-Integral	47
3.	*Die Laplace-Transformation*	52
3.1	Ableitung einiger einfacher Bildfunktionen	53
3.2	Hilfssätze der Laplace-Transformation	56
3.2.1	Der Satz über die Linearkombination	57
3.2.2	Der Ableitungssatz für die Originalfunktion	57
3.2.3	Der Integralsatz für die Originalfunktion	65
3.2.4	Der Ableitungssatz für die Bildfunktion	67
3.2.5	Der Integralsatz für die Bildfunktion	70
3.2.6	Der Ähnlichkeitssatz	72
3.2.7	Der Dämpfungssatz	74
3.2.8	Der Verschiebungssatz	75
3.2.9	Der Faltungssatz	80
3.3	Methoden der Rücktransformation	90
3.3.1	Der Gebrauch von Tabellen	91
3.3.2	Die Methode der Partialbruchzerlegung	91
3.3.2.1	Bildfunktionen mit einfachen Polen	91
3.3.2.2	Bildfunktionen mit Polen höherer Ordnung	95

3.3.3	Die Methode der Reihenentwicklung	102
3.3.4	Die direkte Methode (das komplexe Umkehrintegral)	103

4. Spezielle Sätze zur Laplace-Transformation 117

4.1	Die Erzeugung neuer Funktionenpaare aus bekannten Funktionenpaaren mit Hilfe des Faltungssatzes	118
4.2	Die Erzeugung von Bildfunktionen periodischer Funktionen . . .	126
4.3	Bildfunktionen mit gebrochenen Exponenten	131
4.4	Die Differentiation im Falle einer sprunghaften Änderung von f(t) zur Zeit t = 0	138
4.5	Die Transformierte der Deltafunktion	139
4.6	Asymptotisches Verhalten der Originalfunktion	141

5. Die Definition der Übertragungsfunktion und der Übergangsfunktion 146

5.1	Die Übertragungsfunktion	147
5.2	Die Übergangsfunktion	154
5.3	Die Antwortfunktion eines linearen Systems auf spezielle Erregungen	157

6. Die Anwendung der Laplace-Transformation 161

6.1	Die Behandlung gewöhnlicher Differentialgleichungen	161
6.1.1	Die Lösung der Differentialgleichung erster Ordnung	161
6.1.2	Die Lösung der Differentialgleichung zweiter Ordnung	163
6.1.3	Die Lösung der Differentialgleichung n-ter Ordnung	166
6.2	Die Behandlung von Differentialgleichungssystemen	168
6.3	Ausgleichsvorgänge und ihre Behandlung mit Hilfe der Laplace-Transformation	170
6.4	Einschwingvorgänge in allgemeinen elektrischen Netzwerken . . .	184
6.5	Dynamisches Verhalten von elektrischen Maschinen	187
6.6	Die Anwendung von Übertragungsfunktion und Übergangsfunktion	192
6.7	Regelungstechnische Anwendungen	200

7. Die Lösung partieller Differentialgleichungen 208

7.1	Die Lösung der Wärmeleitungs- oder Diffusionsgleichung	213
7.2	Die Lösung der Telegraphengleichung	219
7.2.1	Die verzerrungsfreie Leitung unendlicher Länge	225
7.2.2	Die verlustfreie Leitung unendlicher Länge	227

Inhalt 9

8.	*Die Behandlung von Differenzengleichungen*	229
8.1	Schreibweisen für Differenzengleichungen	231
8.2	Anfangswertprobleme bei Differenzengleichungen	233
8.3	Die Laplace-Transformation für Treppenfunktionen	235
8.4	Die diskrete Laplace-Transformation (ϑ-Transformation)	236
8.5	Die Laurent- oder Z-Transformation	238
8.6	Vergleich von $\mathcal{L}$-, ϑ- und Z-Transformation	239
9.	*Operatorenrechnung und verwandte Transformationen*	241
9.1	Zusammenhang zwischen Laplace-Transformation und Operatorenrechnung	241
9.2	Der Heavisidesche Entwicklungssatz	246
9.3	Die Laplace-Carson-Transformation	247
10.	*Tabellen zur Laplace-Transformation*	250
10.1	Hilfssätze	250
10.2	Spezielle Funktionenpaare	254
10.2.1	Rationale Funktionen	254
10.2.2	Irrationale und transzendente Funktionen	262
10.2.3	Stückweise stetige Funktionen	267
10.2.4	Funktionenverzeichnis	273
10.3	Kurzschlußkernimpedanzen	274
10.4	Übertragungs- und Übergangsfunktionen von Verstärkerschaltungen	284

Literaturverzeichnis 289

Sachwortverzeichnis 290

1. Einleitung

1.1 Geschichtlicher Überblick

Mit der zunehmenden theoretischen Durchdringung technischer Probleme hat die Lösung gewöhnlicher und partieller Differentialgleichungen ständig an Bedeutung gewonnen. Eine elegante Methode zur Lösung von Differentialgleichungen macht Gebrauch von der Laplace-Transformation. Das sogenannte Laplace-Integral und das inverse Laplace-Integral eignen sich ganz besonders zur Behandlung von Differentialgleichungen und Differentialgleichungssystemen. Die mathematische Formulierung der direkten Laplace-Transformierten einer Funktion f(t) lautet:

$$(1.1.1) \quad \mathcal{L}\{f(t)\} = F(s) = \int_0^\infty f(t)\, e^{-st}\, dt \,.$$

Der französische Mathematiker, Physiker und Astronom Pierre Simon Marquis de Laplace (1749 bis 1827) ist nicht der Schöpfer der Laplace-Transformation. Vielmehr machte Laplace bei seinen Untersuchungen auf dem Gebiet der Wahrscheinlichkeitsrechnung von der Transformation intensiven Gebrauch, so daß ihm diese Transformation zugeschrieben wurde. Auf Grund seiner großen Verdienste auf mathematischem und physikalischem Gebiet wurden u. a. sowohl die partielle Differentialgleichung $\frac{\partial^2 \varphi}{\partial x^2} + \frac{\partial^2 \varphi}{\partial y^2} + \frac{\partial^2 \varphi}{\partial z^2} = 0$ (Laplacesche Differentialgleichung), der Operator $\Delta = \frac{\partial^2}{\partial x^2} + \frac{\partial^2}{\partial y^2} + \frac{\partial^2}{\partial z^2}$ (Laplace-Operator) als auch das oben angegebene Integral nach ihm benannt.

Der englische Physiker Oliver Heaviside (1850 bis 1925) wandte die Maxwellsche Theorie auf die Ausbreitung elektrischer Ströme in Kabeln und Leitungen an. Bei dieser umfassenden Aufgabenstellung entwickelte er auf Grund seiner großen Erfahrung und Genialität die nach ihm benannte Heavisidesche Operatorenrechnung. Dieses im anglo-amerikanischen Raum sehr häufig anzutreffende Rechenverfahren zur Lösung von Differentialgleichungen ist mathematisch nicht befriedigend und stellt nur eine unvollkommene Form der heutigen Laplace-Transformation dar. In Abschnitt 9 dieses Buches wird der Zusammenhang zwischen Heavisidescher Operatorenrechnung und heutiger Laplace-Transformation dargestellt. Wegen der großen Einschränkungen bei der praktischen Anwendung konnte sich die Heavisidesche Operatorenrechnung nicht durchsetzen.

Wesentliche Verdienste bei der Weiterbildung der Operatorenrechnung und der Vervollkommnung der Laplace-Transformation haben die deutschen Forscher K. W. Wagner und G. Doetsch. Neben vielen anderen Wissenschaftlern haben gerade diese beiden sowohl vielfältige Anwendungen in der Technik und Mathematik als auch die mathematischen Zusammenhänge klar herausgearbeitet. Wer über den bereits im Vorwort genannten Zweck dieses Buches hinaus sich mit zusätzlichen Beweisen und Ableitungen in aller mathematischen Strenge und Ausführlichkeit beschäftigen will, dem seien vor allem die im Literaturverzeichnis genannten Werke empfohlen.

1.2 Der Begriff der Transformation

Unter *Transformation* oder *Abbildung* ist in der Technik und Mathematik ganz allgemein eine Zuordnung zu verstehen. Einer Menge von Objekten wird eine neue Menge von Objekten zugeordnet. Handelt es sich hierbei speziell um die Zuordnung zweier Funktionenmengen, so wird von *Funktionaltransformation* gesprochen. Wie in Bild 1.2.1 dargestellt ist, entspricht jeder Funktion f(t) aus dem Gebiet I auf Grund einer bestimmten Transformationsvorschrift eine neue Funktion F(s) aus dem Gebiet II. In Abhängigkeit vom Argument t — die

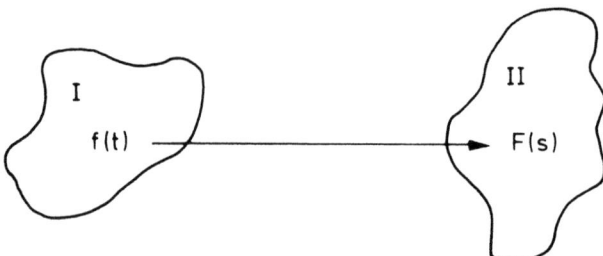

Bild 1.2.1: Veranschaulichung der Funktionaltransformation

Variable t kann entweder alle Werte aus einem Zahlenintervall oder nur Werte in äquidistanten Abständen t_0 annehmen — sind *stetige* und *diskrete* Transformationen zu unterscheiden. Als die wichtigsten stetigen Transformationen sind hier *Integraltransformationen* anzuführen. Die mathematische Formulierung dieser Transformationen lautet

$$(1.2.1) \qquad F(s) = \int_a^b K(t, s) \, f(t) \, dt \, .$$

1.2 Der Begriff der Transformation

In dieser Beziehung wird der Ausdruck K(t, s) als *Kern* der Transformation bezeichnet. An dieser Stelle sollen nur die in den späteren Kapiteln behandelten Integraltransformationen genannt werden:

(1.2.2) $\quad K(t, s) = e^{-ts} \begin{cases} \text{Fourier-Transformation} \\ s = j\omega \text{ (s imaginär)} \\ \\ \text{Laplace-Transformation} \\ s = \delta + j\omega \text{ (s komplex)} \end{cases}$

Einfache Transformationen hat praktisch jeder Techniker schon sehr früh kennengelernt, beispielsweise die logarithmische Transformation. Hier wird bei der Multiplikation zweier Zahlen x und y jeder Zahl der Logarithmus dieser Zahl (nach Tabelle oder Rechenschieber) zugeordnet. Sodann werden die Logarithmenwerte addiert. Aus der Summe wird schließlich mit Hilfe der Logarithmentafel der zugehörige Produktwert ermittelt. An die Stelle der Multiplikation von Zahlen tritt somit bei der logarithmischen Transformation eine Addition der entsprechenden Logarithmenwerte.

Voraussetzung für die Anwendung einer Transformation ist also eine eindeutige Zuordnung zwischen den Originalwerten oder Originalfunktionen und den transformierten Werten (Bildwerten) oder Bildfunktionen. Ist der Übergang von Originalfunktion zu Bildfunktion und umgekehrt von Bildfunktion zu Originalfunktion außerdem noch einfach und bequem, so ist in der Regel mit der Transformation eine Reduzierung des Rechenaufwandes bzw. Schwierigkeitsgrades verbunden.

Den Elektrotechnikern ist die sogenannte *komplexe Behandlung von Wechselstromaufgaben* so geläufig, daß sich niemand mehr des Transformationscharakters bewußt ist. Beispielsweise werden im *Zeitbereich* die Augenblickswerte von Strom und Spannung mit i und u bezeichnet. Seit der Einführung der komplexen Schwingungsrechnung durch Steinmetz um 1900 wird jedoch bei sinusförmigen Wechselströmen und Wechselspannungen sofort mit den entsprechenden komplexen Größen $\underline{I}$ und $\underline{U}$ gerechnet. In diesem *Bildbereich* werden also alle Lösungen ermittelt und diskutiert. Eine Rücktransformation in den Zeitbereich entfällt praktisch immer, da das sehr anschauliche Zeigerdiagramm der Bildwerte alle wesentlichen Zusammenhänge und Fragestellungen bereits beantwortet.

Bei der Berechnung von Einschwingvorgängen und ganz allgemein bei der Lösung linearer Differentialgleichungen erweist sich, wie noch gezeigt wird, die Laplace-Transformation als sehr nützlich. Bei der Laplace-Transformation wird mit Hilfe des in Gl. (1.1.1) angegebenen Integralausdrucks die gegebene Funktion f(t) (Originalfunktion) in eine andere Funktion F(s) (Bildfunktion) überführt, die sich in der Regel leichter behandeln läßt.

Der allgemeine Lösungsgang ist in Bild 1.2.2 an einem Beispiel aufgezeigt. Wie aus dem Bild hervorgeht, entspricht einer gewöhnlichen Differentialgleichung mit konstanten Koeffizienten im Originalbereich eine algebraische Gleichung im Bildbereich. Die Lösung der algebraischen Gleichung, die sich im allgemeinen auf einfachere Weise auffinden läßt, wird mit Hilfe der inversen Laplace-Transformation in den Originalbereich zurücktransformiert. Die gewünschte Ausgangsfunktion muß sich hierbei durch eine eindeutige Umkehrfunktion wiedergewinnen lassen.

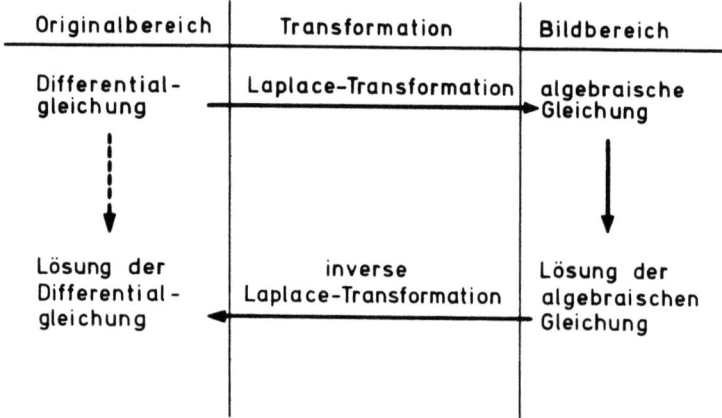

Bild 1.2.2: Lösungsgang bei der Laplace-Transformation

Bei der Laplace-Transformation bedeutet also in der vorgeschlagenen Schreibweise

$$\mathcal{L}\{f(t)\} = F(s) :$$

F(s) ist die Laplace-Transformierte von f(t). Die Zuordnung von f(t) und F(s) muß eindeutig in beiden Richtungen sein.

2. Übergang zur Laplace-Transformation

Wie im Vorwort bereits kurz angedeutet wurde, soll dem Leser dieses Buches der Zugang zur Theorie und Anwendung der Laplace-Transformation dadurch wesentlich erleichtert werden, daß die Laplace-Transformation nicht nur als eine spezielle Integraltransformation mit besonderen mathematischen Eigenschaften, aber ohne physikalische Deutung behandelt und beschrieben wird. Vielmehr wird das Laplace-Integral durch Heranziehen von Fourier-Reihe und Fourier-Integral sowie deren weithin bekannte, anschauliche Deutung als eine konsequente Weiterentwicklung des Fourier-Integrals mit gleicher Anschaulichkeit dargestellt.

Das Verständnis dieser Zusammenhänge wird durch einen umfassenden Überblick über das Verhalten von Funktionen und deren Beschreibung sowie Darstellung wesentlich erleichtert, zumal der Ingenieur Aussagen zur Lösung eines Problems in der Regel in verschiedenen Darstellungsbereichen, z. B. Zeitbereich und Frequenzbereich, zu machen hat.

Bei der Approximation irgendeiner gegebenen Funktion (graphisch oder mathematisch) wird besonders vorteilhaft das Verfahren des mittleren Fehlerquadrates zur Charakterisierung der Güte einer Näherung herangezogen. Außerdem haben sich insbesondere Orthogonalfunktionen wie die Sinus- und Kosinusfunktionen und Orthonormalfunktionen wie die Legendreschen Polynome bewährt, die zu einem wesentlich reduzierten mathematischen Aufwand bei der Approximation einer Funktion in einem vorgegebenen Intervall führen. Die anschließende Behandlung nichtsinusförmiger periodischer Vorgänge ergibt bei Verwendung der Sinus- und Kosinusfunktionen als Näherungsfunktionen mit dem diskreten Frequenzspektrum, dem sogenannten Linienspektrum im Frequenzbereich, eine äquivalente Aussage zur Funktion f(t) im Zeitbereich. Zeitbereich und Frequenzbereich sind vor allem für Nachrichtentechniker, Regelungstechniker und Physiker Arbeitsbereiche, in denen eine Problemstellung mal in dem einen, mal in dem anderen Bereich besser gelöst werden kann.

Wächst die zur Näherung der Funktion herangezogene Anzahl der Glieder des trigonometrischen Polynoms beliebig an, so führt dies auf die Fourier-Reihe. Diese Reihe beinhaltet die Darstellung einer Funktion durch Gleichanteil, Grundschwingung und Oberschwingungen (oder höhere Harmonische) und ermöglicht somit die Behandlung nichtsinusförmiger periodischer Vorgänge (Periodendauer T) mit Hilfe der bei Wechselstromaufgaben angewendeten komplexen Rechnung. Dies soll an einem Beispiel gezeigt werden.

An die Stelle der Fourier-Reihe tritt bei nichtsinusförmigen nichtperiodischen Vorgängen zwangsläufig ein Integral, das sogenannte *Fourier-Integral*; denn die Periodendauer T muß jetzt gegen Unendlich gehen. Hier stellt jetzt ein kontinuierliches Frequenzspektrum $f_b(\omega)$, häufig auch Spektralfunktion genannt, im Bildbereich die äquivalente Aussage zur Funktion f(t) im Zeitbereich dar. Auf die Schwierigkeiten bei der Behandlung von Problemen mit dem Fourier-Integral wird hingewiesen und hier bereits an einfachen Beispielen gezeigt, daß es aus Konvergenzgründen häufig zweckmäßiger ist, nicht die Spektralfunktion $f_b(\omega)$ zu ermitteln, sondern besser die Spektralfunktion der mit $e^{-\delta t}(\delta > 0)$ multiplizierten Funktion f(t) zu bestimmen und erst anschließend aus der so gewonnenen Bildfunktion $f_b(\omega, \delta)$ (bei der natürlich jetzt δ als Parameter eingeht) durch den Grenzübergang $\delta \to 0$ die Funktion $f_b(\omega)$ herzuleiten.

Erstreckt sich die unabhängige Veränderliche nur in einem Intervall $[0, \infty)$, so ergibt sich zwangsläufig das einseitige Fourier-Integral, welches dann bei genereller Einführung und Berücksichtigung der mit einem zeitabhängigen Dämpfungsglied multiplizierten Zeitfunktion (zur Sicherstellung der Konvergenz für $t \to \infty$) zum Laplace-Integral führt.

Da in der Technik die fundamentale Veränderliche die Zeit ist und praktisch alle technisch wichtigen Vorgänge sich in einem einseitig unendlichen Zeitintervall abspielen, hat die Laplace-Transformation die überragende Rolle bei der Behandlung von Schaltvorgängen und. Differentialgleichungssystemen eingenommen. Der zweite, nicht minder entscheidende Grund für die immer weitere Verbreitung der Laplace-Transformation ist die Tatsache, daß verschiedene mathematische Operationen (z. B. Differentiation und Integration) des Originalbereichs sich in einfacheren Operationen des Bildbereichs widerspiegeln und die physikalische Zuordnung zum Frequenzbereich jederzeit leicht möglich ist.

2.1 Die Approximation durch Orthogonalfunktionen

In der praktischen Mathematik liegt häufig die Aufgabe vor, gegebene, beliebige Funktionen darzustellen oder wenigstens zu approximieren. Von einer besonders einfachen Approximation wird bei der linearen Interpolation Gebrauch gemacht. Hierbei wird der im allgemeinen gekrümmte Funktionsverlauf zwischen zwei benachbarten Punkten durch einen linearen Verlauf ersetzt, beispielsweise ein Kreisbogen durch seine Sehne. Die Konstanten a_0 und a_1 der linearen Funktion $y = a_0 + a_1 \cdot x$ sind also derart zu bestimmen, daß die gegebenen Funktionswerte $y_1 = f(x_1)$ und $y_2 = f(x_2)$ von der Näherungsfunktion angenommen wurden. Genügt die lineare Interpolation nicht, so kann bei drei gegebenen Punktepaaren $P_1(x_1, y_1)$, $P_2(x_2, y_2)$, $P_3(x_3, y_3)$ die Näherung durch eine Parabel $y = a_0 + a_1 \cdot x + a_2 \cdot x^2$ (Polynom 2-ten Grades) vorgenommen werden.

2.1 Die Approximation durch Orthogonalfunktionen

Sind n Punktepaare P_1 bis P_n gegeben, so läßt sich über den Ansatz

(2.1.1) $\quad y = a_0 + a_1 x + a_2 x^2 + \ldots + a_{n-1} x^{n-1}$

als Näherungsfunktion ein Polynom (n−1)-ten Grades bestimmen, das an n Punkten mit der gegebenen Funktion übereinstimmt. Jedes Punktepaar liefert dem obigen Ansatz entsprechend eine Gleichung zur Bestimmung der n Koeffizienten $a_0, a_1, \ldots, a_{n-1}$, d. h., diese n Unbekannten können durch Auflösung eines Gleichungssystems n-ten Grades ermittelt werden.

Beim Newtonschen Interpolationsverfahren vereinfacht sich die Rechnung dadurch, daß alle Punkte im gleichen Abstand Δx voneinander liegen und so ein allgemeiner Ausdruck für n Punkte mit Differenzen höherer Ordnung vorliegt. Die beschriebene Annäherung einer vorgegebenen Funktion $y = f(x)$ durch ein Polynom (n−1)-ten-Grades erfolgte unter der Bedingung, daß die Näherungsfunktion in n vorgegebenen Punkten mit der gegebenen Funktion genau übereinstimmen soll. Es fragt sich jedoch, ob dies die beste Art der Annäherung ist. Es kommt unter Umständen nicht so sehr darauf an, daß in vorgegebenen Punkten vollständige Übereinstimmung herrscht, sondern vielmehr, daß die Funktion f(x) im gesamten betrachteten Intervall möglichst genau durch das Polynom angenähert wird, d. h., daß der Fehler an keiner Stelle des Intervalls eine vorgegebene maximale Abweichung überschreiten soll. Wird die Näherungsfunktion mit g(x) bezeichnet, so ist unter dem *Fehler F* die Differenz zwischen den Funktionswerten der Funktionen f(x) und g(x) zu verstehen.

(2.1.2) $\quad F = f(x) - g(x)$.

Der mittlere Fehler $\bar{F}$ im Intervall $[x_1, x_2]$ berechnet sich zu

(2.1.3) $\quad \bar{F} = \dfrac{1}{x_2 - x_1} \displaystyle\int_{x_1}^{x_2} [f(x) - g(x)]\, dx$.

Wie hieraus zu erkennen ist, ist der mittlere Fehler allgemein kein gutes Maß für den Fehler; denn positive und negative Fehler können, jeder für sich, groß sein, sich aber im Mittel aufheben. Es ist daher besser, den Mittelwert des Fehlerbetrages als Maß zu wählen.

(2.1.4) $\quad |\bar{F}| = \dfrac{1}{x_2 - x_1} \displaystyle\int_{x_1}^{x_2} |f(x) - g(x)|\, dx$.

Hier gehen die Vorzeichen der Fehler nicht in die Rechnung ein. Das Verfahren eignet sich in der Regel jedoch nicht zur Berechnung, da der Betrag auf analytische Weise nicht gut erfaßbar ist. Anstelle der Absolutbeträge werden nach Gauß die Quadrate der Fehler in obiger Gleichung verwendet. Dieses Verfahren ist günstiger, da das Fehlerquadrat eine positive Größe ist und somit zugleich die Vorzeichen der Fehler ausgeschaltet werden.

Gegeben sei nun in einem endlichen Intervall [x_1, x_2] eine reelle, stetige Funktion $y = f(x)$. Ferner sei ein System von gleichfalls stetigen Funktionen $g_k(x)$ mit $k = 1(1)n$ vorgegeben. Aus diesen Funktionen soll zur Annäherung der Funktion $f(x)$ ein Ausdruck der Form

(2.1.5) $\qquad g(x) = a_1 g_1(x) + a_2 g_2(x) + \ldots + a_n g_n(x)$

gebildet werden. Die Koeffizienten a_k sollen derart bestimmt werden, daß die Funktion $f(x)$ im Intervall [x_1, x_2] möglichst gut approximiert wird. Die Annäherung sei dabei wiederum im Sinne der Methode des kleinsten Fehlerquadrates verstanden, so daß jetzt der Ausdruck

(2.1.6) $\qquad \overline{F^2} = \dfrac{1}{x_2 - x_1} \int\limits_{x_1}^{x_2} [f(x) - g(x)]^2 \, dx = \dfrac{1}{x_2 - x_1} I$

ein Minimum wird. Dieses Integral kann als Funktion der zu bestimmenden Koeffizienten a_k aufgefaßt werden. Die zur Erfüllung des Minimums notwendigen Bedingungen lauten:

(2.1.7) $\qquad \dfrac{\partial I}{\partial a_k} = 0 \qquad$ mit $k = 1(1)n$.

Die partielle Ableitung von Gl. (2.1.6) nach a_1 ergibt sich zu

$$\dfrac{\partial I}{\partial a_1} = \int\limits_{x_1}^{x_2} 2[f(x) - g(x)] \left[-\dfrac{\partial g(x)}{\partial a_1}\right] dx = 0.$$

Da $\dfrac{\partial g(x)}{\partial a_1} = g_1(x)$ ist, folgt

$$\int\limits_{x_1}^{x_2} [f(x) - g(x)] g_1(x) \, dx = 0$$

bzw.

$$\int\limits_{x_1}^{x_2} g_1(x) g(x) \, dx = \int\limits_{x_1}^{x_2} f(x) g_1(x) \, dx.$$

Wird hierin die Funktion $g(x)$ entsprechend Gl. (2.1.5) substituiert, so führt dies auf die erste Bestimmungsgleichung zur Ermittlung der Koeffizienten a_k.

(2.1.8) $\qquad a_1 \int\limits_{x_1}^{x_2} g_1(x) g_1(x) \, dx + a_2 \int\limits_{x_1}^{x_2} g_1(x) g_2(x) \, dx + \ldots$

$$+ a_n \int\limits_{x_1}^{x_2} g_1(x) g_n(x) \, dx = \int\limits_{x_1}^{x_2} f(x) g_1(x) \, dx.$$

2.1 Die Approximation durch Orthogonalfunktionen

Für $\dfrac{\partial I}{\partial a_2} = 0$ ergibt sich dementsprechend mit $\dfrac{\partial g(x)}{\partial a_2} = g_2(x)$ die zweite Bestimmungsgleichung:

(2.1.9) $\quad a_1 \int_{x_1}^{x_2} g_2(x)\, g_1(x)\, dx + a_2 \int_{x_1}^{x_2} g_2(x)\, g_2(x)\, dx + \ldots$

$\qquad\qquad + a_n \int_{x_1}^{x_2} g_2(x)\, g_n(x)\, dx = \int_{x_1}^{x_2} f(x)\, g_2(x)\, dx\ .$

In Analogie hierzu führt die n-te Gleichung $\dfrac{\partial I}{\partial a_n} = 0$ mit $\dfrac{\partial g(x)}{\partial a_n} = g_n(x)$ auf

(2.1.10) $\quad a_1 \int_{x_1}^{x_2} g_n(x)\, g_1(x)\, dx + a_2 \int_{x_1}^{x_2} g_n(x)\, g_2(x)\, dx + \ldots$

$\qquad\qquad + a_n \int_{x_1}^{x_2} g_n(x)\, g_n(x)\, dx = \int_{x_1}^{x_2} f(x)\, g_n(x)\, dx\ .$

Somit ergeben sich n lineare Gleichungen für die n Unbekannten $a_1, a_2, \ldots, a_n$. Eine Lösung des Gleichungssystems ist praktisch immer möglich, gleichgültig um welche besonderen Funktionen $g_k(x)$ es sich handelt. Die Koffizienten a_k ändern sich im allgemeinen, falls zur Verbesserung der Approximation eine weitere Funktion $g_{n+1}(x)$ hinzugenommen wird. Wird nun eine besondere Klasse von Funktionen $g_k(x)$ gewählt, die in bezug auf das Intervall $[x_1, x_2]$ sämtlich zueinander orthogonal sind, für die also

(2.1.11) $\quad \int_{x_1}^{x_2} g_i(x)\, g_k(x)\, dx = 0 \quad \text{mit} \quad \begin{cases} i = 1(1)n \\ k = 1(1)n \\ i \neq k \end{cases}$

gilt, dann vereinfachen sich die Bestimmungsgleichungen wesentlich. Die n unbekannten Koeffizienten können demzufolge bei orthogonalen Funktionen $g_k(x)$ mit Hilfe des folgenden Gleichungssystems ermittelt werden:

$$a_1 \int_{x_1}^{x_2} [g_1(x)]^2\, dx = \int_{x_1}^{x_2} f(x)\, g_1(x)\, dx$$

$$a_2 \int_{x_1}^{x_2} [g_2(x)]^2\, dx = \int_{x_1}^{x_2} f(x)\, g_2(x)\, dx$$

$$\vdots \qquad\qquad\qquad \vdots$$

$$a_n \int_{x_1}^{x_2} [g_n(x)]^2\, dx = \int_{x_1}^{x_2} f(x)\, g_n(x)\, dx\ .$$

Für die Koeffizienten a_k gilt also allgemein

$$(2.1.12) \quad a_k = \frac{\int_{x_1}^{x_2} f(x)\, g_k(x)\, dx}{\int_{x_1}^{x_2} [g_k(x)]^2\, dx} \quad \text{mit } k = 1(1)n\,.$$

Alle Koeffizienten sind hiermit endgültig bestimmt; der Koeffizient a_1 zum Beispiel hängt nur noch vom Verlauf der Funktionen $f(x)$ und $g_1(x)$, nicht aber mehr von den Funktionen $g_2(x)$ bis $g_n(x)$ ab. Wird auch hier zur besseren Approximation eine weitere Funktion $g_{n+1}(x)$ hinzugenommen, so hat dies keinen Einfluß auf die Koeffizienten a_1 bis a_n. Diese brauchen also nicht mehr neu berechnet zu werden, sie sind endgültig. In diesem wichtigen Vorteil liegt die bevorzugte Verwendung von *Orthogonalfunktionen* zur Approximation von Funktionen begründet.

Sind die gewählten Funktionen $g_k(x)$ in bezug auf das gewählte Intervall $[x_1, x_2]$ auch noch normiert, gilt also

$$(2.1.13) \quad \int_{x_1}^{x_2} [g_k(x)]^2\, dx = 1\,,$$

so ergibt sich ein noch einfacherer Ausdruck für die n Koeffizienten, und zwar

$$(2.1.14) \quad a_k = \int_{x_1}^{x_2} f(x)\, g_k(x)\, dx \quad \text{mit } k = 1(1)n\,.$$

Funktionen, die bezüglich eines gewählten Intervalls sowohl orthogonal zueinander als auch normiert sind, heißen *Orthonormalfunktionen*.

2.2 Die Behandlung nichtsinusförmiger periodischer Vorgänge

2.2.1 Die Fourier-Reihe

Unter der *harmonischen Analyse* ist die Darstellung periodischer Funktionen durch Summen rein sinusförmiger Bestandteile zu verstehen. Diese Aufgabe tritt in der Technik, vor allem in der Elektrotechnik, sehr häufig auf. Meist handelt es sich bei den zu approximierenden Funktionen um Funktionen der Zeit. Zunächst sei die Aufgabe gestellt, eine in einem Intervall $[t_0, t_0 + T]$

2.2 Die Behandlung nichtsinusförmiger periodischer Vorgänge   21

gegebene Funktion f(t) durch eine Funktion g(t) möglichst gut zu approximieren.

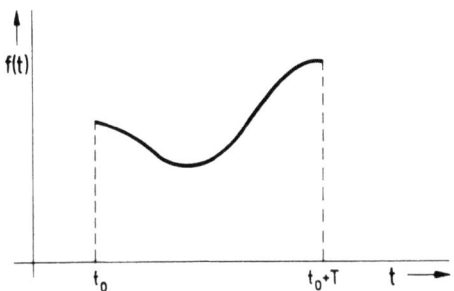

Bild 2.2.1.1: Zeitfunktion im Intervall $[t_0, t_0 + T]$.

Die Approximationsfunktion soll sich aus Einzelfunktionen zusammensetzen, die wie folgt angesetzt werden:

$$1, \cos \omega t, \cos 2\omega t, \ldots, \cos n\omega t$$
$$\sin \omega t, \sin 2\omega t, \ldots, \sin n\omega t.$$

Die Funktion f(t) wird also durch eine Funktion g(t) angenähert, die sich aus (2n+1) Teilfunktionen zusammensetzt und über die Gewichtsfaktoren $\frac{a_0}{2}$, a_1, $a_2, \ldots, a_n, b_1, b_2, \ldots, b_n$ mit diesen Teilfunktionen verknüpft sein soll. Es gilt somit

$$(2.2.1.1) \quad g(t) = \frac{a_0}{2} + a_1 \cos \omega t + a_2 \cos 2\omega t + \ldots + a_n \cos n\omega t$$
$$+ b_1 \sin \omega t + b_2 \sin 2\omega t + \ldots + b_n \sin n\omega t .$$

$$= \frac{a_0}{2} + \sum_{k=1}^{n} [a_k \cos k\omega t + b_k \sin k\omega t]$$

$$= \frac{a_0}{2} g_0(t) + \sum_{k=1}^{n} [a_k g_{1k}(t) + b_k g_{2k}(t)] .$$

Hierin ist $\omega = 2\pi \cdot f = \frac{2\pi}{T}$ oder $T = \frac{2\pi}{\omega}$. Die Sinus- und Kosinusglieder gleicher Frequenz können darüber hinaus noch zusammengefaßt werden. Dann ergibt sich der Zusammenhang

$$a_k \cos k\omega t + b_k \sin k\omega t = A_k \cos(k\omega t + \varphi_k)$$

$$\text{mit } A_k = \sqrt{a_k^2 + b_k^2} \quad \text{und} \quad \varphi_k = \arctan \frac{b_k}{a_k}.$$

Die Approximationsfunktion g(t) besitzt die Periodendauer T (auch primitive Periode genannt). Da aber

$$\cos k\omega(t + T) = \cos k\omega t \cos k\omega T - \sin k\omega t \sin k\omega T = \cos k\omega t$$

und

$$\sin k\omega(t + T) = \sin k\omega t \cos k\omega T + \cos k\omega t \sin k\omega T = \sin k\omega t$$

ist, gilt also stets

(2.2.1.2) $\quad f(t) = f(t + T)$.

Der entscheidende Vorteil für die Verwendung der Sinus- und Kosinusfunktionen liegt in der Orthogonalität dieser Funktionen in bezug auf jedes Intervall der Breite T begründet.

Ob die Orthogonalitätsbedingung erfüllt ist, soll nun kurz für einige Fälle nachgewiesen werden. Zur Vereinfachung der Rechnung wird hierbei ohne Beschränkung der Allgemeinheit $t_0 = -\frac{T}{2}$ gesetzt.

1. $\quad \displaystyle\int_{t_0}^{t_0 + T} \cos p\omega t \sin q\omega t \, dt = \int_{-\frac{T}{2}}^{\frac{T}{2}} \cos p\omega t \sin q\omega t \, dt = 0$.

Wird das Gesamtintegral über das Integrationsintervall $[-\frac{T}{2}, \frac{T}{2}]$ in zwei Teilintegrale über die Intervalle $[-\frac{T}{2}, 0]$ und $[0, \frac{T}{2}]$ aufgespalten und bei einem Teilintegral die Substitution $t' = -t$ durchgeführt, so folgt, daß sich beide Teilintegrale nur durch das Vorzeichen unterscheiden. Das Gesamtintegral ist also gleich Null. Diese Beziehung gilt für jedes Wertepaar (p, q), also auch für p = q und p = 0.

2. Für $p \neq q$ gilt

$$\int_{t_0}^{t_0 + T} \cos p\omega t \cos q\omega t \, dt = \int_{-\frac{T}{2}}^{\frac{T}{2}} \cos p\omega t \cos q\omega t \, dt$$

$$= 2 \int_0^{\frac{T}{2}} \cos p\omega t \cos q\omega t \, dt = \int_0^{\frac{T}{2}} [\cos(p+q)\omega t + \cos(p-q)\omega t] \, dt$$

2.2 Die Behandlung nichtsinusförmiger periodischer Vorgänge

$$= \frac{1}{(p+q)\omega} \sin(p+q)\omega t \Big|_0^{\frac{T}{2}} + \frac{1}{(p-q)\omega} \sin(p-q)\omega t \Big|_0^{\frac{T}{2}} = 0.$$

3. Für $p \neq q$ ergibt sich weiterhin

$$\int_{t_0}^{t_0+T} \sin p\omega t \sin q\omega t \, dt = \int_{-\frac{T}{2}}^{\frac{T}{2}} \sin p\omega t \sin q\omega t \, dt$$

$$= 2 \int_0^{\frac{T}{2}} \sin p\omega t \sin q\omega t \, dt = \int_0^{\frac{T}{2}} [\cos(p+q)\omega t - \cos(p-q)\omega t] \, dt = 0.$$

Sämtliche Einzelfunktionen des Ansatzes sind also zueinander orthogonal. Sie sind jedoch nicht normiert.
Auf Grund dieser Orthogonalitätsbeziehungen der trigonometrischen Funktionen vereinfachen sich die Gleichungen zur Bestimmung der Koeffizienten a_k und b_k wesentlich. Das Nennerintegral der Bestimmungsgleichung (2.1.12) für die Gewichtsfaktoren lautet allgemein

$$\int_{t_0}^{t_0+T} [g_k(t)]^2 \, dt$$

und nimmt die folgenden Werte an $\left(t_0 = -\frac{T}{2}\right)$:

1. $g_0(t) = 1$

(2.2.1.3) $$\int_{-\frac{T}{2}}^{\frac{T}{2}} 1^2 \, dt = T,$$

2. $g_{1k}(t) = \cos k\omega t$ mit $k = 1(1)\ldots$

(2.2.1.4) $$\int_{-\frac{T}{2}}^{\frac{T}{2}} \cos^2 k\omega t \, dt = \int_0^{\frac{T}{2}} 2\cos^2 k\omega t \, dt$$

$$= \int_0^{\frac{T}{2}} (\cos 2k\omega t + 1) \, dt = \frac{T}{2},$$

3. $g_{2k}(t) = \sin k\omega t$ mit $k = 1(1)\ldots$

$$(2.2.1.5) \quad \int_{-\frac{T}{2}}^{\frac{T}{2}} \sin^2 k\omega t \, dt = \int_{-\frac{T}{2}}^{\frac{T}{2}} (1 - \cos^2 k\omega t) \, dt = \frac{T}{2} \, .$$

Mit den in den obigen Gleichungen ermittelten Werten ergeben sich nunmehr die Gewichtsfaktoren der Näherungsfunktion g(t) gemäß Gl. (2.2.1.1) zu

$$(2.2.1.6) \quad \frac{a_0}{2} = \frac{1}{T} \int_{t_0}^{t_0+T} f(t) \, dt$$

$$(2.2.1.7) \quad a_k = \frac{2}{T} \int_{t_0}^{t_0+T} f(t) \cos k\omega t \, dt$$

$$(2.2.1.8) \quad b_k = \frac{2}{T} \int_{t_0}^{t_0+T} f(t) \sin k\omega t \, dt \quad \bigg\} \quad \text{mit } k = 1(1)\ldots \, .$$

Wird nun die Gliederzahl des trigonometrischen Polynoms beliebig vergrößert (n → ∞), so führt dies auf die Fourier-Reihe

$$(2.2.1.9) \quad g(t) = \frac{a_0}{2} + \sum_{k=1}^{\infty} (a_k \cos k\omega t + b_k \sin k\omega t) \, .$$

Hierin wird

$$(2.2.1.10) \quad a_1 \cos \omega t + b_1 \sin \omega t = \sqrt{a_1^2 + b_1^2} \, \cos\!\left(\omega t - \arctan \frac{b_1}{a_1}\right)$$

als die *Grundschwingung* oder *erste harmonische Schwingung* bezeichnet; die übrigen Schwingungen heißen *Oberschwingungen* oder auch *höhere harmonische Schwingungen*. Der Faktor $\frac{a_0}{2}$ wird *Gleichanteil* genannt.

Rein formal lassen sich die Fourier-Koeffizienten der Gleichungen (2.2.1.6) bis (2.2.1.8) zwar zu jeder periodischen Funktion bilden, die bis auf endlich viele Sprungstellen[1] stetig ist; es gibt aber durchaus stetige Funktionen, deren Fourier-Reihen zu einer vom Funktionswert verschiedenen Summe konvergieren. Die Fourier-Reihe (2.2.1.9) wird jedoch immer f(t) als Konvergenzwert haben, wenn f(t) im Intervall $[t_0, t_0 + T]$ nur endlich viele Extrema besitzt. Da

---

[1] An Sprungstellen t_k nimmt die Fourier-Reihe den Grenzwert $\lim\limits_{\epsilon \to 0} \frac{1}{2}[f(t_k - \epsilon) + f(t_k + \epsilon)]$ an.

dies stets für die in der Praxis vorhandenen periodischen Funktionen zutrifft, lassen sich diese Funktionen in eine konvergente Reihe mit den nach den Gln. (2.2.1.6) bis (2.2.1.8) zu berechnenden Koeffizienten entwickeln.
Bisher wurde nur eine in einem bestimmten Intervall vorgegebene Funktion f(t) durch die periodische Funktion g(t) approximiert. Diese Näherung gilt selbstverständlich nur innerhalb des Intervalls. Ist aber die Funktion f(t) selbst periodisch mit der Periode T, dann wird f(t) auch außerhalb des gegebenen Intervalls ebenso gut wie im Inneren des Intervalls durch g(t) angenähert. In diesem Fall kann das Intervall der Breite T beliebig gelegt werden, z. B. von $-\frac{T}{2}$ bis $\frac{T}{2}$.
Hierdurch ergeben sich im Falle besonderer Symmetrieeigenschaften der Funktion f(t) weitere wesentliche Vereinfachungen.

2.2.2 Die Auswirkung von Symmetrieeigenschaften auf die Fourier-Koeffizienten

Bei der Berechnung der Fourier-Koeffizienten ist es zweckmäßig, die periodische Funktion f(t) auf besondere Symmetrieeigenschaften hin zu untersuchen. Unter gewissen Bedingungen läßt sich nämlich von vornherein sagen, daß eine Gruppe von Sinus- oder Kosinusgliedern in der Fourier-Reihe nicht auftreten kann. Die zu diesen Gliedern gehörenden Koeffizienten müssen Null sein. Daher wird nun anstelle des Intervalles [t_0, t_0 + T] das Intervall $\left[-\frac{T}{2}, \frac{T}{2}\right]$ betrachtet. Wegen der Periodizität der Funktion f(t) ist diese Intervallverschiebung unerheblich.

1. f(t) = f(−t)
   Eine Funktion f(t) wird als *gerade* Funktion bezeichnet, falls sie der Beziehung f(t) = f(−t) genügt. Eine gerade Funktion ist also zur Geraden t = 0 spiegelsymmetrisch. In diesem Falle treten in der Fourier-Reihe nur Kosinusglieder auf; sämtliche Koeffizienten b_k sind gleich Null. Es gilt also:

$$a_k = \frac{2}{T} \int_{-\frac{T}{2}}^{\frac{T}{2}} f(t) \cos k\omega t \, dt = \frac{4}{T} \int_{0}^{\frac{T}{2}} f(t) \cos k\omega t \, dt$$

mit k = 0(1)...

(2.2.2.1)

$$b_k = 0 \qquad \text{mit k = 1(1)....}$$

Bei der Berechnung der b_k ist die gerade Funktion f(t) mit der ungeraden Funktion sin kωt zu multiplizieren; das Produkt ist eine ungerade Funktion,

Das Integral einer ungeraden Funktion über ein zu t = 0 symmetrisches Intervall jedoch ist Null.

2. $f(t) = -f(-t)$

Eine Funktion f(t) wird *ungerade* Funktion genannt, falls sie die Beziehung $f(t) = -f(-t)$ erfüllt. Eine ungerade Funktion ist zum Koordinatenursprung punktsymmetrisch. In der Fourier-Reihe kommen nur Sinusglieder vor; sämtliche Koeffizienten a_k sind gleich Null.

$$a_k = 0$$

(2.2.2.2)
$$b_k = \frac{2}{T} \int_{-\frac{T}{2}}^{\frac{T}{2}} f(t) \sin k\omega t \, dt = \frac{4}{T} \int_{0}^{\frac{T}{2}} f(t) \sin k\omega t \, dt$$

mit $k = 1(1) \ldots$

Das Integral des Produktes der ungeraden Funktion f(t) mit der geraden Funktion $\cos k\omega t$ über ein zu t = 0 symmetrisches Intervall verschwindet, so daß sämtliche $a_k = 0$ sind.

3. $f(t) = -f(t + \frac{T}{2})$

Erfüllt die Funktion f(t) die Beziehung $f(t) = -f(t + \frac{T}{2})$, so kommen in der Fourier-Reihe nur ungeradzahlige Schwingungen vor. Daß für die Koeffizienten $a_{2k} = b_{2k} = 0$ gilt, folgt aus

(2.2.2.3)
$$\int_{0}^{\frac{T}{2}} f(t) \begin{Bmatrix} \cos 2k\omega t \\ \sin 2k\omega t \end{Bmatrix} dt = \int_{-\frac{T}{2}}^{0} f\left(t + \frac{T}{2}\right) \begin{Bmatrix} \cos 2k\omega t \\ \sin 2k\omega t \end{Bmatrix} dt$$

$$= - \int_{-\frac{T}{2}}^{0} f(t) \begin{Bmatrix} \cos 2k\omega t \\ \sin 2k\omega t \end{Bmatrix} dt.$$

Für alle ungeradzahligen Koeffizienten ergibt sich

(2.2.2.4)
$$\begin{Bmatrix} a_{2k+1} \\ b_{2k+1} \end{Bmatrix} = \frac{4}{T} \int_{0}^{\frac{T}{2}} f(t) \begin{Bmatrix} \cos(2k+1)\omega t \\ \sin(2k+1)\omega t \end{Bmatrix} dt \quad \text{mit } k = 0(1) \ldots$$

4. $f(t) = f(t + \frac{T}{2})$

In der Fourier-Reihe kommen nur geradzahlige Oberschwingungen vor, falls die Funktion f(t) der Beziehung $f(t) = f(t + \frac{T}{2})$ genügt. Wegen

2.2 Die Behandlung nichtsinusförmiger periodischer Vorgänge

$$(2.2.2.5) \int_0^{\frac{T}{2}} f(t) \left\{ \begin{array}{c} \cos(2k+1)\omega t \\ \sin(2k+1)\omega t \end{array} \right\} dt = - \int_{-\frac{T}{2}}^0 f\left(t+\frac{T}{2}\right) \left\{ \begin{array}{c} \cos(2k+1)\omega t \\ \sin(2k+1)\omega t \end{array} \right\} dt$$

$$= - \int_{-\frac{T}{2}}^0 f(t) \left\{ \begin{array}{c} \cos(2k+1)\omega t \\ \sin(2k+1)\omega t \end{array} \right\} dt$$

gilt für alle ungeradzahligen Koeffizienten $a_{2k+1} = b_{2k+1} = 0$. Die geradzahligen Koeffizienten betragen schließlich

$$(2.2.2.6) \quad \left\{ \begin{array}{c} a_{2k} \\ b_{2k} \end{array} \right\} = \frac{4}{T} \int_0^{\frac{T}{2}} f(t) \left\{ \begin{array}{c} \cos 2k\omega t \\ \sin 2k\omega t \end{array} \right\} dt \quad \text{mit } k = \left\{ \begin{array}{c} 0(1)\ldots \\ 1(1)\ldots \end{array} \right\}.$$

Im folgenden sollen kurz einige Beispiele zur Fourier-Zerlegung behandelt werden.

1. Beispiel

Für die in Bild 2.2.2.1 dargestellte Funktion f(t), die durch die Beziehung

$$f(t) = |A \sin \omega t| \quad \text{mit } \omega = \frac{2\pi}{T}$$

beschrieben wird, sollen die Fourier-Koeffizienten ermittelt werden.

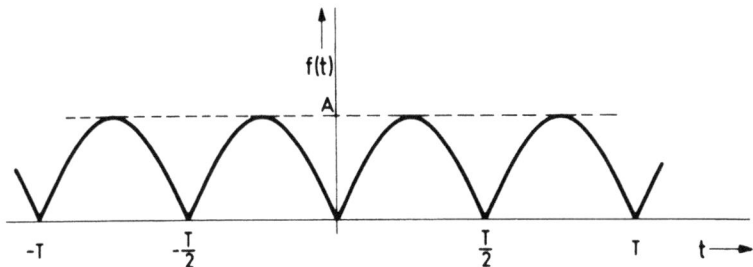

Bild 2.2.2.1: Gleichgerichtete Schwingung

Die gleichgerichtete Sinusschwingung (Zweiweggleichrichtung) ist wegen $f(t) = f(-t)$ eine gerade Funktion, so daß in der Fourier-Reihe nur Kosinusglieder auftreten. Außerdem ist noch $f(t) = f(t + \frac{T}{2})$ erfüllt; damit kommen nur geradzahlige Kosinusglieder (der Gleichanteil ist hierbei als eine entartete Kosinusschwingung mit der Kreisfrequenz $\omega = 0$ aufzufassen) in der Fourier-Reihe vor. Die geradzahligen Koeffizienten a_{2k} betragen entsprechend Gl. (2.2.2.6)

$$a_{2k} = \frac{4}{T} \int_0^{\frac{T}{2}} A \sin \omega t \cos 2k\omega t \, dt = \frac{2A}{\pi} \frac{-2}{4k^2 - 1} \quad \text{mit } k = 0(1) \ldots \quad .$$

Damit ergibt sich schließlich die Fourier-Reihe

(2.2.2.7) $\qquad f(t) = \frac{2A}{\pi} \left(1 - 2 \sum_{k=1}^{\infty} \frac{\cos 2k\omega t}{4k^2 - 1}\right).$

Werden die Koeffizienten a_{2k} über dem Vielfachen k der Kreisfrequenz ω aufgetragen, so führt dies auf das in Bild 2.2.2.2 dargestellte *diskrete* Spektrum, das sogenannte *Linienspektrum*, das der Funktion f(t) in der Aussage äquivalent ist.

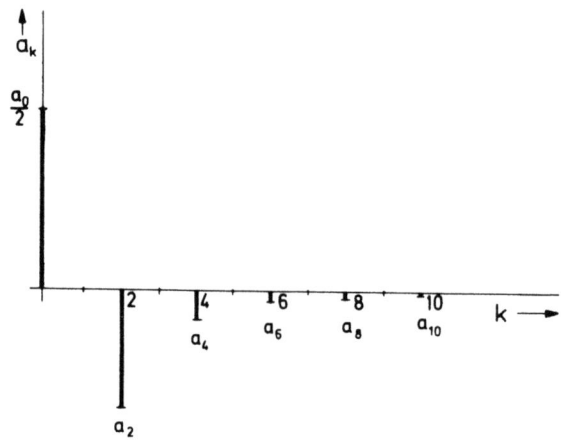

Bild 2.2.2.2: Linienspektrum der gleichgerichteten Sinusschwingung

2. Beispiel

Gesucht sind die Fourierkoeffizienten der in Bild 2.2.2.3 dargestellten Funktion

$$f(t) = \begin{cases} A & \text{für } 0 < t < \frac{T}{2} \\ -A & \text{für } -\frac{T}{2} < t < 0 \end{cases} \quad \text{mit } \omega = \frac{2\pi}{T} \text{ und } f(t) = f(t + T).$$

Die Rechteckschwingung (Mäanderfunktion) ist eine ungerade Funktion und erfüllt außerdem noch die Beziehung $f(t) = -f(t + \frac{T}{2})$. Damit kommen nur ungeradzahlige Sinusschwingungen in der Fourier-Reihe vor. Die entsprechenden Koeffizienten b_{2k+1} betragen gemäß Gl. (2.2.2.4)

2.2 Die Behandlung nichtsinusförmiger periodischer Vorgänge   29

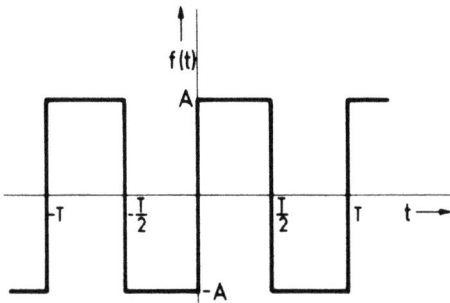

Bild 2.2.2.3: Rechteckschwingung

$$b_{2k+1} = \frac{4}{T} \int_0^{\frac{T}{2}} A \sin(2k+1)\omega t \, dt = \frac{4A}{\pi} \frac{1}{2k+1} \text{ mit } k = 0(1)\ldots.$$

Die Fourier-Reihe der Rechteckschwingung lautet damit

(2.2.2.8) $\quad f(t) = \frac{4A}{\pi} \sum_{k=0}^{\infty} \frac{\sin(2k+1)\omega t}{2k+1}$.

Das zugehörige Linienspektrum ist in Bild 2.2.2.4 dargestellt.

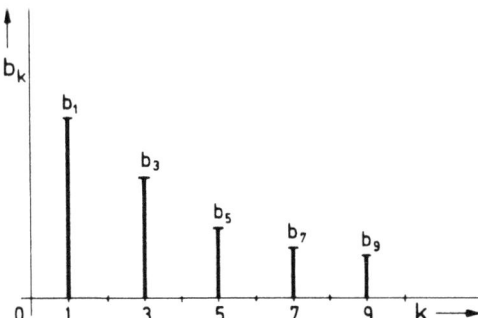

Bild 2.2.2.4: Linienspektrum der Rechteckschwingung

2.2.3 Die Fourier-Reihe in komplexer Schreibweise

Es soll versucht werden, die Umwandlung der Näherungsfunktion g(t) in eine Exponentialform durchzuführen.
Anstelle der Aufteilung der Funktion g(t) in Sinus- und Kosinusglieder entsprechend Gl. (2.2.1.9) läßt sich die Fourier-Reihe als Summe wie folgt darstellen:

$$(2.2.3.1) \quad g(t) = \sum_{k=-\infty}^{\infty} \underline{c}_k \, e^{jk\omega t} \,.^{1}$$

Aus der Eulerschen Formel $e^{\pm j\alpha} = \cos\alpha \pm j\sin\alpha$ folgt sofort

$$(2.2.3.2) \quad \cos k\omega t = \frac{e^{jk\omega t} + e^{-jk\omega t}}{2} \quad \text{und} \quad \sin k\omega t = \frac{e^{jk\omega t} - e^{-jk\omega t}}{2j} \,.$$

Wird von diesen Beziehungen Gebrauch gemacht, so folgt aus Gl. (2.2.1.9)

$$(2.2.3.3) \quad g(t) = \frac{a_0}{2} + \sum_{k=1}^{\infty} a_k \frac{e^{jk\omega t} + e^{-jk\omega t}}{2}$$

$$+ \sum_{k=1}^{\infty} b_k \frac{e^{jk\omega t} - e^{-jk\omega t}}{2j} \,.$$

Durch einfache Umordnung der Summanden ergibt sich

$$(2.2.3.4) \quad g(t) = \frac{a_0}{2} + \sum_{k=1}^{\infty} \left(\frac{a_k - jb_k}{2} e^{jk\omega t} + \frac{a_k + jb_k}{2} e^{-jk\omega t} \right).$$

Für $k > 0$ ist:

$$(2.2.3.5) \quad \frac{a_k - jb_k}{2} = \frac{1}{T} \int_{t_0}^{t_0+T} f(t) \cos k\omega t \, dt - j \frac{1}{T} \int_{t_0}^{t_0+T} f(t) \sin k\omega t \, dt$$

$$= \frac{1}{T} \int_{t_0}^{t_0+T} f(t) [\cos k\omega t - j\sin k\omega t] \, dt = \frac{1}{T} \int_{t_0}^{t_0+T} f(t) \, e^{-jk\omega t} \, dt.$$

Ebenso gilt

$$(2.2.3.6) \quad \frac{a_k + jb_k}{2} = \frac{1}{T} \int_{t_0}^{t_0+T} f(t) \, e^{jk\omega t} \, dt \,.$$

---

[1] Als imaginäre Einheit wird hier die Größe $j = +\sqrt{-1}$ eingeführt. Diese Festlegung wird zur Unterscheidung der imaginären Einheit und des zeitlich veränderlichen elektrischen Stroms i in späteren Kapiteln getroffen.

2.2 Die Behandlung nichtsinusförmiger periodischer Vorgänge

Damit geht Gl. (2.2.3.4) über in

$$(2.2.3.7) \quad g(t) = \frac{a_0}{2} + \sum_{k=1}^{\infty} \left[\frac{1}{T} \int_{t_0}^{t_0+T} f(t)\, e^{-jk\omega t}\, dt \right] e^{jk\omega t}$$

$$+ \sum_{k=1}^{\infty} \left[\frac{1}{T} \int_{t_0}^{t_0+T} f(t)\, e^{jk\omega t}\, dt \right] e^{-jk\omega t}.$$

Da der Ausdruck

$$\left[\frac{1}{T} \int_{t_0}^{t_0+T} f(t)\, e^{-jk\omega t}\, dt \right] e^{jk\omega t}$$

für $k = 0$ in $\frac{1}{T} \int_{t_0}^{t_0+T} f(t) \cdot dt$, d.h. in $\frac{a_0}{2}$ entsprechend Gl. (2.2.1.6), übergeht, kann Gl. (2.2.3.7) wie folgt geschrieben werden:

$$(2.2.3.8) \quad g(t) = \sum_{k=-\infty}^{\infty} \left[\frac{1}{T} \int_{t_0}^{t_0+T} f(t)\, e^{-jk\omega t}\, dt \right] e^{jk\omega t}.$$

Der Vergleich mit Gl. (2.2.3.1) führt auf

$$(2.2.3.9) \quad \underline{c}_k = \frac{1}{T} \int_{t_0}^{t_0+T} f(t)\, e^{-jk\omega t}\, dt.$$

Die Größe $\underline{c}_k$ ist im allgemeinen komplex; $\underline{c}_k$ und $\underline{c}_{-k}$ sind zueinander konjungiert komplexe Größen. Weiterhin ist $\underline{c}_0 = \underline{c}_{-0} = \frac{a_0}{2}$.

Damit gilt allgemein

$$(2.2.3.10) \quad \underline{c}_k = \underline{c}^{*}_{-k}.$$

Für $k > 0$ lassen sich umgekehrt aus Gl. (2.2.3.9) die Koeffizienten a_k und b_k wie folgt bestimmen. Ein Vergleich von

$$(2.2.3.11) \quad \underline{c}_k = \frac{1}{T} \int_{t_0}^{t_0+T} f(t)\, [\cos k\omega t - j \sin k\omega t]\, dt$$

$$= \frac{1}{T} \int_{t_0}^{t_0+T} f(t) \cos k\omega t\, dt - j\, \frac{1}{T} \int_{t_0}^{t_0+T} f(t) \sin k\omega t\, dt$$

mit den Gln. (2.2.1.7) und (2.2.1.8) zeigt, daß

(2.2.3.12) $\underline{c}_k = \dfrac{a_k}{2} - j\,\dfrac{b_k}{2}$

ist. Also gilt:

(2.2.3.13) $a_k = 2\,\mathrm{Re}\{\underline{c}_k\}$

(2.2.3.14) $b_k = -\,2\,\mathrm{Im}\{\underline{c}_k\}$.

Oft ist es sehr bequem, zuerst die Koeffizienten $\underline{c}_k$ zu ermitteln und anschließend die reellen Koeffizienten a_k und b_k zu bestimmen, da hier anstelle von zwei Integralen nur ein Integral zu lösen ist. Ein weiterer Vorteil der komplexen Schreibweise wird an dem nun folgenden Beispiel aufgezeigt.

Beispiel

An dem in Bild 2.2.3.1 dargestellten Serienschwingkreis liegt als Spannungsfunktion eine Rechteckschwingung gemäß Bild 2.2.2.3. Gesucht ist der Verlauf des Stromes i(t). Mit Gl. (2.2.3.2) lautet die Fourier-Reihe der Spannungsfunktion, wenn zusätzlich die Größe A in Gl. (2.2.2.8) durch U ersetzt wird:

$$
\begin{aligned}
(2.2.3.15)\quad u(t) &= \frac{4U}{\pi} \sum_{k=0}^{\infty} \frac{1}{(2k+1)} \cdot \frac{e^{j(2k+1)\omega t} - e^{-j(2k+1)\omega t}}{2j} \\
&= \frac{2U}{j\pi} \sum_{k=0}^{\infty} \frac{e^{j(2k+1)\omega t}}{2k+1} + \frac{2U}{j\pi} \sum_{k'=1}^{\infty} \frac{e^{-j(2k'-1)\omega t}}{-(2k'-1)} \\
&= \frac{2U}{j\pi} \sum_{k=-\infty}^{\infty} \frac{1}{2k+1}\, e^{j(2k+1)\omega t}
\end{aligned}
$$

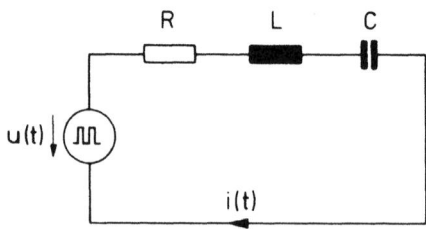

Bild 2.2.3.1: Serienschwingkreis

2.2 Die Behandlung nichtsinusförmiger periodischer Vorgänge

Die komplexe Darstellung der Fourier-Reihe ermöglicht es nun, daß bei der Berechnung der Spannungs- und Stromverhältnisse in einem beliebigen elektrischen Netzwerk weiterhin Begriffe wie Impedanz und Admittanz verwendet werden können. Die Impedanz des Reihenschwingkreises hat bei ν-facher Kreisfrequenz ω die Größe

$$\underline{Z}_\nu = R + j\left(\nu\omega L - \frac{1}{\nu\omega C}\right) = R + jX_\nu$$

mit

$$X_\nu = \nu\omega L - \frac{1}{\nu\omega C} \quad \text{und} \quad X_{-\nu} = -X_\nu.$$

Damit ergibt sich der Strom i(t) zu

$$i(t) = \frac{2U}{j\pi} \sum_{k=-\infty}^{\infty} \frac{e^{j(2k+1)\omega t}}{2k+1} \frac{1}{R + jX_{2k+1}}$$

$$= \frac{2U}{j\pi} \sum_{k=0}^{\infty} \frac{1}{2k+1} \left(\frac{e^{j(2k+1)\omega t}}{R + jX_{2k+1}} - \frac{e^{-j(2k+1)\omega t}}{R - jX_{2k+1}}\right).$$

Da $\underline{a} - \underline{a}^* = j\,2 \cdot \text{Im}\{\underline{a}\}$ ist, folgt

(2.2.3.16) $\quad i(t) = \frac{2U}{j\pi} \sum_{k=0}^{\infty} \frac{1}{2k+1} j\,2\,\text{Im}\left\{\frac{e^{j(2k+1)\omega t}}{R + jX_{2k+1}}\right\}$

$$= \frac{4U}{\pi} \sum_{k=0}^{\infty} \frac{1}{2k+1} \frac{R \sin(2k+1)\omega t - X_{2k+1} \cos(2k+1)\omega t}{R^2 + X_{2k+1}^2}$$

Wegen der Frequenzabhängigkeit der Blindwiderstände hat der Strom i(t) somit eine von der Spannung u(t) abweichende Kurvenform.

2.2.4 Verfahren zur Harmonischen Analyse

Bisher wurde stets vorausgesetzt, daß die nichtsinusförmige periodische Funktion f(t) als analytischer Ausdruck vorliegt. In der Praxis wird die Funktion f(t) jedoch meist eine experimentell gefundene Kurve sein, also in Form eines Oszillogramms vorliegen. In diesem Fall müssen die Integrale

$$\int_{t_0}^{t_0+T} f(t) \cos k\omega t \, dt \quad \text{und} \quad \int_{t_0}^{t_0+T} f(t) \sin k\omega t \, dt$$

numerisch oder graphisch gelöst werden.
Bei der numerischen Integration wird im allgemeinen die Periodendauer T je nach gewünschter Genauigkeit in 12, 24, 48, 96 oder mehr Intervalle der Länge

Δt unterteilt. Hier soll, wie in Bild 2.2.4.1 gezeigt ist, $\Delta t = \frac{T}{12}$ gewählt werden. Die Integrale

$$a_k = \frac{2}{T} \int_{t_0}^{t_0+T} f(t) \cos k\omega t \, dt$$

und

$$b_k = \frac{2}{T} \int_{t_0}^{t_0+T} f(t) \sin k\omega t \, dt$$

werden dann jeweils durch die Summen

(2.2.4.1) $\quad a_k = \frac{2}{T} \sum_{m=0}^{11} [y_m \cos k\omega(m \Delta t)] \Delta t = \frac{1}{6} \sum_{m=0}^{11} y_m \cos \frac{k \pi m}{6}$

und

(2.2.4.2) $\quad b_k = \frac{2}{T} \sum_{m=0}^{11} [y_m \sin k\omega(m \Delta t)] \Delta t = \frac{1}{6} \sum_{m=0}^{11} y_m \sin \frac{k \pi m}{6}$

approximiert. Hierbei entspricht y_m dem Wert der Meßkurve an der Stelle $t_m = m \cdot \Delta t$, also $y_m = f(t_m)$.

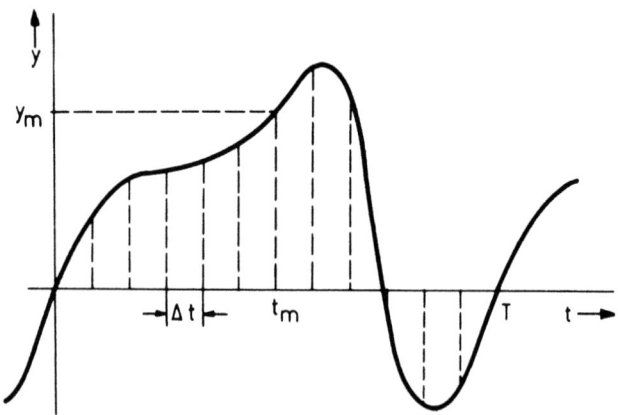

Bild 2.2.4.1: Periodische Meßkurve mit äquidistanten Stützstellen

Da bei einer Unterteilung der Periode T in 12 gleich lange Abschnitte nur die Beträge von sin 30° und cos 30° vorkommen, sind nur Multiplikationen mit $\frac{1}{2}$ und $\frac{1}{2} \cdot \sqrt{3}$ auszuführen und die verschiedenen Summanden entsprechend

aufzusummieren. Mit Hilfe eigens zu diesem Zweck entwickelter Rechenformulare bzw. Schablonen läßt sich die numerische Ermittlung der Fourier-Koeffizienten in übersichtlicher und wenig aufwendiger Weise durchführen.
Neben diesem Verfahren sind feinmechanische Geräte konstruiert worden, die der graphischen Bestimmung der Fourier-Koeffizienten dienen. Diese sogenannten *harmonischen Analysatoren* liefern beim Umfahren der Meßkurve mit einem Fahrstift einen der Fourier-Koeffizienten. So bedient sich z. B. der Harmonische Analysator von Mader-Ott eines Analysator-Lenkers und eines gewöhnlichen (zur Bestimmung von Flächeninhalten durch Umfahren dienenden) Polar- oder Linearplanimeters. Der Analysator transformiert die Fläche $\int_{t_0}^{t_0+T} f(t) \cdot dt$ beim Umfahren mit dem Fahrstift je nach Wunsch in die Fläche
$\int_{t_0}^{t_0+T} f(t) \cdot \cos k\omega t \cdot dt$ oder in die Fläche $\int_{t_0}^{t_0+T} f(t) \cdot \sin k\omega t \cdot dt$, deren Inhalt dann von dem Planimeter ausgemessen wird.
Seit Einführung des elektronischen Analogrechners ist es mit diesem Rechnertyp möglich, auf elegante Art und Weise unter Zuhilfenahme von Funktionsgeneratoren und einer entsprechenden Anzahl von Multiplizierern und Integratoren die Auswertung für eine größere Zahl von Koeffizienten gleichzeitig durchzuführen. Auch für Digitalrechner wurden spezielle Verfahren zur schnellen Fourier-Transformation entwickelt.

2.3 Die Behandlung nichtsinusförmiger nichtperiodischer Vorgänge

Im Vorhergehenden wurden periodische nichtsinusförmige Vorgänge betrachtet, die sich als Fourier-Reihen darstellen ließen, ungeachtet wie groß die Periode T auch immer war. Die gegebene Funktion f(t) wurde durch eine Fourier-Reihe mit unendlich vielen Gliedern angenähert. Hierbei ergab sich die Grundfrequenz $\omega = \omega_1 = \frac{2\pi}{T}$. Die Frequenz der höheren Harmonischen oder Oberschwingungen ermittelte sich zu

(2.3.1) $\qquad \omega_k = k\,\omega = k\,\frac{2\pi}{T}$.

Ein diskretes Linienspektrum hatte den gleichen Aussagewert wie die Funktion selbst. Damit ist also eine eindeutige Zuordnung zwischen Zeitbereich der Funktion und Frequenzbereich gegeben.

Jetzt soll untersucht werden, ob auch einmalige nichtsinusförmige Vorgänge (z. B. aperiodische Schwingungen), vorausgesetzt, daß diese Funktionen noch eine Reihe mathematischer Bedingungen erfüllen, auf ähnlich übersichtliche und anschauliche Art und Weise mathematisch behandelt werden können.

2.3.1 Das Fourier-Integral

Nun wird zu einer Funktion übergegangen, die im unendlichen Intervall $(-\infty, \infty)$ definiert sein soll. Beim Übergang zum unendlich großen Intervall wird, wenn $T \to \infty$ strebt, die Grundfrequenz $\omega_1 = \frac{2\pi}{T}$ unendlich klein. Alle Frequenzen ω_k (die höheren Harmonischen) liegen unendlich dicht zusammen; der Abstand zweier benachbarter Oberwellenfrequenzen beträgt nämlich ω_1. Aus dem diskreten Linienspektrum der Schwingungen wird somit ein kontinuierliches Spektrum von Schwingungen entstehen. Jede Teilschwingung wird von kleiner Amplitude sein, und die Summe aller Schwingungen wird sich in Form eines Integrals, des sogenannten *Fourier-Integrals*, darstellen lassen.

Die im Bild 2.3.1.1 dargestellte Funktion läßt sich entsprechend der früher gewonnenen Fourierreihe in Exponentialform wie folgt angeben. Ausgehend von der Fourier-Reihe

$$f(t) = \sum_{k=-\infty}^{\infty} \underline{c}_k \, e^{jk\omega t}$$

mit den Koeffizienten

$$\underline{c}_k = \frac{1}{T} \int_{-\frac{T}{2}}^{\frac{T}{2}} f(\tau) \, e^{-jk\omega\tau} \, d\tau$$

ergibt sich

$$(2.3.1.1) \quad f(t) = \frac{1}{T} \sum_{k=-\infty}^{\infty} \left[\int_{-\frac{T}{2}}^{\frac{T}{2}} f(\tau) \, e^{-jk\omega\tau} \, d\tau \right] e^{jk\omega t}$$

$$= \frac{1}{T} \sum_{k=-\infty}^{\infty} \int_{-\frac{T}{2}}^{\frac{T}{2}} f(\tau) \, e^{jk\omega(t-\tau)} \, d\tau \, .$$

2.3 Die Behandlung nichtsinusförmiger nichtperiodischer Vorgänge   37

Da k beliebig hohe Werte annehmen kann, kann auch bei beliebig kleinem ω der Ausdruck k · ω beliebige Werte annehmen. Das Integral ist somit eine Funktion von k · ω.

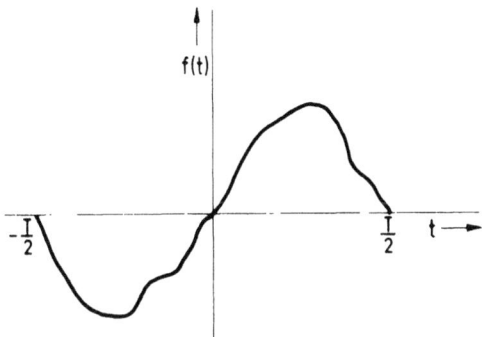

Bild 2.3.1.1: Einmaliger Zeitvorgang

Mit $\lambda = k \cdot \omega = k \cdot \dfrac{2\pi}{T}$ lauten die Glieder der Reihe

(2.3.1.2) $\quad \displaystyle\int_{-\frac{T}{2}}^{\frac{T}{2}} f(\tau)\, e^{j\lambda(t-\tau)}\, d\tau$.

Werden die Größen t und T als Konstanten angesehen, dann ist das obige Integral eine bestimmte Funktion von λ, beispielsweise $\phi(\lambda)$. Hierbei nimmt λ die Werte $0, \pm \dfrac{2\pi}{T}, \pm 2 \cdot \dfrac{2\pi}{T}, \pm 3 \cdot \dfrac{2\pi}{T}, \ldots$ an. Das bedeutet andererseits, daß $\phi(\lambda)$ bei fest vorgegebenem T nur noch von der Zeit t abhängt, die Zeit t also als Parameter aufgefaßt werden kann.

Wird jetzt eine Kurve mit λ als Abszisse und $\phi(\lambda)$ als Ordinate konstruiert und werden ferner die Ordinaten im Abstand $\dfrac{2\pi}{T}$ voneinander gezogen, dann ist die Summe der Ordinaten gleich dem Summenausdruck in Gl. (2.3.1.1). Das Produkt dieser Summe mit dem Abstand der Ordinaten untereinander, also mit $\dfrac{2\pi}{T}$, liefert den Wert $2\pi \cdot f(t)$. Bei der Grenzwertbetrachtung für $T \to \infty$ ändert sich zunächst $\phi(\lambda)$. Hierbei soll angenommen werden, daß

(2.3.1.3) $\quad \phi(\lambda) = \displaystyle\int_{-\infty}^{\infty} f(\tau)\, e^{j\lambda(t-\tau)}\, d\tau < \infty$

bleibt. Soll nun wiederum $2\pi \cdot f(t)$ berechnet werden, dann sind die beim Grenzübergang mehr und mehr aufeinanderrückenden Ordinaten zu summieren und mit dem infinitesimalen Abstand $\Delta\lambda = \frac{2\pi}{T}$ zu multiplizieren. Als Ergebnis des Grenzübergangs ergibt sich das Fourier-Integral

(2.3.1.4) $\qquad f(t) = \frac{1}{2\pi} \int_{-\infty}^{\infty} \phi(\lambda) \, d\lambda$

oder

(2.3.1.5) $\qquad f(t) = \frac{1}{2\pi} \int_{-\infty}^{\infty} \left[\int_{-\infty}^{\infty} f(\tau) \, e^{j\lambda(t-\tau)} \, dt \right] d\lambda$.

Hierin braucht $f(t)$ nun nicht mehr eine periodische Funktion zu sein. Anstelle von λ wird an dieser Stelle das geläufigere ω eingeführt:

(2.3.1.6) $\qquad f(t) = \frac{1}{2\pi} \int_{-\infty}^{\infty} e^{j\omega t} \left[\int_{-\infty}^{\infty} f(\tau) \, e^{-j\omega\tau} \, d\tau \right] d\omega$.

In diesem Ausdruck wird das Integral

(2.3.1.7) $\qquad \int_{-\infty}^{\infty} f(\tau) \, e^{-j\omega\tau} \, d\tau = f_b(\omega)$

Bildfunktion oder *Spektralfunktion* von $f(t)$ genannt. Für diese Funktion ist auch noch die Bezeichnung *Fourier-Transformierte*

(2.3.1.8) $\qquad \mathscr{F}\{f(t)\} = f_b(\omega)$

üblich.

Es müßte jetzt bewiesen werden, daß die Integraltransformation nach Gl. (2.3.1.6) eine *identische Abbildung* ist; d. h., daß $f(t)$ nach zweifacher Integration wieder in $f(t)$ abgebildet wird. Auf diesen Beweis soll hier jedoch verzichtet werden.

In Anlehnung an die bekannten Vorstellungen von der Fourier-Reihe kann die Funktion $f(t)$ in Gl. (2.3.1.6) anschaulich als Summe von unendlich vielen ungedämpften harmonischen Schwingungen der Frequenz ω mit der allgemeinen komplexen Amplitude $f_b(\omega)$, dividiert durch 2π, gedeutet werden, einem gewohnten Ausdruck der komplexen Wechselstromrechnung entsprechend.

Die Funktion $f(t)$ läßt sich nicht mehr wie bei der Fourier-Reihe aus den diskreten ungedämpften harmonischen Schwingungen allein aufbauen, sondern zur Darstellung von $f(t)$ werden alle Frequenzen ω benötigt. Im Gegensatz zu den Fourier-Reihen, bei denen die periodische Funktion durch das Linienspektrum bereits vollständig bestimmt war, ist beim Fourier-Integral die Funktion $f(t)$ durch das kontinuierliche Spektrum $f_b(\omega)$ eindeutig festgelegt.

2.3 Die Behandlung nichtsinusförmiger nichtperiodischer Vorgänge 39

Wird $f_b(\omega)$ gemäß Gl. (2.3.1.7) in das Fourier-Integral nach Gl. (2.3.1.6) eingesetzt, so ergibt sich

(2.3.1.9) $\quad f(t) = \dfrac{1}{2\pi} \displaystyle\int_{-\infty}^{\infty} f_b(\omega)\, e^{j\omega t}\, d\omega = \mathscr{F}^{-1}\{f(t)\}.$

Diese Beziehung stellt die inverse Fourier-Transformation der Funktion $f_b(\omega)$ dar. Die inverse Fourier-Transformation, auf $f_b(\omega)$ angewandt, führt zur Ausgangsfunktion $f(t)$ zurück.
Also gilt zusammenfassend:

(2.3.1.10) $\quad f_b(\omega) = \mathscr{F}\{f(t)\} = \displaystyle\int_{-\infty}^{\infty} f(\tau)\, e^{-j\omega\tau}\, d\tau$

(2.3.1.11) $\quad \mathscr{F}^{-1}\{f_b(\omega)\} = \dfrac{1}{2\pi} \displaystyle\int_{-\infty}^{\infty} f_b(\omega)\, e^{j\omega t}\, d\omega = f(t).$

Äquivalente Bezeichnungen für $f(t)$ sind *Originalfunktion* und *Oberfunktion*, für $f_b(\omega)$ *Bildfunktion* und *Unterfunktion*. Die Bildfunktion geht durch die inverse Fourier-Transformation wieder über in die Originalfunktion. Ist die Originalfunktion gegeben, so kann die Bildfunktion berechnet werden; ist hingegen die Bildfunktion gegeben, dann kann die Originalfunktion zurückgewonnen werden.
In den im Literaturverzeichnis angegebenen Büchern, speziell in [2] und [4], ist eine große Anzahl von Funktionenpaaren zusammengestellt.
Die soeben angeführten Zusammenhänge sind in Bild 2.3.1.2 nochmals graphisch dargestellt.

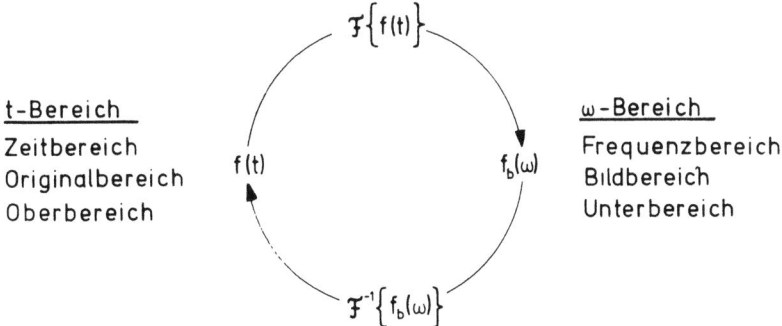

Bild 2.3.1.2: Fourier-Transformation

Wie aus dem Bild hervorgeht, sind Zeit- und Frequenzbereich durch die in den Gln. (2.3.1.10) und (2.3.1.11) festgelegten Beziehungen miteinander verknüpft.

Im Bildbereich pflegen die mathematischen Beziehungen zwischen den interessierenden Größen bei der Behandlung von Problemen einfacher zu sein als im Originalbereich. Es ist darum zweckmäßig, ein Problem erst in den Bildbereich zu übertragen, dort zu lösen und schließlich in den Originalbereich zurückzutransformieren. Bei dem ersten und letzten Schritt finden häufig die oben erwähnten Tabellen Anwendung.

Es ist also gelungen, eine zufriedenstellende Analogie zwischen den Verhältnissen einer in einem endlichen Intervall definierten Funktion (Entwicklung dieser Funktion f(t) in eine Fourier-Reihe und Bestimmung der Fourier-Koeffizienten $\underline{c}_k$) und einer in einem unendlichen Intervall gegebenen Funktion — Darstellung der Funktion f(t) durch das Fourier-Integral und Bestimmung der Fourier-Transformation $f_b(\omega)$ — herzustellen. Die wichtigsten Beziehungen werden hier noch einmal gegenübergestellt. Dabei werden in der Fourier-Reihe anstelle der Größen $\omega \cdot t$ und T, wie in der Physik üblich, die Variable x und die Periode 2π eingeführt ($-\pi \leq x \leq \pi$ und $\underline{c}_\nu = 2\pi \cdot \underline{c}_k$). Die Zahlen in Klammern verweisen auf die entsprechenden Gleichungen im Text.

Fourier-Reihe	Fourier-Integral
(2.2.3.1)	(2.3.1.11)
$f(x) = \dfrac{1}{2\pi} \sum\limits_{\nu=-\infty}^{\infty} \underline{c}_\nu \, e^{j\nu x}$	$f(t) = \dfrac{1}{2\pi} \int\limits_{-\infty}^{\infty} f_b(\omega) \, e^{j\omega t} \, d\omega$
(2.2.3.9)	(2.3.1.10)
$\underline{c}_\nu = \int\limits_{-\pi}^{\pi} f(x) \, e^{-j\nu x} \, dx$	$f_b(\omega) = \int\limits_{-\infty}^{\infty} f(\tau) \, e^{j\omega\tau} \, d\tau$

Während das Integral der Gl. (2.2.3.9) immer existiert, wenn f(x) integrierbar ist, hat hingegen Gl. (2.3.1.10) als Bildfunktion oder Spektralfunktion nur dann einen Sinn, wenn das Integral für $t \to \infty$ konvergiert. Hier müssen einige Voraussetzungen bezüglich der Funktion f(t) gemacht werden. Die Konvergenz des Integrals in Gl. (2.3.1.10) muß durch das Verhalten von f(t) für $t \to \infty$ gewährleistet sein, und Gl. (2.3.1.11) muß tatsächlich die Funktion f(t) darstellen. Eine Bedingung, die üblicherweise angegeben wird, ist die, daß das Integral

$$\int\limits_{-\infty}^{\infty} |f(t)| \cdot dt \quad \text{konvergiert.}$$

Ähnlich wie bei der Fourier-Reihe muß als Bedingung für die Funktion im Endlichen gelten, daß die Funktion f(t) im Intervall $(-\infty, \infty)$ nur endlich viele

2.3 Die Behandlung nichtsinusförmiger nichtperiodischer Vorgänge

Extrema besitzt und bis auf endlich viele Sprungstellen stetig ist. An Sprungstellen ergibt dann Gl. (2.3.1.11) stets den Mittelwert. Leider ist die Konvergenzbedingung bereits für einige wichtige und häufig vorkommende Funktionen nicht erfüllt. Die Anzahl der Funktionen, die eine Fourier-Transformierte besitzen, ist somit beschränkt.

Die Konvergenzschwierigkeiten lassen sich jedoch mitunter für Zeitfunktionen f(t), die für t < 0 verschwinden, dadurch beheben, daß die Funktion f(t) mit dem Dämpfungsfaktor $e^{-\delta t}$ (δ positiv reell) multipliziert und zunächst die Fourier-Transformierte von f(t) · $e^{-\delta t}$ bestimmt wird.

Falls $\int_{-\infty}^{\infty} |f(t) \cdot e^{-\delta t}| \, dt < \infty$ ist, existiert die zugehörige Bildfunktion $f_b(\omega, \delta)$, die sowohl von ω als auch von δ abhängt. Durch den Grenzübergang $\delta \to 0$ läßt sich sodann aus $f_b(\omega, \delta)$ die zu f(t) gehörende Bildfunktion $f_b(\omega)$ ableiten. Voraussetzung hierzu ist natürlich, daß überhaupt ein Grenzwert existiert.

Bevor nun der Übergang vom Fourier-Integral zum Laplace-Integral erfolgt, sei noch kurz auf die Umwandlung des Fourier-Integrals in reelle Integrale hingewiesen.

Aus der komplexen Darstellung des Fourier-Integrals nach Gl. (2.3.1.6) ergeben sich durch Umformung und Anwendung der Eulerschen Formel die reellen Integrale wie folgt:

$$f(t) = \frac{1}{2\pi} \int_{-\infty}^{\infty} \left[\int_{-\infty}^{\infty} f(\tau) \, e^{j\omega(t-\tau)} \, d\tau \right] d\omega$$

$$= \frac{1}{2\pi} \int_{-\infty}^{\infty} \left[\int_{-\infty}^{\infty} f(\tau) \langle \cos \omega(t-\tau) + j \sin \omega(t-\tau) \rangle \, d\tau \right] d\omega.$$

Der erste Summand stellt eine gerade Funktion von ω, der zweite Summand eine ungerade Funktion von ω dar. Der erste Anteil liefert somit den doppelten Betrag aus der Integration über das Intervall $[0, \infty)$ und der zweite Anteil bei Integration über das zu $\omega = 0$ symmetrische Intervall $(-\infty, \infty)$ den Betrag Null. Also ergibt sich

$$f(t) = \frac{1}{2\pi} 2 \int_{0}^{\infty} \left[\int_{-\infty}^{\infty} f(\tau) \langle \cos \omega(t-\tau) \rangle \, d\tau \right] d\omega.$$

Weitere Umformungen führen auf

$$(2.3.1.12) \quad f(t) = \frac{1}{\pi} \int_0^\infty \left[\int_{-\infty}^\infty f(\tau) \langle \cos \omega t \cos \omega\tau + \sin \omega t \sin \omega\tau \rangle \, d\tau \right] d\omega$$

$$= \frac{1}{\pi} \int_0^\infty \cos \omega t \left[\int_{-\infty}^\infty f(\tau) \cos \omega\tau \, d\tau \right] d\omega$$

$$+ \frac{1}{\pi} \int_0^\infty \sin \omega t \left[\int_{-\infty}^\infty f(\tau) \sin \omega\tau \, d\tau \right] d\omega.$$

Diese Beziehung stellt die Zerlegung des Fourier-Integrals in reelle Integrale für $0 \leq \omega < \infty$ dar. Sie kann in Analogie zu einer Fourier-Reihe als aus Kosinus- und Sinusgliedern zusammengesetzt angesehen werden.

Zur Anwendung des Fourier-Integrals sollen abschließend zwei Beispiele die Problematik und den Aufwand der Fourier-Transformation erläutern.

1. Beispiel

Für den im Bild 2.3.1.3 dargestellten Rechteckimpuls soll die Bildfunktion (Spektralfunktion) $f_b(\omega)$ ermittelt werden. Der Rechteckimpuls wird durch die Beziehung

$$f(t) = \begin{cases} A \text{ für } 0 < t < T \\ 0 \text{ für } T < t < \infty \\ 0 \text{ für } -\infty < t < 0 \end{cases}$$

beschrieben. Ausgehend von der Bestimmungsgleichung (2.3.1.10) für die Bildfunktion ergibt sich nach Einsetzen der Impulsfunktion in die entsprechenden Gültigkeitsbereiche

$$f_b(\omega) = \int_0^T A \, e^{-j\omega\tau} \, d\tau.$$

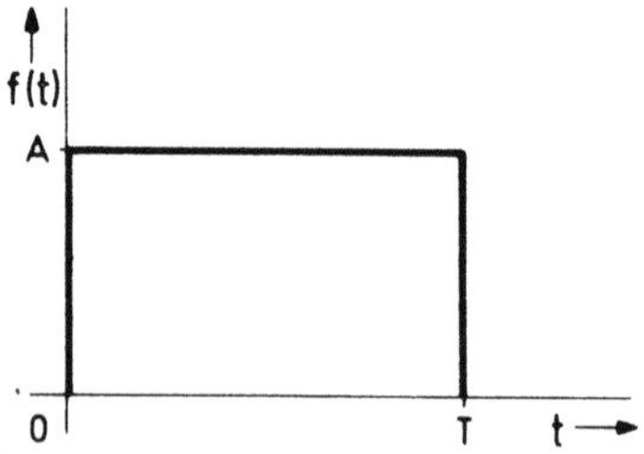

Bild 2.3.1.3: Rechteckimpuls

Durch Integration und Umformung folgt

$$(2.3.1.13) \quad f_b(\omega) = A \left(-\frac{1}{j\omega} \right) e^{-j\omega\tau} \Big|_0^T = \frac{A}{j\omega} (1 - e^{-j\omega T}) = \frac{2A}{\omega} \sin \frac{\omega T}{2} \, e^{-j \frac{\omega T}{2}}.$$

2.3 Die Behandlung nichtsinusförmiger nichtperiodischer Vorgänge   43

In Analogie zur komplexen Berechnung von Wechselstromaufgaben läßt sich der Integrand in Gl. (2.3.1.11), also $f_b(\omega) \cdot e^{j\omega t}$, als eine komplexe Schwingung auffassen. Für die komplexe Amplitude $f_b(\omega)$ läßt sich also schreiben

(2.3.1.14) $f_b(\omega) = |f_b(\omega)| \, e^{j \, \text{arc} \, f_b(\omega)}$.

Hierin wird $|f_b(\omega)|$ als Amplitudenspektrum und arc $f_b(\omega)$ als das zugehörige Phasenspektrum bezeichnet. Aus Gl. (2.3.1.13) ergibt sich das Amplitudenspektrum zu

(2.3.1.15) $|f_b(\omega)| = \dfrac{2A}{\omega} \left| \sin \dfrac{\omega T}{2} \right|$.

Das Phasenspektrum lautet:

(2.3.1.16) $\text{arc} \, f_b(\omega) = \begin{cases} -\dfrac{\omega T}{2} & \text{für} \quad 2k\pi < \dfrac{\omega T}{2} < (2k+1)\pi \\ \pi - \dfrac{\omega T}{2} & \text{für} \; (2k+1)\pi < \dfrac{\omega T}{2} < (2k+2)\pi \end{cases}$

Umformen von Gl. (2.3.1.15) und Erweitern mit T führt auf

(2.3.1.17) $|f_b(\omega)| = A\,T\,\dfrac{1}{\frac{\omega T}{2}} \left| \sin \dfrac{\omega T}{2} \right| = A\,T \left| \text{si}\, \dfrac{\omega T}{2} \right|$.

Hierin wurde

$$\dfrac{\sin \dfrac{\omega T}{2}}{\dfrac{\omega T}{2}} = \text{si}\, \dfrac{\omega T}{2}$$

gesetzt. Den Verlauf der allgemeinen Funktion $\text{si}\, x = \dfrac{\sin x}{x}$ zeigt Bild 2.3.1.4.

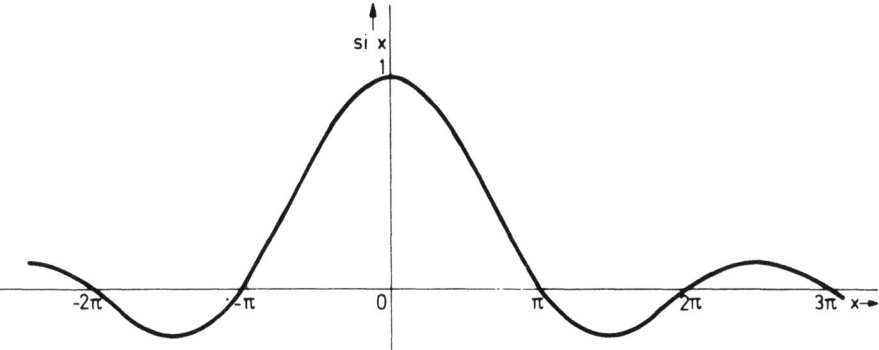

Bild 2.3.1.4: Die Funktion si x

Das Amplitudenspektrum des Rechteckimpulses ergibt sich somit aus der Betragsbildung der Funktion si x mit $x = \frac{\omega T}{2}$ und anschließender Multiplikation mit dem Faktor A · T. In Bild 2.3.1.5 ist dieses Spektrum graphisch dargestellt. Bild 2.3.1.6 zeigt das zugehörige Phasenspektrum.

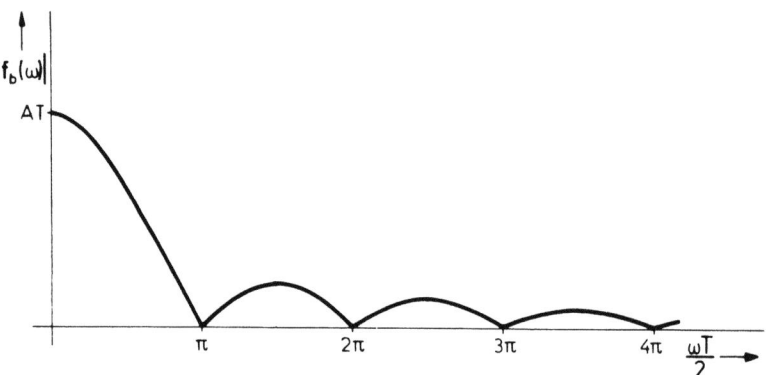

Bild 2.3.1.5: Amplitudenspektrum des Rechteckimpulses

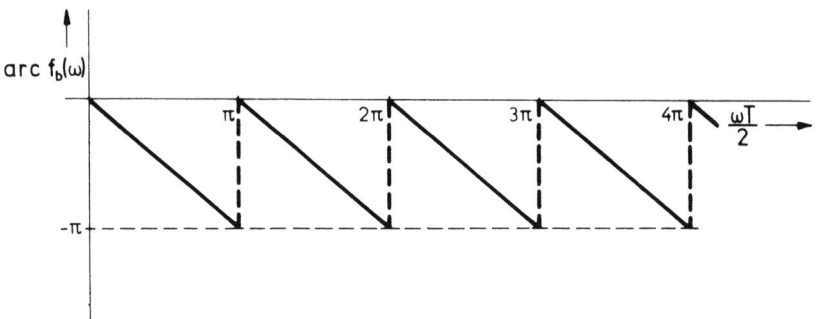

Bild 2.3.1.6: Phasenspektrum des Rechteckimpulses

2. Beispiel

Für die in Bild 2.3.1.7 dargestellte Sprungfunktion ist das Amplitudenspektrum zu bestimmen. Die mathematische Beschreibung dieser Funktion lautet

(2.3.1.18) $f(t) = \begin{cases} A \text{ für } t > 0 \\ 0 \text{ für } t < 0 \end{cases}$.

Das Beispiel ist ein sehr wichtiges technisches Problem (z. B. Anschalten einer Gleichspannung an eine vorgegebene Anordnung); es erscheint auch sehr einfach, und doch ergibt

2.3 Die Behandlung nichtsinusförmiger nichtperiodischer Vorgänge   45

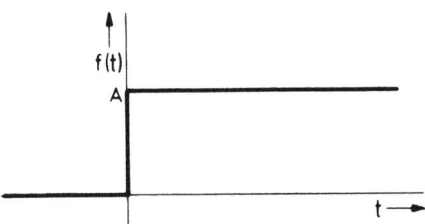

Bild 2.3.1.7: Sprungfunktion

sich bei der Lösung eine Schwierigkeit. Das Fourier-Integral konvergiert nämlich nicht; bereits die Konvergenzbedingung

$$\int_{-\infty}^{\infty} |f(\tau)| \, d\tau < \infty$$

ist für die vorgegebene Funktion nicht erfüllt.

Wird die Sprungfunktion f(t) mit dem Faktor $e^{-\delta t}$ ($\delta > 0$, reell) multipliziert, so ergibt sich hieraus eine Funktion $f_1(t)$, die der Konvergenzbedingung genügt. Die zugehörige Bildfunktion $f_{1b}(\omega)$ errechnet sich zu

(2.3.1.19) $\quad f_{1b}(\omega) = \int_0^{\infty} A \, e^{-\delta \tau} \, e^{-j\omega \tau} \, d\tau = \dfrac{A}{\delta + j\omega}$.

Die Fourier-Transformierte der Sprungfunktion folgt hieraus durch Grenzübergang $\delta \to 0$:

(2.3.1.20) $\quad f_b(\omega) = \lim_{\delta \to 0} f_{1b}(\omega) = \dfrac{1}{j\omega} A$.

Das Amplitudenspektrum von f(t) ist in Bild 2.3.1.8 dargestellt. Das Phasenspektrum ist von ω unabhängig, also konstant gleich $-\dfrac{\pi}{2}$.

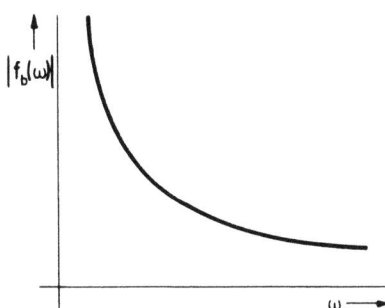

Bild 2.3.1.8: Amplitudenspektrum der Sprungfunktion

Dieses soeben behandelte Beispiel zeigt also, daß mit Hilfe eines Kunstgriffs die geforderte Konvergenz erreicht werden kann. Die Konvergenzbedingung

$$\int_0^\infty |f(\tau)|\, d\tau < \infty$$

muß stets erfüllt sein. Genügt eine Funktion f(t) dieser Bedingung nicht, so wird durch Multiplikation mit $e^{-\delta t}(\delta > 0)$ erreicht, daß für die neue Funktion $f_1(t) = f(t) \cdot e^{-\delta t}$ die Konvergenzbedingung erfüllt ist. Der Wert δ, von dem ab $f_1(t)$ konvergiert, wird allgemein als *Konvergenzfaktor* bezeichnet. Ist z. B. $f(t) = a \cdot e^{5t}$, dann konvergiert die Funktion $f_1(t)$ für jedes $\delta > 5$.

Für den praktischen Gebrauch sind in Tabelle 2.3.1.1 wichtige Funktionenpaare zusammengestellt.

Tabelle 2.3.1.1: Zusammenstellung von Funktionenpaaren

Nr.	f(t)	$f_b(\omega)$
1	Stoßfunktion $\delta(t)$	1
2	f(t) = konst. = 1	$\delta(\omega)$
3	Sprungfunktion $\begin{cases} 0 \text{ für } t < 0 \\ A \text{ für } t > 0 \end{cases}$	$\dfrac{A}{j\omega}$
4	Impulsfunktion $\begin{cases} 0 \text{ für } |t| > \dfrac{T}{2} \\ A \text{ für } |t| < \dfrac{T}{2} \end{cases}$	$A\,T\,\text{si}\,\dfrac{\omega T}{2}$
5	Gauß-Impulsfunktion $e^{-\pi t^2}$	$e^{-\dfrac{\omega^2}{4\pi}}$
6	Signum-Funktion $\begin{cases} -A \text{ für } -\infty < t < 0 \\ +A \text{ für } 0 < t < \infty \end{cases}$	$\dfrac{2A}{j\omega}$
7	$\delta\left(t+\dfrac{T}{2}\right) + \delta\left(t+\dfrac{T}{2}\right)$	$2\cos\omega\dfrac{T}{2}$
8	$\delta\left(t+\dfrac{T}{2}\right) - \delta\left(t+\dfrac{T}{2}\right)$	$2j\sin\omega\dfrac{T}{2}$
9	Si-Funktion si t	$\begin{cases} 0 \text{ für } |\omega| > 1 \\ \pi \text{ für } |\omega| < 1 \end{cases}$

2.3 Die Behandlung nichtsinusförmiger nichtperiodischer Vorgänge   47

Nr.	f(t)	$f_b(\omega)$
10	Dreiecksfunktion $\begin{cases} 0 & \text{für } -\infty < t < -T \\ A\left(1 + \dfrac{t}{T}\right) & \text{für } -T < t < 0 \\ A\left(1 - \dfrac{t}{T}\right) & \text{für } 0 < t < T \\ 0 & \text{für } T < t < \infty \end{cases}$	$\left(A\,T\,\text{si}\,\dfrac{\omega T}{2}\right)^2$

2.3.2 Das Laplace-Integral

Nachdem ausführlich das Fourier-Integral und die bei der Transformation auftretenden Schwierigkeiten diskutiert worden sind, soll jetzt eine Sonderform des Fourier-Integrals betrachtet werden. Die fundamentale Veränderliche in der Technik ist die Zeit, die sich in einem unendlichen Intervall bewegt. Glücklicherweise kommen Vorgänge, die sich im Zeitbereich $-\infty < t < \infty$ bewegen, in der Praxis kaum vor. Deshalb sollen im folgenden nur solche Zeitfunktionen f(t) behandelt werden, die für $t < 0$ verschwinden. Das Zeitintervall erstreckt sich dann von 0 bis ∞, ist also nur einseitig unendlich.

Alle technisch wichtigen Vorgänge beginnen oder begannen zu einem bestimmten Zeitpunkt, der dann willkürlich als $t = 0$ festgesetzt wird. Damit ergeben sich die beiden Fourier-Integrale der Gln. (2.3.1.10) und (2.3.1.11) zu

$$(2.3.2.1) \quad \frac{1}{2\pi} \int_{-\infty}^{\infty} f_b(\omega)\, e^{j\omega t}\, d\omega = \begin{cases} f(t) & \text{für } t > 0 \\ 0 & \text{für } t < 0 \end{cases}$$

und

$$(2.3.2.2) \quad \int_0^{\infty} f(\tau)\, e^{-j\omega\tau}\, d\tau = f_b(\omega).$$

Das Integral in Gl. (2.3.2.1) wird als einseitiges Fourier-Integral bezeichnet. Wegen der bei dem Fourier-Integral zu erfüllenden Konvergenzbedingungen werden die Zeitfunktionen f(t) mit $e^{-\delta t}$ multipliziert, wobei δ als positiv reell angenommen wird. Also wird die Funktion $f(t) \cdot e^{-\delta t}$ betrachtet und für diese die Spektralfunktion bestimmt, die jetzt natürlich auch von dem Parameter δ abhängt.

Die auf diese Weise konstruierten Funktionen $f_1(t) = f(t) \cdot e^{-\delta t}$ sollen die Voraussetzungen erfüllen, unter denen sich die Gültigkeit des Fourier-Integrals beweisen läßt. Damit ergibt sich aus Gl. (2.3.2.2)

(2.3.2.3) $\quad f_{1b}(\omega) = \int_0^\infty f_1(\tau) e^{-j\omega\tau} d\tau = \int_0^\infty [f(\tau) e^{-\delta\tau}] e^{-j\omega\tau} d\tau$.

Da der Faktor $e^{-\delta t}$ für $t \to \infty$ verschwindend klein wird, konvergiert dieses Integral für alle beschränkten Funktionen f(t), auch für solche, die exponentiell zunehmen wie z. B. e^{at} mit a > 0, wenn nur δ > a gewählt wird. Damit sind praktisch alle in der Anwendung vorkommenden Funktionen erfaßt.
Die Fourier-Transformierte von $f_1(t)$ lautet nach Zusammenfassung der Exponenten

(2.3.2.4) $\quad f_{1b}(\omega) = \int_0^\infty f(\tau) e^{-(\delta + j\omega)\tau} d\tau = f_b(\delta + j\omega)$.

Die Originalfunktion ergibt sich wieder aus der Bildfunktion durch Rücktransformation gemäß Beziehung (2.3.2.1).

(2.3.2.5) $\quad f_1(t) = f(t) e^{-\delta t} = \dfrac{1}{2\pi} \int_{-\infty}^\infty f_{1b}(\omega) e^{j\omega t} d\omega$

$\qquad\qquad\qquad\qquad\quad = \dfrac{1}{2\pi} \int_{-\infty}^\infty f_b(\delta + j\omega) e^{j\omega t} d\omega$.

Anstelle von $f_1(t)$ kann auch direkt f(t) zurückgewonnen werden. Die obige Gleichung ist dann nur mit $e^{\delta t}$ zu multiplizieren.

(2.3.2.6) $\quad \dfrac{1}{2\pi} \int_{-\infty}^\infty f_b(\delta + j\omega) e^{(\delta + j\omega)t} d\omega = \begin{cases} f(t) & \text{für } t > 0 \\ 0 & \text{für } t < 0 \end{cases}$.

Wird nun der nur in der Kombination $(\delta + j\omega)$ vorkommende Parameter, der eine komplexe Veränderliche darstellt, durch den Buchstaben s ersetzt, wie es in der Mathematik üblich ist, also

(2.3.2.7) $\quad s = \delta + j\omega$,

so ergibt sich für Gl. (2.3.2.4)

(2.3.2.8) $\quad f_b(s) = \int_0^\infty f(\tau) e^{-s\tau} d\tau$.

In Gl. (2.3.2.6) wird nun ebenfalls die komplexe Veränderliche eingeführt. Zusätzlich werden noch das Differential und die Integrationsgrenzen wie folgt substituiert:

2.3 Die Behandlung nichtsinusförmiger nichtperiodischer Vorgänge

$$s = \delta + j\omega \Rightarrow \frac{ds}{d\omega} = j \Rightarrow d\omega = \frac{1}{j} ds$$

Integrationsgrenzen:

ω	s
$-\infty$	$\delta - j\infty$
∞	$\delta + j\infty$

Mit diesen Änderungen lautet nunmehr Gl. (2.3.2.6)

(2.3.2.9) $\quad \dfrac{1}{2\pi j} \displaystyle\int_{\delta-j\infty}^{\delta+j\infty} f_b(s) \, e^{st} \, ds = \begin{cases} f(t) & \text{für } t > 0 \\ 0 & \text{für } t < 0 \end{cases}$.

Diese Gleichung stellt das sogenannte *inverse Laplace-Integral* dar. Die Integration wird in der komplexen Ebene durchgeführt. In Bild 2.3.2.1 ist der Integrationsweg in der komplexen s-Ebene gestrichelt eingezeichnet. Der Faktor δ ist eine reelle Zahl, liegt also auf der reellen Achse.

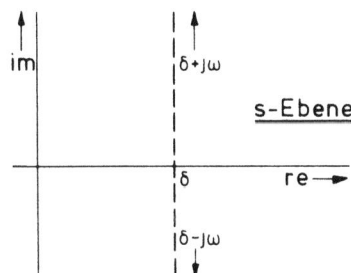

Bild 2.3.2.1: Darstellung der komplexen s-Ebene

Die Bildfunktion $f_b(s)$ wird auch *Laplace-Transformierte* von f(t) genannt. Aus Gl. (2.3.2.4) folgt somit

(2.3.2.10) $\quad f_b(s) = \mathcal{L}\{f(t)\} = \displaystyle\int_0^\infty f(\tau) \, e^{-s\tau} \, d\tau$.

So wie für den Ausdruck „w ist eine Funktion von z" kurz w = f(z) geschrieben wird, beschreibt das Symbol $\mathcal{L}$ in der obigen Gleichung den durch die Laplace-Transformation gegebenen Zusammenhang. Hier wird also der Zusammenhang zwischen der Originalfunktion f(t) und der Bildfunktion $f_b(s)$ mittels der Integraltransformation klar zum Ausdruck gebracht. Wenn später eine größere Anzahl von Funktionenpaaren ermittelt worden ist, wird stets auf die Tabellen zurückgegriffen und auf das Ausrechnen des Integrals verzichtet.

Während die Berechnung der Bildfunktion $f_b(s)$ gemäß Gl. (2.3.2.10) als Laplace-Transformation bezeichnet wird, wird die Rückgewinnung der Originalfunktion f(t) aus der Bildfunktion $f_b(s)$ nach Gl. (2.3.2.9) inverse Laplace-Transformation oder Rücktransformation zur Laplace-Transformation genannt und mit $\mathcal{L}^{-1}$ gekennzeichnet:

(2.3.2.11) $f(t) = \mathcal{L}^{-1}\{f_b(s)\}$.

Die Paare zusammengehöriger Zeitfunktionen f(t) und Bildfunktionen $f_b(s)$ werden auch als Korrespondenzen bezeichnet. Folgende Symbole sind üblich:

1. Für die Transformation vom Originalbereich in den Bildbereich:

$$f(t) \;\circ\!\!-\!\!\!-\!\!\bullet\; f_b(s)$$

$$f(t) \;\overset{\bullet}{=\!=\!=}\; f_b(s)$$

$$\mathcal{L}\{f(t)\} \;=\; f_b(s).$$

2. Für die Transformation vom Bildbereich in den Originalbereich:

$$f_b(s) \;\bullet\!\!-\!\!\!-\!\!\circ\; f(t)$$

$$f_b(s) \;\underset{\bullet}{=\!=\!=}\;{}^{\bullet}\; f(t)$$

$$\mathcal{L}^{-1}\{f_b(s)\} \;=\; f(t).$$

Wird für die Zuordnung von Zeit- und Bildfunktion das Symbol

$$f(t) \;\circ\!\!-\!\!\!-\!\!\bullet\; f_b(s)$$

verwendet, so kann diese Beziehung sowohl von links nach rechts gelesen werden – hiermit ist die Abbildung von f(t) nach $f_b(s)$ gemeint – als auch von rechts nach links. Darunter ist dann die Rücktransformation von $f_b(s)$ nach f(t) zu verstehen. Die Gültigkeit von Gl. (2.3.2.9) läßt sich unter den folgenden Voraussetzungen nachweisen:

1. $\displaystyle\int_0^\infty e^{-\operatorname{Re}\{s\}\, t}\, |f(t)|\, dt < \infty \quad \text{mit } \operatorname{Re}\{s\} \geqslant \delta\,,$

2. $\quad$ f(t) stetig differenzierbar für alle t,

3. $\quad$ f(t) = 0 für t < 0.

Bei der Laplace-Transformation nach Gl. (2.3.2.10) wird die Funktion f(t) nur für t > 0 berücksichtigt. Sämtliche Funktionswerte können daher für t < 0 als Null vorausgesetzt werden. Diese Annahme hat nämlich keinen Einfluß auf das Integral. Jedoch ist immer dann bei der Ermittlung der Laplace-Transformierten achtzugeben, falls sich die Funktion f(t) zur Zeit t = 0 sprunghaft ändert.

2.3 Die Behandlung nichtsinusförmiger nichtperiodischer Vorgänge

Im Abschnitt 4.4 über die Differentiation im Fall einer sprunghaften Änderung von f(t) zur Zeit t = 0 wird dargelegt, wann zur Bestimmung der Bildfunktion zu $\frac{df(t)}{dt}$ auch eine Kenntnis über den Verlauf von f(t) für t < 0, hier insbesondere f(− Δt), erforderlich ist.

3. Die Laplace-Transformation

In den vorangegangenen Abschnitten wurde das Laplace-Integral schrittweise über die Fourier-Reihe sowie das Fourier-Integral abgeleitet. Diese ausführlichen Überlegungen vermitteln gleichzeitig ein besseres Gefühl und tieferes Verständnis für diese bedeutsame Integraltransformation.

So wie das Fourier-Integral eine der Zeitfunktion f(t) gleichwertige Darstellung durch die Spektralfunktion $f_b(\omega)$ ermöglichte, so gestattet das Laplace-Integral (bei Vermeidung der beim Fourier-Integral möglichen Konvergenzschwierigkeiten), für die gedämpften Zeitfunktionen $f(t) \cdot e^{-\delta t}$ ($\delta > 0$) die Spektralfunktion $f_b(\delta + j\omega) = f_b(s)$ für alle die Funktionen zu ermitteln, für die $f(t) = 0$ für $t < 0$ gilt. Diese Transformation erweist sich außer zur Behandlung mathematischer Aufgaben vor allem für viele Zwecke der Technik und Schwingungslehre als besonders nützlich.

Wie bereits in Abschnitt 1.2 bei der Erklärung des Begriffs der Transformation dargestellt wurde, kann mit Hilfe der Laplace-Transformation die Lösung vieler Probleme vereinfacht werden. So läßt sich die Integration gewisser Differentialgleichungen auf die Auflösung einer algebraischen Gleichung zurückführen. Wie in Bild 1.2.2 gezeigt ist, wird dazu die im Zeitbereich (Originalbereich) vorgegebene Aufgabenstellung zunächst in den Bildbereich transformiert. Das Ergebnis wird sodann mittels der inversen Laplace-Transformation wieder in den Originalbereich überführt. Die auf diese Weise ermittelte Lösungsfunktion stellt dann die Lösung der Differentialgleichung dar. In den weitaus meisten Fällen läßt sich nämlich das Problem im Bildbereich einfacher lösen als im Originalbereich. In vielen Fällen ist sogar eine Rücktransformation garnicht mehr erforderlich, da bereits die gewünschten Aussagen auf Grund der Lösung im Bildbereich gemacht werden können. Die Rücktransformation nach Gl. (2.3.2.9) setzt einige funktionentheoretische Kenntnisse voraus. In der Regel wird jedoch bei der Rücktransformation keine Auswertung entsprechend dieser Gleichung vorgenommen, sondern zur Lösung der Aufgabenstellung von anderen Möglichkeiten der Rücktransformation Gebrauch gemacht. Im Abschnitt 3.2 werden hierzu verschiedene Methoden zur Bestimmung der Originalfunktion aus der Bildfunktion behandelt. Auf diesen in den weitaus meisten Fällen einfacheren Methoden zur Rückgewinnung der Originalfunktion beruht der große Vorteil der Laplace-Transformation.

3.1 Ableitung einiger einfacher Bildfunktionen

Für die Rücktransformation existieren in der Literatur umfangreiche Tabellenwerke von Funktionenpaaren, in denen die Korrespondenzen nach verschiedenen Prinzipien angeordnet sind. Eine in der Regel vollständig ausreichende Korrespondenztabelle von zusammengehörigen Original- und Bildfunktionen der am häufigsten benutzten Funktionen ist in diesem Buch im Abschnitt 10 angegeben; auf eine erneute Berechnung der Funktionenpaare kann bei der Anwendung verzichtet werden.

3.1 Ableitung einiger einfacher Bildfunktionen

Mit Hilfe der Definitionsgleichung der Laplace-Transformation,

$$f_b(s) = \int_0^\infty f(\tau)\, e^{-s\tau}\, d\tau,$$

läßt sich praktisch immer die Bildfunktion zu einer im Zeitbereich $t > 0$ gegebenen Zeitfunktion bestimmen. An einigen Beispielen soll nun gezeigt werden, wie durch Anwenden dieser Definitionsgleichung mit relativ wenig Aufwand die Bildfunktionen einiger wichtiger Zeitfunktionen ermittelt werden können.

1. Beispiel

Gegeben sei die Sprungfunktion (auch Einheitssprung oder Heavisidesche Einheitsfunktion genannt) nach Bild 3.1.1. Die zugehörige mathematische Beschreibung lautet

$$f(t) = \begin{cases} 1 & \text{für } t > 0 \\ 0 & \text{für } t < 0 \end{cases}.$$

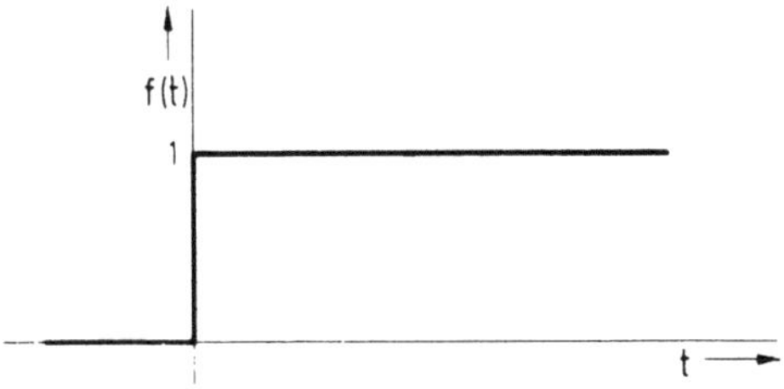

Bild 3.1.1: Einheitssprung

Wird diese Funktion in das Laplace-Integral eingesetzt, so folgt

$$\mathcal{L}\{f(t)\} = \int_0^\infty 1 \cdot e^{-s\tau}\, d\tau = -\frac{1}{s} e^{-s\tau} \Big|_0^\infty = \frac{1}{s}.$$

Anhand dieser Beziehung läßt sich zugleich der Konvergenzbereich der Laplace-Transformation diskutieren. Sicherlich gilt der obige Zusammenhang nicht für s = 0, wohl aber für positive und reelle Werte von s. Mit einem komplexen s = δ + jω ergibt sich:

$$\mathcal{L}\{f(t)\} = \int_0^\infty 1 \cdot e^{-(\delta + j\omega)\tau} \, d\tau$$

$$= -\frac{1}{\delta + j\omega} \, e^{-\delta\tau} \, e^{-j\omega\tau} \bigg|_0^\infty .$$

Falls δ positiv ist, besitzt das Integral an der unteren Grenze den Wert $\frac{1}{\delta + j\omega}$, an der oberen Grenze den Wert Null. Die Größe ω kann dabei beliebige Werte annehmen, da der Faktor $e^{-j\omega\tau}$ für beliebige ω und τ immer endlich bleibt. Aus diesen Überlegungen folgt der in Bild 3.1.2 dargestellte Konvergenzbereich, in dem s liegen muß, damit die obige Korrespondenz für den Einheitssprung gilt. Der Konvergenzbereich umfaßt die rechte s-Halbebene mit Ausnahme der imaginären Achse. Denn für δ = 0 wird das Laplace-Integral unendlich, falls ω = 0 ist. Für ω ≠ 0 ist das Integral zwar endlich, jedoch unbestimmt. Somit gilt das Funktionenpaar

(3.1.1) $\quad \mathcal{L}\{1\} = \frac{1}{s} \quad$ oder $\quad 1 \circ\!\!-\!\!\bullet \, \frac{1}{s}$

für alle Werte von s mit positivem Realteil, d.h. Re{s} > 0.

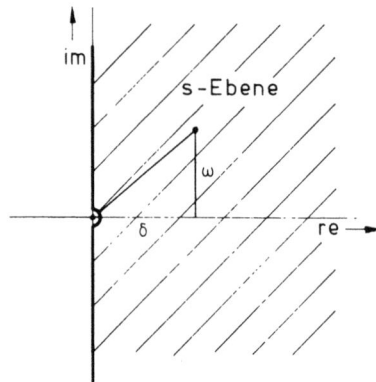

Bild 3.1.2: Konvergenzbereich der Transformation $\mathcal{L}\{1\}$

2. Beispiel

Für die in Bild 2.3.1.7 dargestellte Sprungfunktion lautet die Laplace-Transformierte

$$\mathcal{L}\{f(t)\} = \mathcal{L}\{A\} = \int_0^\infty A \, e^{-s\tau} \, d\tau = A \int_0^\infty e^{-s\tau} \, d\tau .$$

3.1 Ableitung einiger einfacher Bildfunktionen

Dieses Integral besitzt also genau den A-fachen Wert des im vorangegangenen Beispiel abgeleiteten Integrals; damit folgt

(3.1.2) $\quad \mathcal{L}\{A\} = A\,\mathcal{L}\{1\} = A\,\dfrac{1}{s}$.

3. Beispiel

Gesucht sei die Bildfunktion zu $f(t) = e^{at}$ (a komplex). Die Integration liefert

$$\mathcal{L}\{e^{at}\} = \int_0^\infty e^{a\tau}\,e^{-s\tau}\,d\tau = \int_0^\infty e^{-(s-a)\tau}\,d\tau = -\dfrac{1}{s-a}\,e^{-(s-a)\tau}\,\bigg|_0^\infty .$$

In Analogie zu Beispiel 1 konvergiert dieses Integral für $\mathrm{Re}\{s-a\} > 0$ bzw. $\mathrm{Re}\{s\} > \mathrm{Re}\{a\}$. Unter dieser Voraussetzung gilt

(3.1.3) $\quad \mathcal{L}\{e^{at}\} = \dfrac{1}{s-a} \quad$ mit a komplex .

Der zugehörige Konvergenzbereich ist in Bild 3.1.3 nochmals zur Verdeutlichung in der s-Ebene dargestellt. Der Punkt $s = \mathrm{Re}\{a\}$ fällt nicht mehr in den Konvergenzbereich; für die Gerade $s = \mathrm{Re}\{a\} + j\omega$ ist das Laplace-Integral unbestimmt.

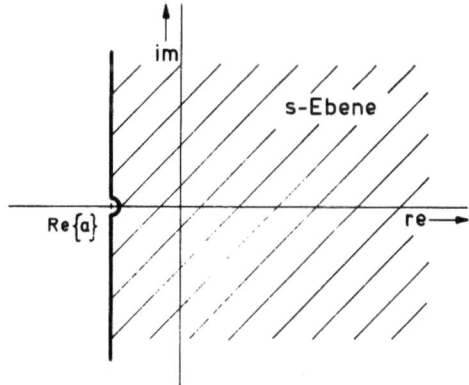

Bild 3.1.3: Konvergenzbereich der Transformation $\mathcal{L}\{e^{at}\}$

4. Beispiel

Abschließend sollen die Laplace-Transformierten der trigonometrischen Funktionen $\sin\omega t$ und $\cos\omega t$ ermittelt werden. Mit Hilfe von Gl. (2.2.3.2) und Gl. (3.1.3) ergeben sich die Bildfunktionen

(3.1.4) $$\mathcal{L}\{\cos \omega t\} = \mathcal{L}\left\{\frac{e^{j\omega t} + e^{-j\omega t}}{2}\right\}$$

$$= \frac{1}{2}\left(\frac{1}{s-j\omega} + \frac{1}{s+j\omega}\right) = \frac{s}{s^2 + \omega^2}$$

und

(3.1.5) $$\mathcal{L}\{\sin \omega t\} = \frac{\omega}{s^2 + \omega^2} \ .$$

In beiden Fällen ist der Konvergenzbereich durch die Bedingung $\mathrm{Re}\{s\} > 0$ bestimmt.

3.2 Hilfssätze der Laplace-Transformation

Eine Transformation, also auch die Laplace-Transformation, kann aufgefaßt werden als eine Übersetzungsvorschrift zwischen zwei Sprachen. Dem Wörterbuch, das beispielsweise zur Übersetzung eines Textes von einer in die andere Sprache benötigt wird, entspricht bei der Transformation eine Tabelle korrespondierender Original- und Bildfunktionen. Eine Sprache läßt sich um so besser handhaben, je größer der Wortschatz der Sprache, das sogenannte Vokabular, ist. Dementsprechend kann die Laplace-Transformation um so vorteilhafter auf unterschiedliche Problemstellungen angewendet werden, je größer die Menge der zusammengestellten Funktionenpaare ist. Eine Übersetzungsvorschrift zur Bildung neuer Wörter ermöglicht – auf die Transformation übertragen – die Ermittlung von neuen Funktionenpaaren.

Eine Übersetzung erfordert aber nicht nur ein Wörterbuch (sprich Korrespondenztabelle), sondern sie setzt auch die Kenntnis der Grammatik der unbekannten Sprache voraus. Diese Grammatik soll z. B. angeben, wie einzelne Wörter dekliniert oder konjugiert werden und wie Wortkombinationen der einen Sprache zu sprachlich korrekten Sätzen der anderen Sprache umgeformt werden müssen.

Dementsprechend wird in diesem Abschnitt anhand einiger wichtiger Regeln der Laplace-Transformation gezeigt, auf welche Weise verschiedene mathematische Operationen des Originalbereichs (z. B. Differentiation und Integration) nach Anwendung der Laplace-Transformation in den Bildbereich abgebildet werden. Zu diesem Zweck werden im folgenden mehrere Hilfssätze abgeleitet.

3.2 Hilfssätze der Laplace-Transformation

3.2.1 Der Satz über die Linearkombination

Die Originalfunktion f(t) lasse sich als Linearkombination einer endlichen Anzahl von Funktionen $f_i(t)$ darstellen.

(3.2.1.1) $\quad f(t) = k_1 f_1(t) + k_2 f_2(t) + \ldots + k_n f_n(t)$.

Die Laplace-Transformierte dieser Funktion lautet per definitionem

$$\begin{aligned}
(3.2.1.2) \quad \mathcal{L}\{f(t)\} &= f_b(s) \\
&= \int_0^\infty [k_1 f_1(\tau) + k_2 f_2(\tau) + \ldots + k_n f_n(\tau)] e^{-s\tau} d\tau \\
&= \int_0^\infty k_1 f_1(\tau) e^{-s\tau} d\tau + \int_0^\infty k_2 f_2(\tau) e^{-s\tau} d\tau \\
&\quad + \ldots + \int_0^\infty k_n f_n(\tau) e^{-s\tau} d\tau .
\end{aligned}$$

Jedes Einzelintegral entspricht der Bildfunktion einer Teilfunktion $f_i(t)$, so daß die obige Gleichung wie folgt geschrieben werden kann:

(3.2.1.3) $\quad \mathcal{L}\{f(t)\} = k_1 \mathcal{L}\{f_1(t)\} + k_2 \mathcal{L}\{f_2(t)\} + \ldots + k_n \mathcal{L}\{f_n(t)\}$

bzw.

(3.2.1.4) $\quad f_b(s) = k_1 f_{1b}(s) + k_2 f_{2b}(s) + \ldots + k_n f_{nb}(s)$.

Es gilt somit folgender Satz: Stellt f(t) eine Linearkombination von Originalfunktionen dar, so ist die entsprechende Bildfunktion als Linearkombination der korrespondierenden Bildfunktionen darstellbar.

3.2.2 Der Ableitungssatz für die Originalfunktion

Der für praktische Anwendungen – insbesondere zur Lösung von Differentialgleichungen – wichtigste Satz ist neben dem Satz über die Linearkombination der Ableitungssatz. Wie aus dem vorangegangenen Abschnitt zu ersehen ist, kommt der Abbildung der Differentiation bei der Lösung von Differentialgleichungen und Differentialgleichungssystemen eine besondere Bedeutung zu. Unter der Voraussetzung, daß die zu f(t) gehörende Bildfunktion $f_b(s)$ bekannt ist, soll nun die Laplace-Transformierte der nach t differenzierten Originalfunktion $f'(t) = \dfrac{df(t)}{dt}$ bestimmt werden.

Der Definition zufolge gilt:

(3.2.2.1) $\mathcal{L}\{f'(t)\} = \mathcal{L}\left\{\dfrac{df(t)}{dt}\right\} = \displaystyle\int_0^\infty \dfrac{df(\tau)}{d\tau} e^{-s\tau} d\tau$.

Auf dieses Integral wird die partielle Integration angewendet. Damit folgt:

(3.2.2.2) $\mathcal{L}\{f'(t)\} = f(\tau) e^{-s\tau} \Big|_0^\infty - \displaystyle\int_0^\infty f(\tau) (-s) e^{-s\tau} d\tau$.

Vorausgesetzt, daß

1. $\displaystyle\lim_{t\to\infty} f(t) e^{-st} = 0$ und

2. $f(0)$ endlich

ist, ergibt sich aus Gl. (3.2.2.2) der Ableitungssatz für die Originalfunktion zu

(3.2.2.3) $\mathcal{L}\{f'(t)\} = -f(0) + s \displaystyle\int_0^\infty f(\tau) e^{-s\tau} d\tau$

bzw.

(3.2.2.4) $\mathcal{L}\{f'(t)\} = s\,\mathcal{L}\{f(t)\} - f(0)$.

Der Differentiation im Originalbereich entspricht im Bildbereich eine Multiplikation mit s, wenn von der additiven Konstanten, die den Anfangswert der Originalfunktion darstellt, abgesehen wird. An die Stelle einer komplizierten Rechenoperation im Originalbereich tritt also im Bildbereich eine einfache Multiplikation der Bildfunktion $f_b(s)$ mit der Variablen s und eine Subtraktion des Anfangswertes von f(t) zur Zeit t = 0.

Im Anschluß an die Laplace-Transformierte der 1. Ableitung sollen im folgenden die Transformierten der höheren Ableitungen ermittelt werden. Für die 2. Ableitung gilt in Analogie zur vorangehenden Herleitung:

$$\mathcal{L}\left\{\dfrac{d^2 f(t)}{dt^2}\right\} = \mathcal{L}\left\{\dfrac{df'(t)}{dt}\right\} = s\,\mathcal{L}\{f'(t)\} - f'(0)$$
$$= s[s\,\mathcal{L}\{f(t)\} - f(0)] - f'(0) ,$$

also

(3.2.2.5) $\mathcal{L}\{f''(t)\} = s^2\,\mathcal{L}\{f(t)\} - s\,f(0) - f'(0)$.

Die Funktion f(t) ist einigen Restriktionen unterworfen, falls sie die obige Beziehung erfüllen soll. Hierzu wird die Transformierte der 2. Ableitung nochmals aus der Definitionsgleichung der Laplace-Transformierten abgeleitet:

$$\mathcal{L}\{f''(t)\} = \int_0^\infty f''(\tau) e^{-s\tau} d\tau = \int_0^\infty \dfrac{df'(\tau)}{d\tau} e^{-s\tau} d\tau .$$

3.2 Hilfssätze der Laplace-Transformation

Mittels partieller Integration ergibt sich

$$\mathcal{L}\{f''(t)\} = f'(\tau) e^{-s\tau} \Big|_0^\infty - \int_0^\infty f'(\tau)(-s) e^{-s\tau} \, d\tau .$$

Die Voraussetzungen

1. $\lim\limits_{t \to \infty} f'(t) e^{-st} = 0$ und

2. $f'(0)$ endlich

vereinfachen sodann die obige Gleichung zu

$$\mathcal{L}\{f''(t)\} = s \int_0^\infty f'(\tau) e^{-s\tau} \, d\tau - f'(0) .$$

Wie bereits zuvor angeführt wurde, gilt weiterhin

$$\mathcal{L}\{f''(t)\} = s[s\,\mathcal{L}\{f(t)\} - f(0)] - f'(0) ,$$

falls die Bedingungen

$$\lim\limits_{t \to \infty} f(t) e^{-st} = 0 \quad \text{und} \quad f(0) \text{ endlich}$$

erfüllt sind.
In gleicher Weise ergibt sich die Laplace-Transformierte der 3. Ableitung zu

$$\mathcal{L}\{f'''(t)\} = \mathcal{L}\left\{\frac{df''(t)}{dt}\right\} = s\,\mathcal{L}\{f''(t)\} - f''(0)$$

$$= s[s^2\,\mathcal{L}\{f(t)\} - s\,f(0) - f'(0)] - f''(0),$$

bzw.

(3.2.2.6) $\quad \mathcal{L}\{f'''(t)\} = s^3\,\mathcal{L}\{f(t)\} - s^2 f(0) - s\,f'(0) - f''(0).$

Zusätzlich zu den früheren Bedingungen müssen noch die beiden Voraussetzungen

$$\lim\limits_{t \to \infty} f''(t) e^{-st} = 0 \quad \text{und} \quad f''(0) \text{ endlich}$$

erfüllt sein.
Eine wiederholte Anwendung des Ableitungssatzes führt auf die Bildfunktion der n-ten Ableitung

(3.2.2.7) $\quad \mathcal{L}\{f^{(n)}(t)\} = s^n\,\mathcal{L}\{f(t)\} - s^{n-1} f(0)$
$\qquad\qquad - s^{n-2} f'(0) - \ldots - f^{(n-1)}(0) .$

Hierbei hat die Funktion f(t) die Bedingungen

$$\lim_{t \to \infty} f(t) e^{-st} = 0,$$

$$\lim_{t \to \infty} f'(t) e^{-st} = 0,$$

$$\vdots$$

$$\lim_{t \to \infty} f^{(n-1)}(t) e^{-st} = 0 \quad \text{und}$$

$$f(0), f'(0), f''(0), \ldots, f^{(n-1)}(0) \text{ endlich}$$

zu erfüllen.

Die Bildfunktion der n-ten Ableitung von f(t) ist also gleich der Laplace-Transformierten von f(t) selbst, multipliziert mit s^n, plus einem Polynom (n−1)-ten Grades der Variabeln s, dessen Koeffizienten durch die Werte der Funktion f(t) sowie deren Ableitungen an der Stelle t = 0 bestimmt sind.

Wie bereits erwähnt wurde, bleiben bei der Laplace-Transformation sämtliche Funktionswerte von f(t) für t < 0 unberücksichtigt, das heißt, die Funktion f(t) könnte in diesem Bereich willkürlich gleich Null gesetzt werden. Die Anfangsbedingungen zur Zeit t = 0 liegen in diesem Falle eindeutig fest. Besitzen hingegen f(t) oder irgendeine Ableitung für t = 0 eine Sprungstelle, so müssen anstelle der Anfangswerte f(0), f'(0), ..., $f^{(n-1)}$(0) in den Ableitungssätzen die Grenzwerte f(+0), f'(+0), ..., $f^{(n-1)}$(+0) verwendet werden. Es handelt sich dabei um sogenannte rechtsseitige Grenzwerte, also um Werte, denen die Funktionen zustreben, falls die Zeit t von positiven t-Werten kommend gegen Null strebt. Diese Unterscheidung zwischen einem Wert an einer Stelle und dem Grenzwert bei Annäherung an diese Stelle ist wichtig. Mit diesen Grenzwerten sind Anfangswerte gemeint, von denen die Funktionen ausgehen und die bei positiv wachsendem t einen stetigen Anschluß der Funktionen gewährleisten. Beispielsweise ist der rechtsseitige Grenzwert $\lim_{t \to +0}$ f(t) = f(+0) Voraussetzung für die Existenz der Laplace-Transformierten von f'(t). Die Transformation $\mathcal{L}\{f(t)\}$ hat nämlich nur dann einen Sinn, falls f'(t) in jedem endlichen Intervall integrierbar ist.

Existiert für f'(t) eine Laplace-Transformierte, dann besitzt f(t) mit Sicherheit eine Bildfunktion. Beim Ableitungssatz ist also lediglich vorauszusetzen, daß zu der höchsten vorkommenden Ableitung eine Bildfunktion existiert; die niedrigeren Ableitungen und die Originalfunktion besitzen dann zwangsläufig ebenfalls Bildfunktionen.

Mit Hilfe des Ableitungssatzes sollen nun die Bildfunktionen zu einigen wichtigen Originalfunktionen ermittelt werden.

3.2 Hilfssätze der Laplace-Transformation

1. Beispiel

Gesucht sei die Laplace-Transformierte des Einheitssprungs nach Bild 3.1.1. Für $t > 0$ gilt hier $f(t) = 1$ und $f'(t) = 0$. An der Stelle $t = 0$ ist die Funktion undefiniert. Wird ihr jedoch der rechtsseitige Grenzwert $f(+0) = 1$ zugeordnet, so besitzt die 1. Ableitung dort den Wert $f'(+0) = 0$. Für die 1. Ableitung existiert somit die Bildfunktion $\mathcal{L}\{f'(t)\} = \mathcal{L}\{0\} = 0$. Werden sämtliche Werte bei Gl. (3.2.2.4) berücksichtigt, so folgt

$$\mathcal{L}\{f'(t)\} = 0 = s\,\mathcal{L}\{f(t)\} - f(+0)$$
$$= s\,\mathcal{L}\{1\} - 1.$$

Aus dieser Beziehung ergibt sich, nach $\mathcal{L}\{1\}$ aufgelöst, die Bildfunktion des Einheitssprungs zu

$$\mathcal{L}\{1\} = \frac{1}{s}.$$

Die Bedingung

$$\lim_{t \to \infty} f(t)\,e^{-st} = \lim_{t \to \infty} e^{-st} = 0$$

besagt, daß $\text{Re}\{s\} > 0$ sein muß, wenn die obige Transformation gültig sein soll (vgl. Abschnitt 3.1, 1. Beispiel).

2. Beispiel

Zur Funktion $f(t) = e^{at}$ (a beliebig komplex) soll die Laplace-Transformierte bestimmt werden. Die Anwendung des Ableitungssatzes führt mit $f(0) = 1$ auf

$$\mathcal{L}\{a\,e^{at}\} = s\,\mathcal{L}\{e^{at}\} - 1.$$

Mit Hilfe des Satzes über die Linearkombination ergibt sich hieraus

$$a\,\mathcal{L}\{e^{at}\} = s\,\mathcal{L}\{e^{at}\} - 1$$

bzw.

$$\mathcal{L}\{e^{at}\} = \frac{1}{s-a}.$$

Folgende Voraussetzungen müssen hierbei erfüllt sein:

1. $\quad \lim_{t \to \infty} f(t)\,e^{-st} = \lim_{t \to \infty} e^{(a-s)t} = 0 \quad$ und
2. $\quad f(0)$ endlich.

Die Bedingung 1 kann auch anders formuliert werden (vgl. Abschnitt 3.1, 2. Beispiel):

$$\text{Re}\{a - s\} < 0 \quad \text{bzw.} \quad \text{Re}\{s\} > \text{Re}\{a\}.$$

Als wichtiger Sonderfall wird abschließend der Fall $a = 0$ betrachtet. Damit ergibt sich $f(t) = 1$ für alle t. Die zugehörige Bildfunktion lautet

$$\mathcal{L}\{1\} = \frac{1}{s} \quad \text{für Re}\{s\} > 0$$

und entspricht selbstverständlich der Bildfunktion des Einheitssprungs, da bei der Laplace-Transformation der Funktionsverlauf für negative t-Werte nicht berücksichtigt wird.

3. Beispiel

Die trigonometrischen Funktionen sin ωt und cos ωt erfüllen die Differentialgleichung

$$f''(t) + \omega^2 f(t) = 0 \quad \text{mit} \quad \begin{cases} f(0) = 0, \; f'(0) = \omega & \text{für sin } \omega t \\ f(0) = 1, \; f'(0) = 0 & \text{für cos } \omega t \end{cases}.$$

Ihre Laplace-Transformierten sollen unter Anwendung des Ableitungssatzes auf die obige Differentialgleichung ermittelt werden. Aus der Differentialgleichung folgt zunächst auf Grund des Satzes über die Linearkombination

$$\mathcal{L}\{f''(t)\} + \omega^2 \mathcal{L}\{f(t)\} = \mathcal{L}\{0\} = 0.$$

Mittels Gl. (3.2.2.5) und unter Berücksichtigung der Anfangsbedingungen ergibt sich hieraus für die Sinusfunktion

$$s^2 \mathcal{L}\{f(t)\} - \omega + \omega^2 \mathcal{L}\{f(t)\} = 0$$

bzw.

$$\mathcal{L}\{f(t)\} = \mathcal{L}\{\sin \omega t\} = \frac{\omega}{s^2 + \omega^2}.$$

Ganz entsprechend gilt für die Kosinusfunktion

$$s^2 \mathcal{L}\{f(t)\} - s \cdot 1 + \omega^2 \mathcal{L}\{f(t)\} = 0$$

bzw.

$$\mathcal{L}\{f(t)\} = \mathcal{L}\{\cos \omega t\} = \frac{s}{s^2 + \omega^2}.$$

4. Beispiel

Als Verallgemeinerung von Beispiel 3 soll nun die Laplace-Transformierte der Funktion $f(t) = \sin(\omega t + \varphi)$ abgeleitet werden. Diese Funktion genügt ebenfalls der Differentialgleichung $f''(t) + \omega^2 \cdot f(t) = 0$ und besitzt mit $f'(t) = \omega \cdot \cos(\omega t + \varphi)$ die Anfangsbedingungen $f(0) = \sin \varphi$ und $f'(0) = \omega \cdot \cos \varphi$. In Analogie zum vorangehenden Beispiel folgt

$$\begin{aligned}\mathcal{L}\{f''(t)\} + \omega^2 \mathcal{L}\{f(t)\} &= 0 \\ &= s^2 \mathcal{L}\{f(t)\} - s \sin \varphi - \omega \cos \varphi + \omega^2 \mathcal{L}\{f(t)\}.\end{aligned}$$

Hieraus ergibt sich die Bildfunktion

$$(3.2.2.8) \quad \mathcal{L}\{f(t)\} = \mathcal{L}\{\sin(\omega t + \varphi)\} = \frac{s \sin \varphi + \omega \cos \varphi}{s^2 + \omega^2}.$$

3.2 Hilfssätze der Laplace-Transformation

Aus dieser Beziehung lassen sich sofort die bekannten Sonderfälle

$$\varphi = 0 \; : \; \mathcal{L}\{\sin \omega t\} = \frac{\omega}{s^2 + \omega^2}$$

$$\varphi = \frac{\pi}{2} \; : \; \mathcal{L}\{\cos \omega t\} = \frac{s}{s^2 + \omega^2}$$

sowie mit $\varphi = \psi + \dfrac{\pi}{2}$ die Laplace-Transformierte der Funktion $f(t) = \cos(\omega t + \psi)$ ableiten.

(3.2.2.9) $\quad \mathcal{L}\{\cos(\omega t + \psi)\} = \dfrac{s \cos \psi - \omega \sin \psi}{s^2 + \omega^2}$.

5. Beispiel

Die Hyperbelfunktionen $\sinh \omega t$ bzw. $\cosh \omega t$ ergeben sich als Lösung der Differentialgleichung

$$f''(t) - \omega^2 f(t) = 0 \text{ mit } \begin{cases} f(0) = 0, \; f'(0) = \omega \text{ für } \sinh \omega t \\ f(0) = 1, \; f'(0) = 0 \text{ für } \cosh \omega t \end{cases}.$$

Mit Hilfe des Satzes über die Linearkombination folgt zunächst:

$$\mathcal{L}\{f''(t)\} - \omega^2 \mathcal{L}\{f(t)\} = 0 \, .$$

Durch Berücksichtigung der Anfangsbedingungen bei Anwendung des Ableitungssatzes ergibt sich die Bildfunktion von $\sinh \omega t$.

$$s^2 \mathcal{L}\{f(t)\} - \omega - \omega^2 \mathcal{L}\{f(t)\} = 0$$

bzw.

(3.2.2.10) $\quad \mathcal{L}\{f(t)\} = \mathcal{L}\{\sinh \omega t\} = \dfrac{\omega}{s^2 - \omega^2}$.

Entsprechend wird bei der Ermittlung der Laplace-Transformierten von $\cosh \omega t$ vorgegangen. Es gilt

$$s^2 \mathcal{L}\{f(t)\} - s \cdot 1 - \omega \mathcal{L}\{f(t)\} = 0$$

bzw.

(3.2.2.11) $\quad \mathcal{L}\{f(t)\} = \mathcal{L}\{\cosh \omega t\} = \dfrac{s}{s^2 - \omega^2}$.

6. Beispiel

Zum Abschluß sei noch zur Funktion $f(t) = t^n$, n positiv und ganzzahlig, die Bildfunktion gesucht. Ausgehend von $f(t)$ ergibt sich durch fortlaufende Differentiation:

$$f'(t) = n \cdot t^{n-1}$$
$$f''(t) = n \cdot (n-1) \cdot t^{n-2}$$
$$\vdots$$
$$f^{(n-1)}(t) = n \cdot (n-1) \cdot (n-2) \cdot \ldots \cdot 2 \cdot t^1$$
$$f^{(n)}(t) = n \cdot (n-1) \cdot (n-2) \cdot \ldots \cdot 2 \cdot 1 \cdot t^0 = n! \ .$$

Die Anfangswerte der Funktion und sämtlicher Ableitungen betragen

$$f^{(k)}(0) = 0 \quad \text{mit} \quad k = 0(1)\,n - 1 \ .$$

Aus Gl. (3.2.2.7) folgt nach Einsetzen aller Anfangswerte

$$\mathcal{L}\{f^{(n)}(t)\} = \mathcal{L}\{n!\} = s^n\, \mathcal{L}\{f(t)\}$$

bzw.

(3.2.2.12) $\quad \mathcal{L}\{f(t)\} = \mathcal{L}\{t^n\} = \dfrac{1}{s^n}\, \mathcal{L}\{n!\} = \dfrac{1}{s^n}\, n!\, \mathcal{L}\{1\} = n!\, \dfrac{1}{s^{n+1}} \ .$

Aus dieser allgemeinen Beziehung können die folgenden Sonderfälle abgeleitet werden.

1. $n = 0$: $\quad f(t) = t^0 = 1 \quad\quad\quad\quad\quad\quad\quad\quad\quad \mathcal{L}\{1\} = \dfrac{1}{s}$

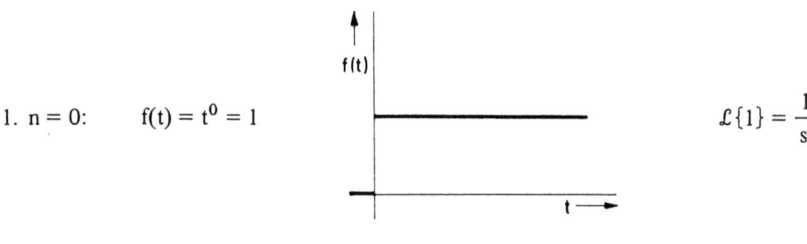

2. $n = 1$: $\quad f(t) = t \quad\quad\quad\quad\quad\quad\quad\quad\quad\quad\quad \mathcal{L}\{t\} = \dfrac{1}{s^2}$

(3.2.2.13)

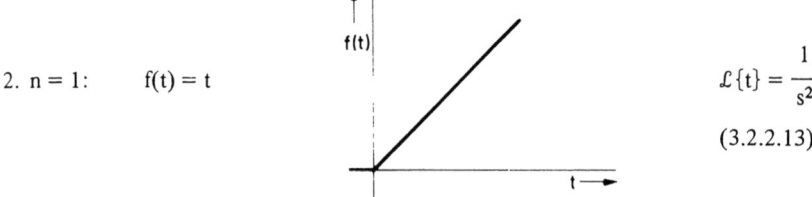

3. $n = 2$: $\quad f(t) = t^2 \quad\quad\quad\quad\quad\quad\quad\quad\quad\quad \mathcal{L}\{t^2\} = \dfrac{2}{s^3}$

(3.2.2.14)

3.2 Hilfssätze der Laplace-Transformation

4. $n = 3$: $\quad f(t) = t^3$ 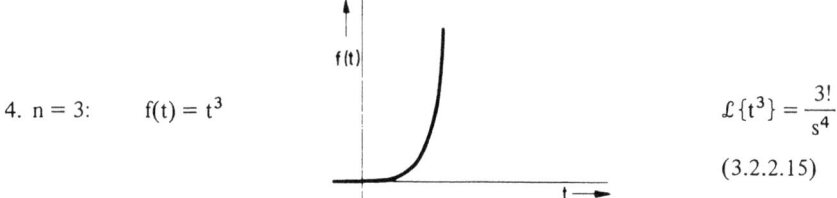 $\quad \mathcal{L}\{t^3\} = \dfrac{3!}{s^4}$

(3.2.2.15)

3.2.3 Der Integralsatz für die Originalfunktion

Im vorangehenden Abschnitt wurde gezeigt, daß bei der Laplace-Transformation die komplizierte Rechenoperation des Differenzierens durch eine Multiplikation der Bildfunktion mit der Variablen s und ein Hinzufügen eines konstanten Faktors, der den Anfangsbedingungen Rechnung trägt, ersetzt wird. Nun soll die Laplace-Transformation auf das Integral einer Zeitfunktion angewendet werden mit dem Ziel, auch hier im Bildbereich eine der Integration entsprechende, aber einfachere Rechenoperation zu gewinnen. Als Integral der Zeitfunktion f(t) ergibt sich allgemein

$$(3.2.3.1) \quad F(t) = \int_{-\infty}^{t} f(u)\,du = \int_{0}^{t} f(u)\,du + F(0).$$

Aus der Definitionsgleichung der Laplace-Transformation folgt sodann:

$$\mathcal{L}\left\{\int_{-\infty}^{t} f(u)\,du\right\} = \int_{0}^{\infty}\left[\int_{-\infty}^{\tau} f(u)\,du\right] e^{-s\tau}\,d\tau.$$

Die Anwendung der partiellen Integration führt auf

$$\mathcal{L}\left\{\int_{-\infty}^{t} f(u)\,du\right\} = \left[\int_{-\infty}^{\tau} f(u)\,du\right]\left(-\frac{1}{s}\right)e^{-s\tau}\Bigg|_{0}^{\infty} - \left(-\frac{1}{s}\right)\int_{0}^{\infty} f(\tau)\,e^{-s\tau}\,d\tau$$

$$= \frac{1}{s}\int_{0}^{\infty} f(\tau)\,e^{-s\tau}\,d\tau - \frac{1}{s}\left[\int_{-\infty}^{\tau} f(u)\,du\right]e^{-s\tau}\Bigg|_{0}^{\infty}.$$

Unter der Voraussetzung, daß

1. $\quad \lim_{\tau \to \infty} \dfrac{1}{s}\left[\int_{-\infty}^{\tau} f(u)\,du\right] e^{-s\tau} = 0 \quad$ und

2. $\quad \lim_{\tau \to 0} \int_{-\infty}^{\tau} f(u)\,du = \lim_{\tau \to 0} F(\tau) = F(0) \quad$ endlich

ist, gilt

(3.2.3.2) $\quad \mathcal{L}\{F(t)\} = \mathcal{L}\left\{\int\limits_{-\infty}^{t} f(u)\,du\right\} = \frac{1}{s}\,\mathcal{L}\{f(t)\} + \frac{1}{s}\,F(0)\,.$

Ist F(t) insbesondere dasjenige Integral von f(t), das für $t = t_0$ verschwindet, d.h., ist

$$F(t) = \int\limits_{t_0}^{t} f(u)\,du \quad \text{und damit} \quad F(0) = \int\limits_{t_0}^{0} f(u)\,du\,,$$

dann läßt sich der Integralsatz auch folgendermaßen schreiben:

(3.2.3.3) $\quad \mathcal{L}\left\{\int\limits_{t_0}^{t} f(u)\,du\right\} = \frac{1}{s}\,\mathcal{L}\{f(t)\} + \frac{1}{s}\int\limits_{t_0}^{0} f(u)\,du\,.$

Ist F(t) gerade dasjenige Integral von f(t), das für $t = 0$ den Wert Null besitzt, so ist in obiger Gleichung $t_0 = 0$ zu setzen, und es verschwindet dann das rechtsstehende Integral, das dem Anfangswert Rechnung trägt. Damit wird

(3.2.3.4) $\quad \mathcal{L}\left\{\int\limits_{0}^{t} f(u)\,du\right\} = \frac{1}{s}\,\mathcal{L}\{f(t)\}\,.$

Die Laplace-Transformierte des Integrals einer Zeitfunktion wird also dadurch ermittelt, daß die Laplace-Transformierte der Originalfunktion durch die Variable s dividiert wird. Der Differentiation bzw. Integration einer Funktion im Originalbereich entsprechen also die Multiplikation mit s bzw. Division durch s im Bildbereich. Somit geht eine lineare Differentialgleichung im Oberbereich durch Anwendung der Laplace-Transformation in eine lineare algebraische Gleichung im Unterbereich über.

1. Beispiel

Die Laplace-Transformierte der Funktion $f_1(t) = \sin \omega t$ lautet $\mathcal{L}\{f_1(t)\} = \frac{\omega}{s^2 + \omega^2}$. Mit Hilfe des Integralsatzes soll die Bildfunktion zu $f_2(t) = \cos \omega t$ abgeleitet werden. Zwischen den trigonometrischen Funktionen besteht der Zusammenhang

$$\frac{df_2(t)}{dt} = -\omega \sin \omega t = -\omega f_1(t)\,.$$

Wird $F(t) = -\frac{1}{\omega} \cdot f_2(t)$ gesetzt, so folgen hieraus der Anfangswert $F(0) = -\frac{1}{\omega} \cdot f_2(0) = -\frac{1}{\omega}$ sowie die Ableitung $F'(t) = f(t) = f_1(t)$. Der Integralsatz gemäß Gl. (3.2.3.2) wird nun auf F(t) angewendet:

$$\mathcal{L}\{F(t)\} = -\frac{1}{\omega}\,\mathcal{L}\{f_2(t)\}$$

$$= \frac{1}{s}\,\mathcal{L}\{f(t)\} + \frac{1}{s}\,F(0) = \frac{1}{s}\,\frac{\omega}{s^2 + \omega^2} + \frac{1}{s}\left(-\frac{1}{\omega}\right).$$

3.2 Hilfssätze der Laplace-Transformation   67

Damit ergibt sich die Bildfunktion der Kosinusfunktion zu

$$\mathcal{L}\{f_2(t)\} = \mathcal{L}\{\cos \omega t\} = -\frac{\omega}{s} \frac{\omega}{s^2 + \omega^2} + \frac{1}{s} = \frac{s}{s^2 + \omega^2} \ .$$

2. Beispiel

Gesucht seien die Laplace-Transformierten der Funktionen $f_1(t) = t$, $f_2(t) = t^2$ und $f_n(t) = t^n$ unter Anwendung des Integralsatzes. Die Bildfunktion von $f_0(t) = 1$ sei vorgegeben ($\mathcal{L}\{1\} = \frac{1}{s}$).

Mit $F(t) = f_1(t)$, $F(0) = 0$ und $\frac{dF}{dt} = f(t) = f_0(t)$ folgt:

$$\mathcal{L}\{f_1(t)\} = \mathcal{L}\{t\} = \frac{1}{s} \mathcal{L}\{f_0(t)\} + \frac{1}{s} \cdot 0 = \frac{1}{s} \mathcal{L}\{1\} = \frac{1}{s^2} \ .$$

Auf die gleiche Weise kann die Bildfunktion von $f_2(t)$ ermittelt werden. Hierzu wird zunächst $F(t) = \frac{1}{2} \cdot t^2$ gesetzt. Damit folgen der Anfangswert $F(0) = 0$ und die Ableitung $\frac{dF}{dt} = f_1(t)$ sowie nach Einsetzen in den Integralsatz

$$\mathcal{L}\{F(t)\} = \frac{1}{2} \mathcal{L}\{f_2(t)\} = \frac{1}{s} \mathcal{L}\{f_1(t)\} + \frac{1}{s} \cdot 0$$

bzw.

$$\mathcal{L}\{f_2(t)\} = \mathcal{L}\{t^2\} = \frac{2}{s} \mathcal{L}\{t\} = \frac{2}{s^3} \ .$$

In Analogie hierzu ergibt sich nach mehrfacher Wiederholung dieser Rechenschritte für $\mathcal{L}\{t^n\}$ das bereits mit Hilfe des Ableitungssatzes ermittelte Ergebnis

$$\mathcal{L}\{t^n\} = \frac{n!}{s^{n+1}} \ .$$

3.2.4 Der Ableitungssatz für die Bildfunktion

Ausgehend von dem Funktionenpaar

$$f(t) \circ\!\!-\!\!\bullet\ f_b(s)$$

soll ein neues Funktionenpaar dadurch erzeugt werden, daß die Definitionsgleichung der Laplace-Transformation,

$$\mathcal{L}\{f(t)\} = f_b(s) = \int_0^\infty f(\tau)\, e^{-s\tau}\, d\tau \ ,$$

nach s differenziert wird. Es ist

(3.2.4.1) $$\frac{df_b(s)}{ds} = f_b'(s) = \frac{d}{ds} \int_0^\infty f(\tau) e^{-s\tau} d\tau$$

$$= \int_0^\infty (-\tau) f(\tau) e^{-s\tau} d\tau .$$

Damit lautet der Ableitungssatz für die Bildfunktion

(3.2.4.2) $f_b'(s) = \mathcal{L}\{-t\,f(t)\}$

oder

(3.2.4.3) $\mathcal{L}\{t\,f(t)\} = (-1)^1 f_b'(s) .$

Der Differentiation nach s im Bildbereich entspricht also im Originalbereich eine Multiplikation mit $(-t)$.
Eine nochmalige Anwendung dieses Satzes führt auf

(3.2.4.4) $\mathcal{L}\{t^2 f(t)\} = \mathcal{L}\{t[t\,f(t)]\}$

$$= (-1) \frac{d}{ds} (\mathcal{L}\{t\,f(t)\}) = (-1)^2 \frac{df_b'(s)}{ds}$$

$$= (-1)^2 f_b''(s) .$$

Durch wiederholtes Substituieren gemäß Gl. (3.2.4.2) folgt schließlich für die n-te Ableitung der Bildfunktion $f_b(s)$ nach s:

(3.2.4.5) $f_b^{(n)}(s) = \mathcal{L}\{(-t)^n f(t)\}$

bzw.

(3.2.4.6) $\mathcal{L}\{t^n f(t)\} = (-1)^n f_b^{(n)}(s) .$

Eine n-malige Differentiation der Bildfunktion $f_b(s)$ nach s im Bildbereich bewirkt somit eine Multiplikation der zugehörigen Originalfunktion f(t) mit $(-t)^n$ im Originalbereich.

1. Beispiel

Gegeben sei das Funktionenpaar

$$e^{at} \circ\!\!-\!\!\bullet \frac{1}{s-a} \quad \text{(a komplex)} .$$

Mit Hilfe des Ableitungssatzes für die Bildfunktion soll die Laplace-Transformierte der Funktion $f(t) = t^n \cdot e^{at}$ ermittelt werden.
Als Lösungsansatz kann direkt Gl. (3.2.4.6) verwendet werden.

3.2 Hilfssätze der Laplace-Transformation

Es gilt

$$\mathcal{L}\{t^n e^{at}\} = (-1)^n \frac{d^n}{ds^n}(\mathcal{L}\{e^{at}\}) = (-1)^n \frac{d^n}{ds^n}\left(\frac{1}{s-a}\right).$$

Mit den Ableitungen

$$\frac{d}{ds}\left(\frac{1}{s-a}\right) = (-1)\frac{1}{(s-a)^2}$$

$$\frac{d^2}{ds^2}\left(\frac{1}{s-a}\right) = \frac{d}{ds}\left[\frac{d}{ds}\left(\frac{1}{s-a}\right)\right] = (-1)(-2)\frac{1}{(s-a)^3} = (-1)^2\frac{2!}{(s-a)^3}$$

$$\vdots$$

$$\frac{d^n}{ds^n}\left(\frac{1}{s-a}\right) = (-1)^n \frac{n!}{(s-a)^{n+1}}$$

folgt sodann die Bildfunktion

(3.2.4.7) $\quad \mathcal{L}\{t^n e^{at}\} = (-1)^n (-1)^n \frac{n!}{(s-a)^{n+1}} = \frac{n!}{(s-a)^{n+1}}.$

Aus dieser Gleichung ergeben sich für die Sonderfälle n = 1 und n = 2 die Laplace-Transformierten

(3.2.4.8) $\quad \mathcal{L}\{t\, e^{at}\} = \frac{1}{(s-a)^2}$

und

(3.2.4.9) $\quad \mathcal{L}\{t^2 e^{at}\} = \frac{2!}{(s-a)^3}.$

Weiterhin läßt sich aus Gl. (3.2.4.7) für den Fall a = 0 das Funktionenpaar

$$t^n \circ\!\!-\!\!\bullet \frac{n!}{s^{n+1}}$$

ableiten.

2. Beispiel

Mit Hilfe der Korrespondenzen

$$\sin \omega t \circ\!\!-\!\!\bullet \frac{\omega}{s^2 + \omega^2} \quad \text{bzw.} \quad \cos \omega t \circ\!\!-\!\!\bullet \frac{s}{s^2 + \omega^2}$$

und des Ableitungssatzes für die Bildfunktion sollen die Laplace-Transformierten der Funktionen t · sin ωt bzw. t · cos ωt bestimmt werden.
Werden die obigen Funktionen in Gl. (3.2.4.6) eingesetzt, so ergeben sich sofort die Bildfunktionen

$$\text{(3.2.4.10)} \quad \mathcal{L}\{t \sin \omega t\} = (-1) \frac{d}{ds}\left(\frac{\omega}{s^2 + \omega^2}\right) = -\omega \frac{-1}{(s^2 + \omega^2)^2} \, 2s$$

$$= \frac{2\omega s}{(s^2 + \omega^2)^2}$$

und

$$\text{(3.2.4.11)} \quad \mathcal{L}\{t \cos \omega t\} = (-1) \frac{d}{ds}\left(\frac{s}{s^2 + \omega^2}\right) = -\frac{(s^2 + \omega^2) - 2s^2}{(s^2 + \omega^2)^2}$$

$$= \frac{s^2 - \omega^2}{(s^2 + \omega^2)^2}.$$

3.2.5 Der Integralsatz für die Bildfunktion

Der Differentiation der Bildfunktion nach s entsprach im Originalbereich eine Multiplikation der zugehörigen Originalfunktion mit $(-t)$. Es soll nun gezeigt werden, daß einer Integration hinsichtlich s eine Division durch $(-t)$ entspricht. Als fester Anfangspunkt der Integration wird hierzu der Punkt $s = \infty$ gewählt, Endpunkt ist der variable Punkt s. Der Integralsatz wird an dieser Stelle nur kurz abgeleitet, da von ihm in der Praxis nur selten Gebrauch gemacht wird. Zu dem gegebenen Funktionenpaar $f(t) \circ\!\!-\!\!\bullet\, f_b(s)$ ergibt sich unter Berücksichtigung der Definitionsgleichung der Laplace-Transformation das Integral der Bildfunktion zu

$$\text{(3.2.5.1)} \quad \int_\infty^s f_b(u)\, du = \int_\infty^s \left[\int_0^\infty f(\tau)\, e^{-u\tau}\, d\tau\right] du$$

$$= \int_0^\infty f(\tau) \left[\int_\infty^s e^{-u\tau}\, du\right] d\tau$$

$$= \int_0^\infty f(\tau) \left[\frac{e^{-u\tau}}{-\tau}\bigg|_\infty^s\right] d\tau.$$

Unter der Voraussetzung, daß

$$\lim_{u \to \infty} \int_0^\infty f(\tau) \frac{e^{-u\tau}}{-\tau}\, d\tau = 0$$

ist, folgt aus Gl. (3.2.5.1) der Integralsatz für die Bildfunktion:

$$\text{(3.2.5.2)} \quad \int_\infty^s f_b(u)\, du = \int_0^\infty \frac{f(\tau)}{-\tau} e^{-s\tau}\, d\tau.$$

3.2 Hilfssätze der Laplace-Transformation

Andere Schreibweisen dieser Beziehung sind

(3.2.5.3) $\quad \mathcal{L}\left\{\dfrac{f(t)}{-t}\right\} = \displaystyle\int_{\infty}^{s} f_b(u)\,du$

oder, nach Vertauschen der Integrationsgrenzen,

(3.2.5.4) $\quad \mathcal{L}\left\{\dfrac{f(t)}{t}\right\} = \displaystyle\int_{s}^{\infty} f_b(u)\,du.$

Die Integration der Bildfunktion $f_b(s)$ hat also im Originalbereich eine Division der Funktion $f(t)$ durch $(-t)$ zur Folge. Hierbei ist vorauszusetzen, daß die Funktion $\dfrac{f(t)}{-t}$ eine Bildfunktion besitzt. Als Integrationsweg kann in der komplexen s-Ebene ein beliebiger vom Punkt s ausgehender Strahl gewählt werden, der mit der positiven reellen Achse einen spitzen Winkel einschließt.

1. Beispiel

Gesucht sei die Laplace-Transformierte der Funktion $\dfrac{\sin \omega t}{t}$. Das Funktionenpaar

$$\sin \omega t \ \circ\!\!-\!\!\bullet\ \frac{\omega}{s^2 + \omega^2}$$

sei vorgegeben.
Nach Gl. (3.2.5.4) ergibt sich

$$\mathcal{L}\left\{\frac{\sin \omega t}{t}\right\} = \int_{s}^{\infty} \frac{\omega}{u^2 + \omega^2}\,du = \frac{1}{\omega}\int_{s}^{\infty} \frac{1}{\left(\dfrac{u}{\omega}\right)^2 + 1}\,du.$$

Mit Hilfe der Substitution $\dfrac{u}{\omega} = x$ bzw. $du = \omega \cdot dx$ folgt nach Änderung der Integrationsgrenzen

(3.2.5.5) $\quad \mathcal{L}\left\{\dfrac{\sin \omega t}{t}\right\} = \displaystyle\int_{s/\omega}^{\infty} \dfrac{1}{1+x^2}\,dx = \left.\arctan x\right|_{s/\omega}^{\infty}$

$$= \frac{\pi}{2} - \arctan \frac{s}{\omega} = \arctan \frac{\omega}{s}.$$

2. Beispiel

Ausgehend von dem Funktionenpaar

$$t^2 \ \circ\!\!-\!\!\bullet\ \frac{2}{s^3}$$

soll die Bildfunktion zu $f(t) = t$ ermittelt werden.

Gemäß Gl. (3.2.5.4) gilt wiederum

$$\mathcal{L}\{t\} = \mathcal{L}\left\{\frac{t^2}{t}\right\} = \int_s^\infty \frac{2}{u^3} \, du = 2 \left(-\frac{1}{2}\right) \frac{1}{u^2} \bigg|_s^\infty = \frac{1}{s^2} \, .$$

3.2.6 Der Ähnlichkeitssatz

Die drei nun folgenden Sätze, der Ähnlichkeitssatz, der Dämpfungssatz und der Verschiebungssatz, bringen zum Ausdruck, welche Auswirkung eine lineare Transformation der Veränderlichen t im Originalbereich auf die Bildfunktion hat. Mit Hilfe dieser Sätze können dann aus bereits bekannten Funktionenpaaren neue Funktionenpaare gewonnen und damit zugleich in vielen Fällen Vereinfachungen arithmetischer Ausdrücke vorgenommen werden.

Zur Herleitung des Ähnlichkeitssatzes wird, ausgehend von der Korrespondenz f(t) $\circ\!\!-\!\!\bullet$ $f_b(s)$, die Laplace-Transformierte der Funktion f(at) ermittelt. Es wird also eine neue Funktion g(t) = f(at) gebildet, indem die Veränderliche t durch a · t ersetzt wird.

Da bei der Laplace-Transformation die Funktion f(t) nur für t $\geqslant$ 0 definiert zu sein braucht, hat diese Substitution im allgemeinen nur Sinn für reelle a > 0. Ein Beispiel hierzu ist in Bild 3.2.6.1 dargestellt. Für den Fall a = 2 beinhaltet das rechte Diagramm dieses Bildes somit die um einen Faktor 2 gestauchte Ausgangsfunktion f(t). Der Verlauf der Funktion g(t) ist dem Verlauf der Funktion f(t) ähnlich. Die zu g(t) gehörende Bildfunktion ergibt sich gemäß Definitionsgleichung (1.1.1) zu

(3.2.6.1) $\quad \mathcal{L}\{g(t)\} = \mathcal{L}\{f(at)\} = \int_0^\infty f(a\tau) \, e^{-s\tau} \, d\tau \,$ mit a positiv reell.

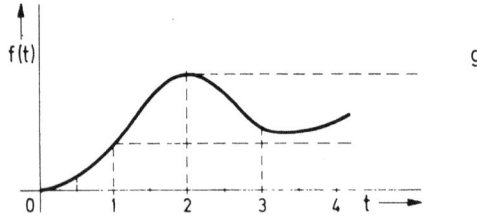
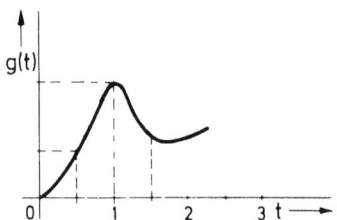

Bild 3.2.6.1: g(t) = f(at) mit a = 2

Die Substitution a · τ = u bzw. $\tau = \dfrac{u}{a}$ und $d\tau = \dfrac{du}{a}$ — die Integrationsgrenzen verändern sich wegen a > 0 nicht — führt diese Gleichung über in

3.2 Hilfssätze der Laplace-Transformation

$$(3.2.6.2) \quad \mathcal{L}\{f(at)\} = \int_0^\infty f(u)\, e^{-\frac{s}{a}u}\, \frac{du}{a}$$

$$= \frac{1}{a} \int_0^\infty f(u)\, e^{-\frac{s}{a}u}\, du\, .$$

Bis auf den Parameter $\frac{s}{a}$ stellt das obige Integral die Laplace-Transformierte von f(t) dar. Gl. (3.2.6.2) läßt sich somit wie folgt schreiben:

$$(3.2.6.3) \quad \mathcal{L}\{f(at)\} = \frac{1}{a}\, f_b\!\left(\frac{s}{a}\right) \quad \text{mit } a > 0\, .$$

Diese Beziehung wird als Ähnlichkeitssatz bezeichnet. Einer Dilatation im Originalbereich entspricht also im Bildbereich eine Kontraktion. Die Bildfunktion von f(at) wird ermittelt, indem der Parameter s der Bildfunktion von f(t) durch den Parameter $\frac{s}{a}$ substituiert und diese neue Bildfunktion mit dem Faktor $\frac{1}{a}$ multipliziert wird.

Mit $a = \frac{1}{\alpha}$ (α positiv reell) folgt aus Gl. (3.2.6.3)

$$(3.2.6.4) \quad f_b(\alpha s) = \mathcal{L}\left\{\frac{1}{\alpha}\, f\!\left(\frac{t}{\alpha}\right)\right\} \quad \text{mit } \alpha > 0\, ,$$

das heißt, ist die Funktion f(t) die Originalfunktion zu $f_b(s)$, dann ist $\frac{1}{\alpha} \cdot f(\frac{t}{\alpha})$ die Originalfunktion zu $f_b(\alpha s)$.

Beispiel

Unter der Voraussetzung, daß das Funktionenpaar

$$\sin t \; \circ\!\!-\!\!\bullet \; \frac{1}{s^2 + 1}$$

gegeben ist, soll die Laplace-Transformierte der Funktion $\sin \omega t$ berechnet werden. Die Anwendung des Ähnlichkeitssatzes gemäß Gl. (3.2.6.3) führt mit $a = \omega$ auf

$$\mathcal{L}\{\sin \omega t\} = \frac{1}{\omega}\, f_b\!\left(\frac{s}{\omega}\right) = \frac{1}{\omega}\, \frac{1}{\left(\frac{s}{\omega}\right)^2 + 1} = \frac{\omega}{s^2 + \omega^2}\, .$$

3.2.7 Der Dämpfungssatz

Wie schon in Abschnitt 3.2.6 angedeutet, soll hier – ebenfalls von einem bekannten Funktionenpaar f(t) ○—● $f_b(s)$ ausgehend – die Bildfunktion ermittelt werden, die zu der mit dem Faktor e^{-at} multiplizierten Zeitfunktion f(t) gehört. Mit Hilfe des durch diesen Zusammenhang gegebenen Dämpfungssatzes läßt sich die Korrespondenztabelle ganz erheblich erweitern. Obwohl der Name Dämpfungssatz nur für reelle a einen Sinn hat, werden für die Konstante a auch komplexe Zahlenwerte zugelassen. Die Originalfunktion ist also gegeben durch

(3.2.7.1) $g(t) = f(t)\, e^{-at}$ mit a beliebig komplex.

Zur Bestimmung der Bildfunktion wird von der Definitionsgleichung der Laplace-Transformation ausgegangen. Es gilt

$$(3.2.7.2) \quad \mathcal{L}\{g(t)\} = \mathcal{L}\{f(t)\, e^{-at}\} = \int_0^\infty [f(\tau)\, e^{-a\tau}]\, e^{-s\tau}\, d\tau$$

$$= \int_0^\infty f(\tau)\, e^{-(s+a)\tau}\, d\tau .$$

Dieser Integralausdruck entspricht der Laplace-Transformierten von f(t) mit dem Unterschied, daß anstelle des Parameters s hier der Parameter (s + a) vorliegt. Somit folgt

(3.2.7.3) $\mathcal{L}\{g(t)\} = g_b(s) = f_b(s + a)$ mit a beliebig komplex.

Die Bildfunktion $g_b(s)$ der mit e^{-at} multiplizierten Funktion f(t) läßt sich also gewinnen, indem der Parameter s in der zu f(t) gehörenden Bildfunktion $f_b(s)$ durch (s + a) ersetzt wird.

Beispiel

Werden die Funktionenpaare

$$\sin \omega t \;\; \circ\!\!\!-\!\!\!\bullet \;\; \frac{\omega}{s^2 + \omega^2}$$

$$\cos \omega t \;\; \circ\!\!\!-\!\!\!\bullet \;\; \frac{s}{s^2 + \omega^2}$$

als bekannt vorausgesetzt, so können die Laplace-Transformierten der Funktionen $\sin \omega t \cdot e^{-at}$ und $\cos \omega t \cdot e^{-at}$ sofort durch Anwendung von Gl. (3.2.7.3) berechnet werden. Diese Bildfunktionen ergeben sich somit zu

3.2 Hilfssätze der Laplace-Transformationen   75

(3.2.7.4) $\mathcal{L}\{\sin \omega t \, e^{-at}\} = \dfrac{\omega}{(s+a)^2 + \omega^2}$

und

(3.2.7.5) $\mathcal{L}\{\cos \omega t \, e^{-at}\} = \dfrac{s+a}{(s+a)^2 + \omega^2}$.

3.2.8 Der Verschiebungssatz

Entsprechend Bild 3.2.8.1 soll eine Verschiebung der Originalfunktion f(t) um t_0 nach rechts erfolgen. Durch diese Verschiebung der reellen t-Achse wird eine beliebige Funktion f(t) nur in eine neue Lage gegenüber der Zeitachse gebracht, während der Verlauf der Funktion ansonsten unverändert bleibt. Die Auswirkung der Verschiebung von f(t) auf die gegebene Bildfunktion $f_b(s)$ soll im folgenden untersucht werden.
Wie in Bild 3.2.8.1 dargestellt ist, geht die Funktion f(t) mit f(t) = 0 für t < 0 bei einer Verschiebung um $t_0 > 0$ nach rechts über in die Funktion g(t) = f(t − t_0) mit g(t) = 0 für t < t_0. Die Funktion g(t) hat also für alle Werte t jeweils den Wert, den f(t) zu der um t_0 früheren Zeit hatte. Diese Erscheinung liegt beispielsweise beim verzögerten Eintreffen eines Signals vor.

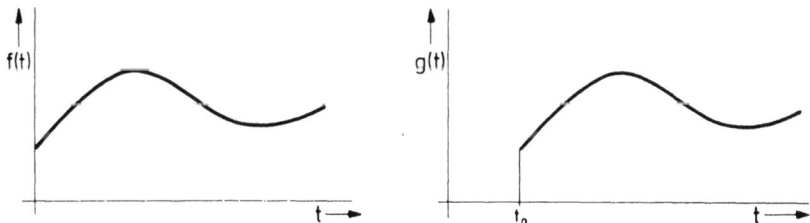

Bild 3.2.8.1: Verschiebung von f(t) um t_0 nach rechts; g(t) = f(t − t_0)

Die zu g(t) gehörende Laplace-Transformierte $g_b(s)$ ergibt sich wie folgt:

(3.2.8.1) $g_b(s) = \mathcal{L}\{g(t)\} = \int\limits_0^\infty g(\tau) \, e^{-s\tau} \, d\tau =$

$= \int\limits_0^\infty f(\tau - t_0) \, e^{-s\tau} \, d\tau$

$= \int\limits_{t_0}^\infty f(\tau - t_0) \, e^{-s\tau} \, d\tau$,

denn für $\tau < t_0$ ist $f(\tau - t_0)$ gleich Null.

Mit der Substitution $\tau - t_0 = u$ ($d\tau = du$) und bei entsprechender Abänderung der Integrationsgrenzen geht die obige Bildfunktion über in:

(3.2.8.2) $\quad g_b(s) = \int_0^\infty f(u) \, e^{-s(u+t_0)} \, du = e^{-st_0} \int_0^\infty f(u) \, e^{-su} \, du$

$\quad\quad\quad\quad = e^{-st_0} \, f_b(s)$.

Damit lautet der Verschiebungssatz in anderer Schreibweise:

(3.2.8.3) $\quad \mathcal{L}\{f(t - t_0)\} = e^{-st_0} \, \mathcal{L}\{f(t)\}$ mit $f(t - t_0) = 0$ für $t < t_0$.

Der Verschiebung der Originalfunktion um t_0 nach rechts entspricht also im Bildbereich eine Multiplikation der Bildfunktion mit dem Faktor e^{-st_0}. Bei der Rücktransformation vom Bildbereich in den Originalbereich sind stets die Voraussetzungen zu beachten, unter denen der Verschiebungssatz abgeleitet wurde, daß nämlich $f(t - t_0) = 0$ ist für $t < t_0$. Liegt im Bildbereich beispielsweise die Funktion $e^{-st_0} \cdot \dfrac{1}{s - a}$ vor, so ist die Originalfunktion für $t < t_0$ durch 0 und für $t > t_0$ durch $e^{a(t-t_0)}$ darzustellen.

Wird die Originalfunktion um t_0 nach links verschoben, so folgt auf analoge Weise die Laplace-Transformierte der Funktion g(t) in Bild 3.2.8.2 zu

(3.2.8.4) $\quad \mathcal{L}\{g(t)\} = \mathcal{L}\{f(t + t_0)\} = \int_0^\infty f(\tau + t_0) \, e^{s\tau} \, d\tau = \int_{t_0}^\infty f(u) \, e^{-s(u-t_0)} \, du$

$\quad\quad\quad\quad = e^{st_0} \left[f_b(s) - \int_0^{t_0} f(u) \, e^{-su} \, du \right]$ mit $t_0 > 0$.

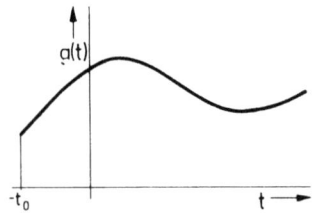

Bild 3.2.8.2: Verschiebung von f(t) um t_0 nach links; $g(t) = f(t + t_0)$

3.2 Hilfssätze der Laplace-Transformation

Da die Funktion f(t) um t_0 nach links verschoben wurde, findet das Anfangsstück von 0 bis t_0 bei der Berechnung von $g_b(s)$ keine Berücksichtigung. Dies wird durch das endliche Integral in Gl. (3.2.8.4) zum Ausdruck gebracht.
Es sei an dieser Stelle noch auf die Analogie zwischen Dämpfungssatz und Verschiebungssatz hingewiesen. Wie die Ausführungen dieses Kapitels zeigen, hat eine Verschiebung der Originalfunktion f(t) um t_0 nach rechts im Bildbereich eine Multiplikation der zu f(t) gehörenden Bildfunktion $f_b(s)$ mit dem Faktor e^{-st_0} zur Folge. Der Dämpfungssatz gemäß Abschnitt 3.2.7 hingegen besagt, daß bei einer Multiplikation der Originalfunktion f(t) mit dem Faktor e^{-at} (a beliebig komplex) der Parameter s in $f_b(s)$ durch den Parameter $(s + a)$ zu ersetzen ist. Einer Multiplikation von f(t) mit einem dämpfenden Faktor im Originalbereich entspricht also im Bildbereich eine Verschiebung von $f_b(s)$ in der komplexen s-Ebene, während umgekehrt eine Verschiebung der Originalfunktion eine Dämpfung der Bildfunktion zur Folge hat.

1. Beispiel

Wie Bild 3.2.8.3 zeigt, geht die Funktion g(t) aus der Funktion f(t) durch Verschiebung um t_0 nach rechts hervor. Das zu f(t) gehörende Funktionenpaar

$$\sin \omega t \circ\!\!-\!\!\bullet \frac{\omega}{s^2 + \omega^2}$$

sei vorgegeben. Die Bildfunktion von g(t) soll mit Hilfe des Verschiebungssatzes ermittelt werden.

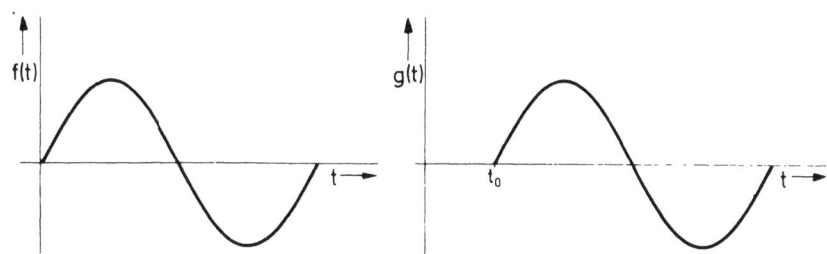

Bild 3.2.8.3: Verschiebung der Sinusfunktion um t_0

Die Funktion g(t) läßt sich für $t > t_0$ beschreiben durch

$$g(t) = \sin(\omega t - \varphi) = \sin \omega\left(t - \frac{\varphi}{\omega}\right) = \sin \omega(t - t_0) \text{ mit } t_0 = \frac{\varphi}{\omega}.$$

Für $t < t_0$ gilt hingegen g(t) = 0. Damit ergibt sich unter Anwendung von Gl. (3.2.8.3)

(3.2.8.5) $\quad \mathcal{L}\{g(t)\} = \mathcal{L}\{\sin \omega(t - t_0)\} = e^{-st_0} \mathcal{L}\{\sin \omega t\} = e^{-st_0} \dfrac{\omega}{s^2 + \omega^2}.$

2. Beispiel

Für die in Bild 3.2.8.4 dargestellten Sprungfunktionen gilt:

$$f(t) = \begin{cases} A & \text{für } t > 0 \\ 0 & \text{für } t < 0 \end{cases}, \qquad g(t) = \begin{cases} A & \text{für } t > t_0 \\ 0 & \text{für } t < t_0 \end{cases}.$$

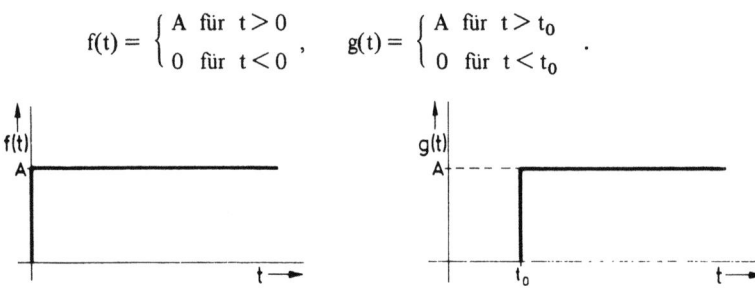

Bild 3.2.8.4: Verschiebung der Sprungfunktion um t_0

Mit $f_b(s) = \dfrac{A}{s}$ sowie Gl. (3.2.8.3) folgt sofort die Laplace-Transformierte der verschobenen Sprungfunktion zu

$$(3.2.8.6) \qquad \mathcal{L}\{g(t)\} = \frac{A}{s} e^{-st_0}.$$

3. Beispiel

Zu der in Bild 3.2.8.5 skizzierten Impulsfunktion soll die Laplace-Transformierte berechnet werden. Wie aus dem Bild hervorgeht, läßt sich die Impulsfunktion f(t) in zwei Sprungfunktionen $f_1(t)$ und $f_2(t)$ zerlegen. Die Anwendung von Gl. (3.2.1.3) führt somit auf

$$\mathcal{L}\{f(t)\} = \mathcal{L}\{f_1(t)\} + \mathcal{L}\{f_2(t)\}.$$

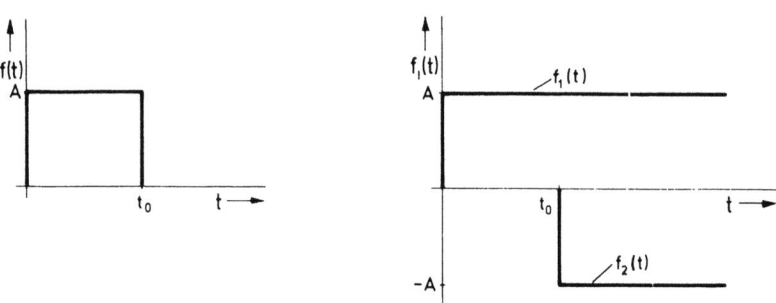

Bild 3.2.8.5: Darstellung der Impulsfunktion als Überlagerung zweier Sprungfunktionen

Mit Hilfe des Verschiebungssatzes ergibt sich sodann

$$(3.2.8.7) \qquad \mathcal{L}\{f(t)\} = \frac{A}{s} + \frac{-A}{s} e^{-st_0} = \frac{A}{s}(1 - e^{-st_0}).$$

3.2 Hilfssätze der Laplace-Transformation

4. Beispiel

Gegeben sei die Impulsfunktion f(t) gemäß Bild 3.2.8.6. Die mathematische Beschreibung dieser Funktion lautet

$$f(t) = \begin{cases} 0 & \text{für } -\infty < t < a \\ A & \text{für } a < t < b \\ 0 & \text{für } b < t < \infty \end{cases}$$

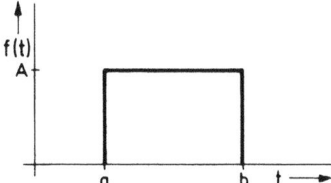

Bild 3.2.8.6: Verschobene Impulsfunktion

Die Impulsfunktion kann wiederum in zwei Sprungfunktionen, die für t = a und t = b einsetzen, zerlegt werden. Durch Anwendung des Verschiebungssatzes läßt sich somit die Laplace-Transformierte von f(t) auf einfache Weise gewinnen.

(3.2.8.8) $$\mathcal{L}\{f(t)\} = \frac{A}{s} e^{-sa} + \frac{-A}{s} e^{-sb} = \frac{A}{s} (e^{-sa} - e^{-sb}).$$

5. Beispiel

Für die in Bild 3.2.8.7 dargestellte Funktion f(t) soll die zugehörige Bildfunktion abgeleitet werden. Es gilt

$$f(t) = \begin{cases} 0 & \text{für } -\infty < t < 0 \\ A & \text{für } 0 < t < a \\ -A & \text{für } a < t < b \\ 0 & \text{für } b < t < \infty \end{cases}.$$

Durch Überlagerung von drei gegeneinander verschobenen Sprungfunktionen läßt sich — wie aus Bild 3.2.8.7 zu entnehmen ist — diese Funktion realisieren. Mit Hilfe des Satzes über die Linearkombination und des Verschiebungssatzes ergibt sich:

(3.2.8.9) $$\mathcal{L}\{f(t)\} = \mathcal{L}\{f_1(t)\} + \mathcal{L}\{f_2(t)\} + \mathcal{L}\{f_3(t)\}$$

$$= \frac{A}{s} + \frac{-2A}{s} e^{-sa} + \frac{A}{s} e^{-sb} = \frac{A}{s} (1 - 2 e^{-sa} + e^{-sb}).$$

Für den Sonderfall $a = t_0$ und $b = 2 \cdot a = 2 \cdot t_0$ lautet die obige Bildfunktion:

(3.2.8.10) $\mathcal{L}\{f(t)\} = \dfrac{A}{s} (1 - 2 e^{-st_0} + e^{-2st_0}) = \dfrac{A}{s} (1 - e^{-st_0})^2$.

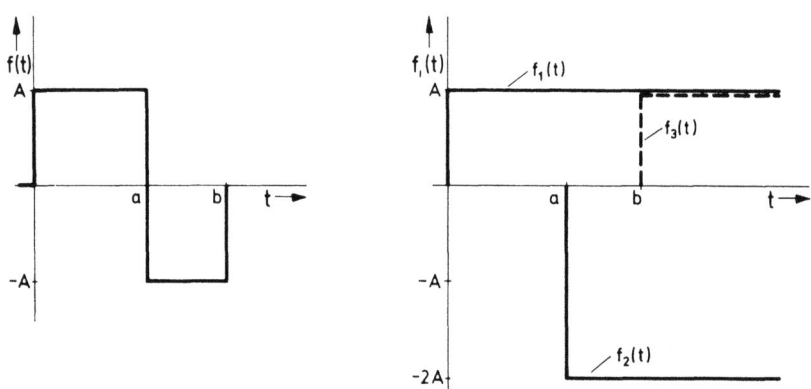

Bild 3.2.8.7: Funktion f(t) sowie Zerlegung in Impulsfunktionen

3.2.9 Der Faltungssatz

Bisher wurde vorwiegend untersucht, wie sich bestimmte Rechenoperationen, angewendet auf eine Funktion im Oberbereich bzw. Unterbereich, auf die korrespondierende Funktion im Unterbereich bzw. Oberbereich auswirken. Ferner wurde bereits ein Hilfssatz über die Linearkombination von Funktionen gewonnen. In diesem Abschnitt soll vom Produkt zweier Bildfunktionen ausgegangen und die zugehörige Originalfunktion ermittelt werden. Es wird sich dabei zeigen, daß zu dem Produkt der beiden Bildfunktionen $f_{1b}(s)$ und $f_{2b}(s)$ als Originalfunktion nicht das Produkt der korrespondierenden Funktionen $f_1(t)$ und $f_2(t)$ gehört, sondern eine in der Physik häufig auftretende Integralkombination dieser beiden Funktionen, und zwar das Integral

(3.2.9.1) $\displaystyle\int_0^t f_1(t - \tau) f_2(\tau) \, d\tau = f(t)$.

Dieses Integral wird als Faltungsintegral oder Faltung (im anglo-amerikanischen Raum convolution) der Originalfunktionen $f_1(t)$ und $f_2(t)$ bezeichnet und symbolisch durch die Beziehung

(3.2.9.2) $f_1(t) * f_2(t) = f(t)$

beschrieben.

3.2 Hilfssätze der Laplace-Transformation

Das Symbol $*$ ist dem Produktzeichen ähnlich und wurde gewählt, weil sich die Faltung wie ein Produkt verhält. Die Faltung ist *kommutativ*, das heißt, es gilt:

$$f_1(t) * f_2(t) = f_2(t) * f_1(t)$$

bzw.

(3.2.9.3) $\quad \int_0^t f_1(t-\tau)\, f_2(\tau)\, d\tau = \int_0^t f_1(\tau)\, f_2(t-\tau)\, d\tau\,.$

Die Faltung ist ferner *assoziativ*; denn es gilt auch

(3.2.9.4) $\quad [f_1(t) * f_2(t)] * f_3(t) = f_1(t) * [f_2(t) * f_3(t)]\,.$

Demzufolge führt die Faltung von n Funktionen

$$f_1(t) * f_2(t) * f_3(t) * \ldots * f_n(t) = f(t)$$

unabhängig von der Reihenfolge, in der die Faltung durchgeführt wird, stets auf dasselbe Ergebnis. Für das Faltungsprodukt gilt schließlich auch das *distributive* Gesetz, also

(3.2.9.5) $\quad f_1(t) * [f_2(t) + f_3(t)] = [f_1(t) * f_2(t)] + [f_1(t) * f_3(t)]\,.$

Symbolisch wird der Faltungssatz wie folgt dargestellt:

(3.2.9.6) $\quad f_1(t) * f_2(t) \circ\!\!-\!\!\bullet\; f_{1b}(s) \cdot f_{2b}(s)\,.$

Der durch diese Gleichung definierte Faltungssatz soll im folgenden abgeleitet werden. Es wird sich dabei zeigen, daß im Gegensatz zu früher hergeleiteten Sätzen hier ein wesentlich größerer Aufwand erforderlich ist. Ausgangspunkt der Herleitung bilden zwei Funktionenpaare

$$f_1(t) \circ\!\!-\!\!\bullet\; f_{1b}(s) \quad \text{und} \quad f_2(t) \circ\!\!-\!\!\bullet\; f_{2b}(s)$$

sowie das Produkt der Bildfunktionen

$$f_b(s) = f_{1b}(s)\, f_{2b}(s)\,.$$

Eine andere Schreibweise dieses Produktes ist gegeben durch

(3.2.9.7) $\quad \mathcal{L}\{f(t)\} = f_b(s) = \mathcal{L}\{f_1(t)\}\, \mathcal{L}\{f_2(t)\}$

$$= \int_0^\infty f_1(x)\, e^{-sx}\, dx \int_0^\infty f_2(y)\, e^{-sy}\, dy\,.$$

Es kommt nun darauf an, das Produkt der beiden Laplace-Integrale in ein einziges Integral umzuwandeln und dann dieses Integral in die Form eines Laplace-Integrals

$$f_b(s) = \int\limits_0^\infty f(\tau)\, e^{-s\tau}\, d\tau$$

zu bringen. Daraus läßt sich schließlich f(t) als Originalfunktion der Bildfunktion $f_b(s)$ gewinnen.

Um die zuvor aufgeführten Umformungen zu vollziehen, wird von der Darstellung des Produktes zweier Integrale durch ein Flächenintegral Gebrauch gemacht. Zunächst wird daher allgemein das Produkt

(3.2.9.8) $\quad P = \int\limits_a^b f_1(x)\, dx \int\limits_c^d f_2(y)\, dy$

betrachtet. Die Approximation der beiden Integrale durch eine endliche Summe ist in Bild 3.2.9.1 dargestellt. Damit kann das Produkt in Gl. (3.2.9.8) durch ein Produkt $\tilde{P}$ zweier Summen angenähert werden:

(3.2.9.9) $\quad \tilde{P} = [f_1(x_1)\,\Delta x_1 + f_1(x_2)\,\Delta x_2 + \ldots + f_1(x_i)\,\Delta x_i$

$\qquad\qquad + \ldots + f_1(x_n)\,\Delta x_n] \cdot [f_2(y_1)\,\Delta y_1 + f_2(y_2)\,\Delta y_2$

$\qquad\qquad + \ldots + f_2(y_k)\,\Delta y_k + \ldots + f_2(y_m)\,\Delta y_m]$

$\qquad = \sum\limits_{k=0}^{m} \sum\limits_{i=0}^{n} f_1(x_i)\, f_2(y_k)\, \Delta x_i\, \Delta y_k\,.$

In obiger Gleichung stellt der Ausdruck $f_1(x_i) \cdot f_2(y_k)$ das Produkt der Funktionen $f_1(x)$ und $f_2(y)$ an der Stelle $x = x_i$ bzw. $y = y_k$ dar. Das Produkt $\Delta x_i \cdot \Delta y_k$ entspricht einem Flächenelement der x-y-Ebene.

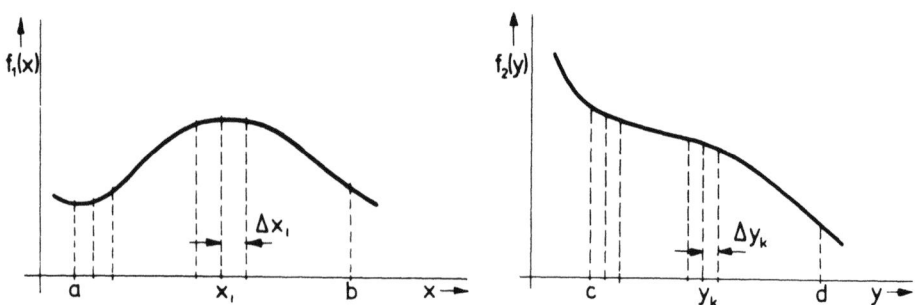

Bild 3.2.9.1: Darstellung der Integralapproximation

Gemäß Bild 3.2.9.2 erstreckt sich die Doppelsumme $\tilde{P}$ über alle Flächenelemente $\Delta x_i \cdot \Delta y_k$, die innerhalb der Fläche $F_\square$ liegen.

3.2 Hilfssätze der Laplace-Transformation 83

Beim Grenzübergang n → ∞ und m → ∞ geht die Doppelsumme somit in ein Flächenintegral über:

(3.2.9.10) $\quad P^\square = \int\limits_{F_\square} f_1(x)\, f_2(y)\, df$.

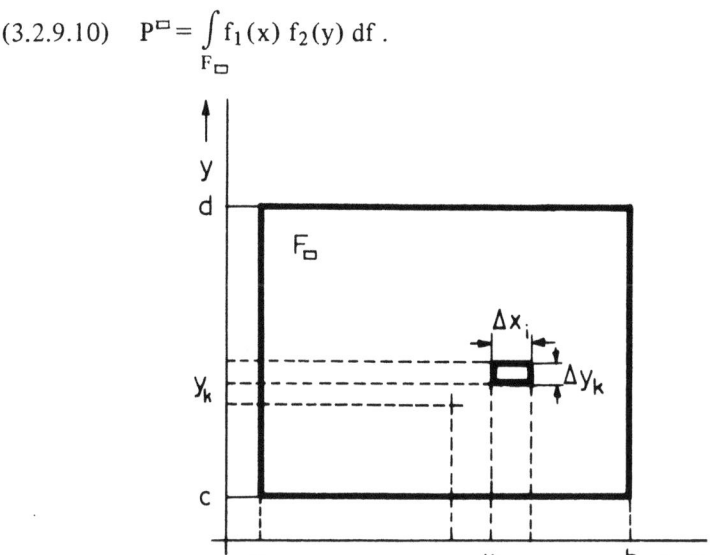

Bild 3.2.9.2. Integrationsbereich in der x-y-Ebene

Dieses Integral erstreckt sich über die rechteckige Fläche $F_\square$, die

> links durch die Gerade $\quad x = a$,
> rechts durch die Gerade $\quad x = b$,
> unten durch die Gerade $\quad y = c$,
> oben durch die Gerade $\quad y = d$

begrenzt ist. Das Produkt zweier Integrale gemäß Gl. (3.2.9.8) läßt sich somit ohne weiteres in ein Flächenintegral umformen, d. h., es gilt:

(3.2.9.11) $\quad \int\limits_a^b f_1(x)\, dx \int\limits_c^d f_2(y)\, dy = \int\limits_{F_\square} f_1(x)\, f_2(y)\, df$.

Dementsprechend folgt aus Gl. (3.2.9.7)

(3.2.9.12) $\quad \mathcal{L}\{f(t)\} = f_b(s) = \int\limits_F f_1(x)\, e^{-sx}\, f_2(y)\, e^{-sy}\, df$

$$= \int\limits_F f_1(x)\, f_2(y)\, e^{-s(x+y)}\, df ,$$

wobei sich das Flächenintegral diesmal über den gesamten 1. Quadranten der x-y-Ebene erstreckt.

Um dieses Integral in die Form des Laplace-Integrals zu bringen, wird die folgende Koordinatentransformation vorgenommen:

$$x + y = \tau$$
$$y = u \ .$$

Durch diese Transformation wird formal die Ähnlichkeit mit dem Kern $e^{-s\tau}$ der Laplaceschen Integraltransformation gewonnen. Aus Gl. (3.2.9.12) folgt:

(3.2.9.13) $\quad \mathcal{L}\{f(t)\} = \int_{F'} f_1(\tau - u) \, f_2(u) \, e^{-s\tau} \, \dfrac{\partial(x, y)}{\partial(\tau, u)} \, df' \ .$

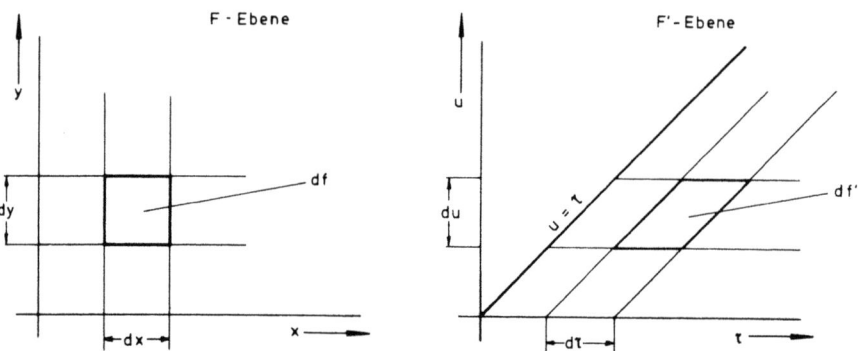

Bild 3.2.9.3: Integrationsbereiche in der x-y- und τ-u-Ebene

Wie Bild 3.2.9.3 zeigt, geht das Integrationsgebiet F in der x-y-Ebene (1. Quadrant) in das Gebiet F' in der τ-u-Ebene (1. Oktant) über. Dem Flächeninhalt df entspricht in der τ-u-Ebene ein gleich großes Flächenelement df', denn der Wert der Funktionaldeterminante ergibt sich zu

(3.2.9.14) $\quad \dfrac{\partial(x, y)}{\partial(\tau, u)} = \begin{vmatrix} \dfrac{\partial x}{\partial \tau} & \dfrac{\partial y}{\partial \tau} \\ \dfrac{\partial x}{\partial u} & \dfrac{\partial y}{\partial u} \end{vmatrix} = \dfrac{\partial x}{\partial \tau} \dfrac{\partial y}{\partial u} - \dfrac{\partial x}{\partial u} \dfrac{\partial y}{\partial \tau} = 1 \cdot 1 - 0 \cdot (-1) = 1.$

Damit geht Gl. (3.2.9.13) über in

(3.2.9.15) $\quad \mathcal{L}\{f(t)\} = \int_{F'} f_1(\tau - u) \, f_2(u) \, e^{-s\tau} \, df' \ .$

3.2 Hilfssätze der Laplace-Transformation

Zur Auswertung dieses Integrals ist, wie bereits erwähnt wurde, über alle Flächenelemente $df' = d\tau \cdot du$ des 1. Oktanten zu integrieren. Hierzu soll zunächst das Teilintegral I_1 über einen Flächenstreifen der Breite $d\tau$, der parallel zur u-Achse verläuft, gebildet werden (siehe Bild 3.2.9.3).

$$(3.2.9.16) \quad I_1 = \left[\int_0^\tau f_1(\tau - u) f_2(u) e^{-s\tau} du \right] d\tau$$

$$= \left[\int_0^\tau f_1(\tau - u) f_2(u) du \right] e^{-s\tau} d\tau .$$

Wird sodann über alle Streifen der Breite $d\tau$ summiert, so ergibt sich das Gesamtintegral I.

$$(3.2.9.17) \quad I = \int_0^\infty \left[\int_0^\tau f_1(\tau - u) f_2(u) du \right] e^{-s\tau} d\tau .$$

Dieses Integral entspricht der Bildfunktion in Gl. (3.2.9.15) und läßt den Zusammenhang mit dem Laplace-Integral erkennen. Ein Vergleich mit der Definitionsgleichung (1.1.1) führt nämlich auf

$$(3.2.9.18) \quad f(t) = \int_0^t f_1(t - u) f_2(u) du ,$$

das heißt, zu den Korrespondenzen $f_1(t) \circ\!\!-\!\!\bullet f_{1b}(s)$ und $f_2(t) \circ\!\!-\!\!\bullet f_{2b}(s)$ ergibt sich ein weiteres Funktionenpaar mit Hilfe der Beziehung

$$(3.2.9.19) \quad f_{1b}(s) f_{2b}(s) = \mathcal{L}\{f_1(t)\} \; \mathcal{L}\{f_2(t)\}$$

$$= \mathcal{L}\left\{ \int_0^t f_1(t - u) f_2(u) du \right\} = \mathcal{L}\{f_1(t) * f_2(t)\} .$$

Damit ist der Faltungssatz gemäß Gl. (3.2.9.6) bewiesen. Das Faltungsintegral in Gl. (3.2.9.18) kann zur Herleitung neuer Funktionenpaare verwendet werden und wird in späteren Abschnitten zur Ableitung neuer Lehrsätze dienen. Durch Vertauschen der Indizes in Gl. (3.2.9.19) folgt sofort

$$(3.2.9.20) \quad \mathcal{L}\{f_2(t)\} \; \mathcal{L}\{f_1(t)\} = \mathcal{L}\left\{ \int_0^t f_2(t - u) f_1(u) du \right\},$$

so daß durch Gleichsetzen der beiden letzten Beziehungen für die Faltung die Gültigkeit des kommutativen Gesetzes ebenfalls nachweisbar ist. Ob die Funktion $f_1(t)$ mit der Funktion $f_2(t)$ oder aber $f_2(t)$ mit $f_1(t)$ gefaltet wird, ist somit gleichgültig.

Warum für das Integral in Gl. (3.2.9.1) die Bezeichnung Faltungsintegral gewählt wurde, soll abschließend anhand von Bild 3.2.9.4 erläutert werden. Wie dem Diagramm zu entnehmen ist, wird bei der Faltung von zwei Funktionen zunächst eine Funktion, hier $f_1(u)$, durch eine 180°-Drehung um die Achse $u = \frac{t}{2}$ auf die zweite Funktion geklappt, also sozusagen mit $f_2(u)$ „gefaltet".

Die Funktionswerte der „gefalteten" Funktion und der Funktion $f_2(u)$, die die gleichen Parameter u besitzen, werden sodann bei der Berechnung des Integrals miteinander multipliziert. Wie bereits erwähnt wurde, wird als Symbol der Faltung das *-Zeichen verwendet. Es handelt sich dabei um ein „symbolisches Produkt", für welches das kommutative und das assoziative Gesetz gelten.

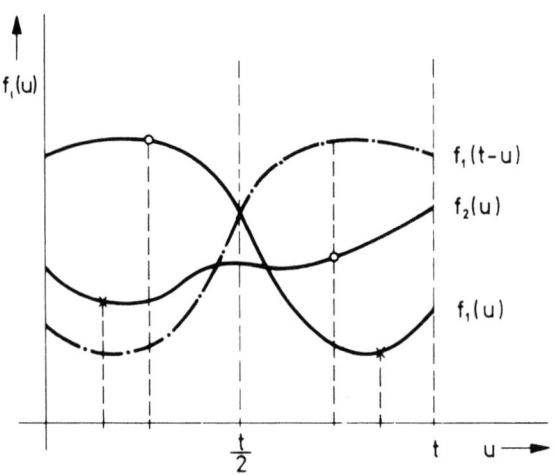

Bild 3.2.9.4: Faltung zweier Funktionen

1. Beispiel

Ausgehend von den Korrespondenzen

$$f_1(t) = 1 \circ\!\!-\!\!\bullet\; f_{1b}(s) = \frac{1}{s}$$

$$f_2(t) = 1 \circ\!\!-\!\!\bullet\; f_{2b}(s) = \frac{1}{s}$$

soll die zu $f_b(s) = f_{1b}(s) \cdot f_{2b}(s) = \frac{1}{s^2}$ gehörende Originalfunktion ermittelt werden.

Die Anwendung des Faltungssatzes gemäß Gl. (3.2.9.19) führt auf die Funktion

$$f(t) = \int_0^t 1 \cdot 1 \cdot du = t.$$

3.2 Hilfssätze der Laplace-Transformation

2. Beispiel

Gegeben seien die beiden Funktionenpaare

$$f_1(t) = 1 \circ\!\!-\!\!\bullet\ f_{1b}(s) = \frac{1}{s}.$$

$$f_2(t) = t \circ\!\!-\!\!\bullet\ f_{2b}(s) = \frac{1}{s^2}.$$

Die dem Produkt der Bildfunktionen entsprechende Funktion f(t) im Originalbereich soll berechnet werden.
Gemäß Gl. (3.2.9.19) gilt:

$$f(t) = \int_0^t f_1(t-u) f_2(u)\, du = \int_0^t 1 \cdot u\, du = \frac{1}{2} t^2.$$

3. Beispiel

Zu der Bildfunktion

(3.2.9.21) $\qquad f_b(s) = \dfrac{\omega}{(s^2 + \omega^2)(s + \alpha)} \qquad (\alpha\ \text{reell})$

soll die zugehörige Originalfunktion f(t) bestimmt werden.
Diese Aufgabe kann gelöst werden, indem die Funktion $f_b(s)$ in zwei Funktionen $f_{1b}(s)$ und $f_{2b}(s)$ aufgespalten wird, deren Originalfunktionen bekannt sind, das heißt

$$f_b(s) = f_{1b}(s)\, f_{2b}(s) = \frac{\omega}{(s^2 + \omega^2)} \frac{1}{s + \alpha}.$$

Zu diesen Bildfunktionen gehören im Originalbereich $f_1(t) = \sin \omega t$ und $f_2(t) = e^{-\alpha t}$. Mit Hilfe des Faltungssatzes läßt sich nun f(t) gewinnen.

$$\begin{aligned} f(t) = f_1(t) * f_2(t) &= \int_0^t f_1(u) f_2(t-u)\, du \\ &= \int_0^t \sin \omega u\, e^{-\alpha(t-u)}\, du = e^{-\alpha t} \int_0^t \sin \omega u\, e^{\alpha u}\, du \\ &= e^{-\alpha t}\, I_1. \end{aligned}$$

Zunächst wird das Integral I_1 berechnet und hierzu $\sin \omega u$ durch $\operatorname{Im}\{e^{j\omega u}\}$ ersetzt. Damit folgt

$$I_1 = \int_0^t \text{Im}\{e^{j\omega u}\} \, e^{\alpha u} \, du = \text{Im}\left\{\int_0^t e^{(\alpha + j\omega)u} \, du\right\}$$

$$= \text{Im}\left\{\frac{1}{\alpha + j\omega} \, e^{(\alpha + j\omega)u} \bigg|_0^t\right\} = \text{Im}\left\{\frac{1}{\alpha + j\omega} \, [e^{(\alpha + j\omega)t} - 1]\right\}$$

$$= \text{Im}\left\{e^{\alpha t} \, \frac{(\cos \omega t + j \sin \omega t)(\alpha - j\omega)}{\alpha^2 + \omega^2} - \frac{\alpha - j\omega}{\alpha^2 + \omega^2}\right\}$$

$$= e^{\alpha t} \, \frac{\alpha \sin \omega t - \omega \cos \omega t}{\alpha^2 + \omega^2} + \frac{\omega}{\alpha^2 + \omega^2}.$$

Für die Funktion f(t) ergibt sich somit

(3.2.9.22) $\quad f(t) = \dfrac{\alpha \sin \omega t - \omega \cos \omega t}{\alpha^2 + \omega^2} + \dfrac{\omega}{\alpha^2 + \omega^2} \, e^{-\alpha t}.$

Die Rechnung soll noch kurz überprüft werden, indem zu der obigen Funktion wiederum die Laplace-Transformierte gebildet wird:

$$\mathcal{L}\{f(t)\} = \frac{\alpha}{\alpha^2 + \omega^2} \, \mathcal{L}\{\sin \omega t\} - \frac{\omega}{\alpha^2 + \omega^2} \, \mathcal{L}\{\cos \omega t\} + \frac{\omega}{\alpha^2 + \omega^2} \, \mathcal{L}\{e^{-\alpha t}\}$$

$$= \frac{\alpha}{\alpha^2 + \omega^2} \, \frac{\omega}{s^2 + \omega^2} - \frac{\omega}{\alpha^2 + \omega^2} \, \frac{s}{s^2 + \omega^2} + \frac{\omega}{\alpha^2 + \omega^2} \, \frac{1}{s + \alpha}$$

$$= \omega \, \frac{(\alpha - s)(s + \alpha) + (s^2 + \omega^2)}{(\alpha^2 + \omega^2)(s^2 + \omega^2)(s + \alpha)}$$

$$= \omega \, \frac{\alpha^2 - s^2 + s^2 + \omega^2}{(\alpha^2 + \omega^2)(s^2 + \omega^2)(s + \alpha)} = \frac{\omega}{(s^2 + \omega^2)(s + \alpha)}.$$

Diese Gleichung stimmt also mit der ursprünglichen Gleichung der Aufgabenstellung überein.

4. Beispiel

Die Originalfunktion f(t), die zu der Bildfunktion

$$f_b(s) = \frac{s}{(s^2 + \omega^2)^2}$$

gehört, soll durch Anwendung des Faltungssatzes ermittelt werden.

Die Bildfunktion $f_b(s)$ läßt sich als Produkt der Faktoren $\dfrac{s}{s^2 + \omega^2}$ und $\dfrac{1}{s^2 + \omega^2}$ darstellen. Mit den Korrespondenzen

$$f_1(t) = \cos \omega t \quad \circ\!\!\!-\!\!\!-\!\!\!\bullet \quad f_{1b}(s) = \frac{s}{s^2 + \omega^2}$$

und

3.2 Hilfssätze der Laplace-Transformation

$$f_2(t) = \frac{1}{\omega} \sin \omega t \quad \circ\!\!-\!\!\bullet \quad f_{2b}(s) = \frac{1}{s^2 + \omega^2}$$

folgt das Faltungsintegral

$$f(t) = f_1(t) * f_2(t) = \int_0^t \cos \omega u \; \frac{\sin \omega(t-u)}{\omega} \, du \; .$$

Bei der Auswertung des Integrals wird das Additionstheorem $\sin \alpha \cdot \cos \beta = \frac{1}{2} [\sin(\alpha - \beta) + \sin(\alpha + \beta)]$ angewendet. Damit ergibt sich

$$f(t) = \frac{1}{2\omega} \int_0^t [\sin \omega(t - 2u) + \sin \omega t] \, du$$

$$= \frac{1}{2\omega} \left[\frac{\cos \omega(t - 2u)}{2\omega} + u \sin \omega t \right]_0^t$$

$$= \frac{1}{2\omega} \left[\frac{\cos(-\omega t) - \cos \omega t}{2\omega} + t \sin \omega t \right] = \frac{t \sin \omega t}{2\omega} \; .$$

Das mit Hilfe des Faltungssatzes gewonnene neue Funktionenpaar lautet also

(3.2.9.23) $\qquad \dfrac{t \sin \omega t}{2\omega} \quad \circ\!\!-\!\!\bullet \quad \dfrac{s}{(s^2 + \omega^2)^2} \; .$

Auch dieses Ergebnis kann nochmals überprüft werden. Wie zuvor ausgeführt, gehört zu $\dfrac{\sin \omega t}{2\omega}$ die Bildfunktion $\dfrac{1}{2} \cdot \dfrac{1}{s^2 + \omega^2}$.

Mit dem Ableitungssatz für die Bildfunktion gemäß Gl. (3.2.4.2) gilt dann

$$\mathcal{L}\left\{(-t) \frac{\sin \omega t}{2\omega}\right\} = \frac{d}{ds}\left(\frac{1}{2} \frac{1}{s^2 + \omega^2}\right) = \frac{1}{2} \frac{(-1) \cdot 2s}{(s^2 + \omega^2)^2} = \frac{-s}{(s^2 + \omega^2)^2} \; .$$

Durch Multiplikation mit (-1) läßt sich schließlich das Funktionenpaar in Beziehung (3.2.9.23) bestätigen.

3.3 Methoden der Rücktransformation

In den ersten beiden Kapiteln dieses Buches wurde der Begriff der Integraltransformation erläutert und durch den schrittweisen Übergang von Fourier-Reihe über Fourier-Integral zum Laplace-Integral das physikalische Verständnis dieser Transformation durch die Behandlung nichtsinusförmiger periodischer und nichtperiodischer Vorgänge geweckt. Dieses schrittweise Vorgehen hat insbesondere den Vorteil, daß der Charakter dieser Integraltransformationen und die Zusammenhänge zu allgemein bekannten Vorstellungen im technischen Bereich (Darstellungen im Zeitbereich und Frequenzbereich) weitgehend zu erkennen sind.

Nach der Berechnung einiger einfacher Bildfunktionen zu Beginn des dritten Abschnitts wurde eine Reihe von Hilfssätzen vorgestellt, die zeigten, wie Rechenoperationen im Originalbereich – zum Beispiel die Differentiation und die Integration – in einfache arithmetische Operationen im Bildbereich überführt werden. Die Lösung von Differential- und Integralgleichungen mit Hilfe der Laplace-Transformation geschieht also immer durch Überführung der im Originalbereich vorgegebenen Gleichungen in den Bildbereich. Im Bildbereich werden die transformierten Größen mathematisch weiterverarbeitet; hier tritt beispielsweise an die Stelle der Lösung einer Differentialgleichung die Lösung einer algebraischen Gleichung. Die Ermittlung der Lösung durch Transformation in den Bildbereich und anschließende Rücktransformation ist in der Regel wesentlich einfacher als der direkte Lösungsweg im Originalbereich.

Die Rücktransformation, d. h. die Ermittlung der Funktion f(t) als Lösung eines Problems im Originalbereich zu einer als Lösung im Bildbereich vorliegenden Funktion $f_b(s)$, ist oft der schwierigste und aufwendigste Schritt. Da diese Aufgabenstellung jedoch sehr häufig vorliegt, werden in diesem Abschnitt einige Verfahren der Rücktransformation behandelt. Von der Anwendung der sogenannten *direkten Methode*, d. h. der Anwendung des komplexen Umkehrintegrals gemäß Gl. (2.3.2.9), wird in den seltensten Fällen Gebrauch gemacht, da dieses Verfahren einige Kenntnisse der Funktionentheorie voraussetzt. Meistens gelingt es, mit einfacheren Methoden die Originalfunktion zu gewinnen. Die im folgenden angegebenen Verfahren und Methoden der Rücktransformation erheben nicht den Anspruch auf Vollständigkeit; es werden vielmehr solche Methoden dargestellt, die in der Mehrzahl der Fälle zum Erfolg führen. Im übrigen verhält es sich hier genauso wie bei der Auswertung von Integralen, es bleibt dem Ideenreichtum des einzelnen überlassen, einen Ausweg zu finden.

3.3 Methoden der Rücktransformation

3.3.1 Der Gebrauch von Tabellen

Die einfachste Methode zur Gewinnung der Originalfunktion aus einer gegebenen Bildfunktion ist der Gebrauch von Tabellen. In den Tabellen sind die zusammengehörigen Funktionenpaare nach bestimmten Ordnungsprinzipien aufgeführt. In Kapitel 10 dieses Buches sind sowohl die wichtigsten Operationen mit Laplace-Transformierten und den zugehörigen Zeitfunktionen als auch eine Vielzahl von Korrespondenzen zusammengestellt. Der große Vorteil der umfangreichen Tabellen besteht ja gerade darin, daß für fast alle vorkommenden Fälle die Rechnung bereits früher schon einmal durchgeführt wurde und in den Tabellen der korrespondierenden Funktionenpaare ihren Niederschlag gefunden hat.

3.3.2 Die Methode der Partialbruchzerlegung

3.3.2.1 Bildfunktionen mit einfachen Polen

Recht häufig läßt sich die Methode der Partialbruchzerlegung mit Erfolg anwenden. Jede gebrochene rationale Funktion

$$(3.3.2.1.1) \quad f_b(s) = \mathcal{L}\{f(t)\} = \frac{G(s)}{N(s)}$$

mit G(s) und N(s) als ganze rationale Funktionen läßt sich in endlich viele Partialbrüche zerlegen, wenn der Zähler G(s) von niedrigerem Grad als N(s) ist. Zähler und Nenner sollen keine gemeinsamen Nullstellen besitzen (falls gemeinsame Nullstellen vorliegen, können sie herausgekürzt werden). Der Nenner soll die einfachen Nullstellen $s_1, s_2, \ldots, s_n$ haben, das heißt, es gilt

$$(3.3.2.1.2) \quad N(s) = k(s - s_1)(s - s_2) \cdots (s - s_n).$$

In diesem Falle läßt sich die Bildfunktion $f_b(s)$ wie folgt darstellen:

$$(3.3.2.1.3) \quad f_b(s) = \frac{G(s)}{N(s)} = \frac{a_1}{s - s_1} + \frac{a_2}{s - s_2} + \ldots + \frac{a_n}{s - s_n}$$

$$= \sum_{k=1}^{n} \frac{a_k}{s - s_k}.$$

Diese Gleichung muß für jeden Wert von s gültig sein und erlaubt eine einfache Rücktransformation, falls die unbekannten Koeffizienten a_k mit geringem Rechenaufwand ermittelt werden können. Mit der Korrespondenz

$$\frac{1}{s-s_k} \bullet\!\!-\!\!\circ e^{s_k t}$$

ergibt sich dann nämlich die Originalfunktion

(3.3.2.1.4) $\quad f(t) = \sum_{k=1}^{n} a_k e^{s_k t}$.

Zur Berechnung der Koeffizienten a_1 bis a_n wird von Gl. (3.3.2.1.3) ausgegangen. Nach Multiplikation beider Gleichungsseiten mit dem Faktor $(s - s_k)$ folgt

$$(3.3.2.1.5) \quad \frac{(s-s_k)G(s)}{N(s)} = a_k + (s-s_k)\left[\frac{a_1}{s-s_1} + \frac{a_2}{s-s_2} + \ldots + \frac{a_{k-1}}{s-s_{k-1}} \right.$$

$$\left. + \frac{a_{k+1}}{s-s_{k+1}} + \ldots + \frac{a_n}{s-s_n}\right].$$

Der Koeffizient a_k kann aus dieser Beziehung berechnet werden, indem der Grenzübergang $s \to s_k$ durchgeführt wird.

$$(3.3.2.1.6) \quad a_k = \lim_{s \to s_k} \frac{(s-s_k)G(s)}{N(s)} = G(s_k) \lim_{s \to s_k} \frac{s-s_k}{N(s)} \ .$$

Vereinbarungsgemäß besitzt das Zählerpolynom $G(s)$ keine Nullstelle für $s = s_k$, so daß der Faktor $G(s_k)$ bereits aus der Grenzwertbetrachtung herausgezogen werden konnte. Der zweite Faktor hingegen ergibt beim Grenzübergang einen Ausdruck der Form $\frac{0}{0}$. Hierauf ist somit die Regel von l'Hospital anzuwenden, d. h., Zähler und Nenner werden getrennt nach s differenziert. Damit lautet Gl. (3.3.2.1.6):

$$(3.3.2.1.7) \quad a_k = G(s_k) \lim_{s \to s_k} \frac{1}{N'(s)} = \frac{G(s_k)}{N'(s_k)} \ .$$

Dieser Koeffizient a_k wird sodann in Gl. (3.3.2.1.3) eingesetzt:

$$(3.3.2.1.8) \quad \mathcal{L}\{f(t)\} = f_b(s) = \frac{G(s)}{N(s)} = \sum_{k=1}^{n} \frac{G(s_k)}{N'(s_k)} \frac{1}{s-s_k} \ .$$

Ist also $f_b(s)$ als gebrochene rationale Funktion gegeben, so ist die zugehörige Originalfunktion durch

3.3 Methoden der Rücktransformation

$$(3.3.2.1.9) \quad f(t) = \sum_{k=1}^{n} \frac{G(s_k)}{N'(s_k)} e^{s_k t}$$

bestimmt. Diese Funktion besteht aus einer endlichen Anzahl von Summanden, die Rücktransformation kann also gliedweise erfolgen.

1. Beispiel

Zu der Bildfunktion

$$(3.3.2.1.10) \quad f_b(s) = \frac{1}{(s-s_1)(s-s_2)} = \frac{G(s)}{N(s)}$$

soll die Originalfunktion f(t) ermittelt werden.
Gemäß Gl. (3.3.2.1.3) wird $f_b(s)$ wie folgt dargestellt:

$$f_b(s) = \frac{1}{(s-s_1)(s-s_2)} = \frac{a_1}{(s-s_1)} + \frac{a_2}{(s-s_2)}.$$

Mit

$$N(s) = (s-s_1)(s-s_2) = s^2 - s(s_1+s_2) + s_1 s_2$$

und

$$N'(s) = 2s - (s_1 + s_2)$$

ergeben sich die Koeffizienten a_1 und a_2 entsprechend Gl. (3.3.2.1.7) zu

$$a_1 = \frac{G(s_1)}{N'(s_1)} = \frac{1}{2s_1 - (s_1+s_2)} = \frac{1}{s_1 - s_2}$$

$$a_2 = \frac{G(s_2)}{N'(s_2)} = \frac{1}{2s_2 - (s_1+s_2)} = -\frac{1}{s_1 - s_2}.$$

Die Funktion f(t) kann schließlich aus Gl. (3.3.2.1.9) abgeleitet werden und lautet mit den soeben berechneten Koeffizienten a_1 und a_2:

$$(3.3.2.1.11) \quad f(t) = a_1 e^{s_1 t} + a_2 e^{s_2 t} = \frac{1}{s_1 - s_2} (e^{s_1 t} - e^{s_2 t}).$$

2. Beispiel

Die Originalfunktion zu

$$(3.3.2.1.12) \quad f_b(s) = \frac{s}{(s-s_1)(s-s_2)(s-s_3)} = \frac{G(s)}{N(s)}$$

soll berechnet werden.

Durch Umformung der gegebenen Bildfunktion folgt entsprechend Gl. (3.3.2.1.8)

$$f_b(s) = \sum_{k=1}^{3} a_k \frac{1}{s-s_k} = \sum_{k=1}^{3} \frac{G(s_k)}{N'(s_k)} \frac{1}{s-s_k} \; .$$

Wiederum sind zunächst die Koeffizienten a_k für die drei Nullstellen des Nenners zu bestimmen. Aus der Nennerfunktion

$$N(s) = (s-s_1)(s-s_2)(s-s_3)$$
$$= s^3 - s^2(s_1+s_2+s_3) + s(s_1 s_2 + s_2 s_3 + s_3 s_1) - s_1 s_2 s_3$$

ergibt sich durch Differentiation nach s

$$N'(s) = 3 s^2 - 2 s(s_1+s_2+s_3) + s_1 s_2 + s_2 s_3 + s_3 s_1 \; .$$

Die Ableitung $N'(s)$ nimmt an den Nullstellen des Nenners damit die Werte

$$N'(s_1) = s_1{}^2 - s_1 s_2 - s_1 s_3 + s_2 s_3 = (s_1 - s_2)(s_1 - s_3)$$
$$N'(s_2) = s_2{}^2 - s_2 s_1 - s_2 s_3 + s_3 s_1 = (s_2 - s_1)(s_2 - s_3)$$
$$N'(s_3) = s_3{}^2 - s_3 s_1 - s_3 s_2 + s_1 s_2 = (s_3 - s_1)(s_3 - s_2)$$

an. Die Koeffizienten a_k betragen mit $G(s) = s$

$$a_1 = \frac{G(s_1)}{N'(s_1)} = \frac{s_1}{(s_1-s_2)(s_1-s_3)}$$

$$a_2 = \frac{G(s_2)}{N'(s_2)} = \frac{s_2}{(s_2-s_1)(s_2-s_3)}$$

$$a_3 = \frac{G(s_3)}{N'(s_3)} = \frac{s_3}{(s_3-s_1)(s_3-s_2)} \; .$$

Als Originalfunktion folgt sodann gemäß Gl. (3.3.2.1.9) mit den ermittelten Koeffizienten a_1, a_2 und a_3:

(3.3.2.1.13) $\quad f(t) = \sum_{k=1}^{3} a_k e^{s_k t} = \frac{s_1}{(s_1-s_2)(s_1-s_3)} e^{s_1 t} + \frac{s_2}{(s_2-s_1)(s_2-s_3)} e^{s_2 t}$

$$+ \frac{s_3}{(s_3-s_1)(s_3-s_2)} e^{s_3 t}$$

$$= \frac{s_1(s_2-s_3) e^{s_1 t} + s_2(s_3-s_1) e^{s_2 t} + s_3(s_1-s_2) e^{s_3 t}}{(s_1-s_2)(s_2-s_3)(s_1-s_3)} \; .$$

3.3 Methoden der Rücktransformation

3.3.2.2 Bildfunktionen mit Polen höherer Ordnung

Die Methode der Partialbruchzerlegung läßt sich auch dann mit Erfolg anwenden, wenn in der Bildfunktion $f_b(s)$ nach Gl. (3.3.2.1.1) die Nennerfunktion $N(s)$ sowohl voneinander unterschiedliche als auch mehrfache Nullstellen hat. Zähler und Nenner sollen jedoch keine gemeinsamen Nullstellen haben. Beispiele für derartige gebrochene rationale Funktionen sind

(3.3.2.2.1) $\quad f_{1b}(s) = \dfrac{1}{s(s+a)^n}$

(3.3.2.2.2) $\quad f_{2b}(s) = \dfrac{1}{(s+a)(s+b)^2}$

(3.3.2.2.3) $\quad f_{3b}(s) = \dfrac{1}{(s+a)(s+b)s^2}$.

Ist z. B. in der Bildfunktion $f_{1b}(s)$ der Exponent n eine Zahl größer als 1, so liegen in $s = 0$ und $s = -a$ Pole vor. Der Pol $s = 0$ ist ein Pol erster Ordnung, der Pol $s = -a$ ein Pol n-ter Ordnung.

Zur Ermittlung der zu derartigen Bildfunktionen gehörenden Originalfunktionen soll zunächst eine allgemeingültige Ableitung angegeben und anschließend die Methode des Koeffizientenvergleichs behandelt werden. Letzteres Verfahren ermöglicht in der Regel eine schnellere Rücktransformation.

Für die Bildfunktion $f_{1b}(s)$ nach Gl. (3.3.2.2.1) soll die folgende Partialbruchzerlegung durchgeführt werden:

(3.3.2.2.4) $\quad f_{1b}(s) = \dfrac{C}{s} + \dfrac{A_1}{(s+a)} + \dfrac{A_2}{(s+a)^2} + \ldots + \dfrac{A_k}{(s+a)^k}$

$$+ \ldots + \dfrac{A_n}{(s+a)^n} \; .$$

Hierin ist die Größe k stets kleiner als n. Gelingt es, die verschiedenen Konstanten in der obigen Beziehung auf einfache Weise zu bestimmen, so kann die Rücktransformation wiederum für jeden Summanden getrennt erfolgen. Beispielsweise ist mit Gl. (3.2.4.7) die Originalfunktion zum Summanden $\dfrac{A_k}{(s+a)^k}$ durch das Funktionenpaar

(3.3.2.2.5) $\quad \dfrac{A_k}{(s+a)^k} \; \bullet\!\!-\!\!\circ \; \dfrac{A_k}{(k-1)!} \, t^{k-1} e^{-at}$

gegeben. Die Koeffizienten $C, A_1, \ldots, A_n$ werden wie folgt berechnet. Zunächst werden die Bildfunktionen $f_{1b}(s)$ nach Gl. (3.3.2.2.1) und Gl. (3.3.2.2.4) mit s multipliziert. Gleichsetzen der beiden Produkte und der Grenzübergang für s → 0 führen auf den Koeffizienten C. Es gilt:

$$(3.3.2.2.6) \quad C = \lim_{s \to 0} s\, f_{1b}(s) = \lim_{s \to 0} s \, \frac{1}{s(s+a)^n}$$

$$= \lim_{s \to 0} \frac{1}{(s+a)^n} = \frac{1}{a^n}.$$

Zur Ermittlung der übrigen Koeffizienten werden beide Bildfunktionen mit $(s+a)^n$ multipliziert und gleichgesetzt:

$$(3.3.2.2.7) \quad (s+a)^n f_{1b}(s) = \frac{1}{s} = \frac{C}{s}(s+a)^n + A_1(s+a)^{n-1} + A_2(s+a)^{n-2}$$

$$+ \ldots + A_k(s+a)^{n-k} + \ldots + A_{n-1}(s+a) + A_n.$$

Durch Grenzübergang s → −a folgt sofort der Koeffizient A_n:

$$(3.3.2.2.8) \quad A_n = \lim_{s \to -a} (s+a)^n f_{1b}(s) = -\frac{1}{a}.$$

Die weiteren Koeffizienten ergeben sich durch wiederholte Differentiation von Gl. (3.3.2.2.7) nach s. Die erste Differentiation führt auf

$$(3.3.2.2.9) \quad 1 \cdot A_{n-1} = \lim_{s \to -a} \frac{d}{ds}[(s+a)^n f_{1b}(s)] = \lim_{s \to -a} \frac{d}{ds}\left(\frac{1}{s}\right)$$

$$= \lim_{s \to -a} (-1)\frac{1}{s^2} = -\frac{1}{a^2}.$$

Durch (n − k)-malige Differentiation folgt

$$(n-k)!\, A_k = \lim_{s \to -a} \frac{d^{n-k}}{ds^{n-k}}[(s+a)^n f_{1b}(s)]$$

oder

$$(3.3.2.2.10) \quad A_k = \frac{1}{(n-k)!} \lim_{s \to -a} \frac{d^{n-k}}{ds^{n-k}}[(s+a)^n f_{1b}(s)]$$

$$= \frac{1}{(n-k)!} \lim_{s \to -a} \frac{d^{n-k}}{ds^{n-k}}\left(\frac{1}{s}\right) = \frac{1}{(n-k)!} \lim_{s \to -a} (n-k)! \frac{(-1)^{n+k}}{s^{n-k+1}}$$

$$= \frac{(-1)^{n-k}}{(-a)^{n-k+1}} = -\frac{1}{a^{n-k+1}} \quad \text{für } k = 1(1)\,n.$$

3.3 Methoden der Rücktransformation

Somit lautet die Originalfunktion von $f_{1b}(s)$:

(3.3.2.2.11) $\quad f_1(t) = \dfrac{1}{a^n} t + \displaystyle\sum_{k=1}^{n} \dfrac{A_k}{(k-1)!} t^{k-1} e^{-at}$

$\qquad \qquad \quad = \dfrac{1}{a^n} t - e^{-at} \displaystyle\sum_{k=1}^{n} \dfrac{1}{(k-1)!\, a^{n-k+1}} t^{k-1} .$

Für viele praktische Fälle soll der Ansatz nunmehr erweitert werden. Die zu der Bildfunktion

(3.3.2.2.12) $\quad f_b(s) = \dfrac{1}{(s+a)^m (s+b)^n (s+c)^p}$

gehörende Partialbruchzerlegung habe die Form

(3.3.2.2.13) $\quad f_b(s) = \dfrac{A_1}{s+a} + \dfrac{A_2}{(s+a)^2} + \ldots + \dfrac{A_j}{(s+a)^j} + \ldots + \dfrac{A_m}{(s+a)^m}$

$\qquad \qquad \quad + \dfrac{B_1}{s+b} + \dfrac{B_2}{(s+b)^2} + \ldots + \dfrac{B_k}{(s+b)^k} + \ldots + \dfrac{B_n}{(s+b)^n}$

$\qquad \qquad \quad + \dfrac{C_1}{s+c} + \dfrac{C_2}{(s+c)^2} + \ldots + \dfrac{C_l}{(s+c)^l} + \ldots + \dfrac{C_p}{(s+c)^p} .$

Dann können die Koeffizienten wie folgt ermittelt werden:

$\qquad A_j = \dfrac{1}{(m-j)!} \lim\limits_{s \to -a} \dfrac{d^{m-j}}{ds^{m-j}} [(s+a)^m f_b(s)]$

(3.3.2.2.14) $\quad B_k = \dfrac{1}{(n-k)!} \lim\limits_{s \to -b} \dfrac{d^{n-k}}{ds^{n-k}} [(s+b)^n f_b(s)]$

$\qquad C_l = \dfrac{1}{(p-l)!} \lim\limits_{s \to -c} \dfrac{d^{p-l}}{ds^{p-l}} [(s+c)^p f_b(s)] .$

Mit den nach obigem Verfahren berechneten Koeffizienten ergibt sich schließlich die Originalfunktion durch gliedweises Rücktransformieren der einzelnen Summanden in Gl. (3.3.2.2.13).

$$(3.3.2.2.15) \quad f(t) = \sum_{j=1}^{m} \frac{A_j}{(j-1)!} \, t^{j-1} \, e^{-at}$$

$$+ \sum_{k=1}^{n} \frac{B_k}{(k-1)!} \, t^{k-1} \, e^{-bt}$$

$$+ \sum_{l=1}^{p} \frac{C_l}{(l-1)!} \, t^{l-1} \, e^{-ct}.$$

Bei praktischen Beispielen vereinfachen sich diese allgemeinen Rechenvorschriften zum Bilden der Koeffizienten der Partialbruchzerlegung und zum Auffinden der Originalfunktion oft noch sehr wesentlich.

In vielen Fällen läßt sich bei Bildfunktionen mit Polen höherer Ordnung die Originalfunktion auf schnellstem Wege berechnen, indem nach entsprechender Umformung der Partialbruchzerlegung ein Koeffizientenvergleich durchgeführt wird und aus diesem Vergleich die Konstanten der Zerlegung ermittelt werden. Wie aus den Beispielen 3 bis 5 am Ende dieses Abschnitts hervorgeht, wird hierzu der allgemeine Ansatz der Partialbruchzerlegung auf den Hauptnenner gebracht, anschließend der Zähler entsprechend der vorgegebenen Bildfunktion abgeglichen und das aus diesem Abgleich resultierende Gleichungssystem mit den Koeffizienten der Zerlegung als Unbekannte gelöst. Da die Partialbruchzerlegung auf Bildfunktionen führt, die leicht rücktransformierbar sind, kann damit die zugehörige Originalfunktion ermittelt werden.

1. Beispiel

Mit Hilfe des allgemeinen Lösungsansatzes (3.3.2.2.14) soll die Originalfunktion zu

$$(3.3.2.2.16) \quad f_b(s) = \frac{s+1}{s(s+2)^3}$$

berechnet werden.

Zu der vorgegebenen Bildfunktion gehört die Partialbruchzerlegung

$$f_b(s) = \frac{A_1}{s} + \frac{B_1}{s+2} + \frac{B_2}{(s+2)^2} + \frac{B_3}{(s+2)^3}.$$

Die Koeffizienten A_1, B_1, B_2, B_3 werden entsprechend den Gln. (3.3.2.2.14) gebildet:

$$A_1 = \lim_{s \to 0} s \, f_b(s) = \lim_{s \to 0} \frac{s+1}{(s+2)^3} = \frac{1}{8}$$

$$B_3 = \lim_{s \to -2} (s+2)^3 \, f_b(s) = \lim_{s \to -2} \frac{s+1}{s} = \frac{1}{2}$$

3.3 Methoden der Rücktransformation

$$B_2 = \frac{1}{(2-1)!} \lim_{s \to -2} \frac{d}{ds}[(s+2)^3 f_b(s)] = \lim_{s \to -2} \frac{d}{ds} \frac{s+1}{s}$$

$$= \lim_{s \to -2} \left(-\frac{1}{s^2}\right) = -\frac{1}{4}$$

$$B_1 = \frac{1}{(3-1)!} \lim_{s \to -2} \frac{d^2}{ds^2}[(s+2)^3 f_b(s)] = \frac{1}{2} \lim_{s \to -2} \frac{d^2}{ds^2} \frac{s+1}{s}$$

$$= \frac{1}{2} \lim_{s \to -2} \frac{2}{s^3} = -\frac{1}{8} \ .$$

Aus Gl. (3.3.2.2.15) folgt, nachdem die Koeffizienten bekannt sind, mit $a = 0$ und $b = 2$ sofort die Originalfunktion

(3.3.2.2.17) $\quad f(t) = A_1 + B_1 e^{-2t} + B_2 t e^{-2t} + \frac{B_3}{2} t^2 e^{-2t}$

$$= \frac{1}{8} - \frac{1}{8} e^{-2t} - \frac{t}{4} e^{-2t} + \frac{t^2}{4} e^{-2t}$$

$$= \frac{1}{8}[1 - e^{-2t}(1 + 2t - 2t^2)] \ .$$

2. Beispiel

Gegeben sei die Bildfunktion

(3.3.2.2.18) $\quad f_b(s) = \dfrac{1}{(s+a)s^3}$

mit dem dreifachen Pol bei $s = 0$ und dem einfachen Pol bei $s = -a$. Durch Anwendung des Lösungsansatzes (3.3.2.2.14) soll die Originalfunktion ermittelt werden.
Die zu $f_b(s)$ gehörende Partialbruchzerlegung lautet

$$f_b(s) = \frac{A_1}{s+a} + \frac{B_1}{s} + \frac{B_2}{s^2} + \frac{B_3}{s^3} \ .$$

Mit Hilfe des Lösungsansatzes werden die unbekannten Koeffizienten wie folgt berechnet:

$$A_1 = \lim_{s \to -a}(s+a)f_b(s) = \lim_{s \to -a}\frac{1}{s^3} = -\frac{1}{a^3}$$

$$B_3 = \lim_{s \to 0} s^3 f_b(s) = \lim_{s \to 0}\frac{1}{s+a} = \frac{1}{a}$$

$$B_2 = \lim_{s \to 0}\frac{d}{ds}[s^3 f_b(s)] = \lim_{s \to 0}\frac{-1}{(s+a)^2} = -\frac{1}{a^2}$$

$$B_1 = \frac{1}{2!} \lim_{s \to 0}\frac{d^2}{ds^2}[s^3 f_b(s)] = \frac{1}{2}\lim_{s \to 0}\frac{(-1)\cdot(-2)}{(s+a)^3} = \frac{1}{a^3} \ .$$

Die Originalfunktion ergibt sich wiederum durch gliedweise Rücktransformation entsprechend Gl. (3.3.2.2.15) zu

(3.3.2.2.19) $\quad f(t) = A_1 e^{-at} + B_1 + B_2 t + \dfrac{B_3}{2} t^2$

$\quad\quad\quad\quad\quad = -\dfrac{1}{a^3} e^{-at} + \dfrac{1}{a^3} - \dfrac{1}{a^2} t + \dfrac{1}{a} \dfrac{t^2}{2}$.

3. Beispiel

Zu der Bildfunktion $f_{2b}(s)$ gemäß Gl. (3.3.2.2.2) soll die Originalfunktion $f_2(t)$ nach der Methode des Koeffizientenvergleichs ermittelt werden.
Der Nenner von $f_b(s)$ hat den einfachen Pol bei $s = -a$ und den zweifachen Pol bei $s = -b$. Damit lautet die Partialbruchzerlegung:

$$f_{2b}(s) = \frac{1}{(s+a)(s+b)^2} = \frac{A_1}{s+a} + \frac{B_1}{s+b} + \frac{B_2}{(s+b)^2}$$

$$= \frac{A_1(s+b)^2 + B_1(s+a)(s+b) + B_2(s+a)}{(s+a)(s+b)^2}$$

oder

$$f_{2b}(s) = \frac{s^2(A_1 + B_1) + s(2bA_1 + bB_1 + aB_1 + B_2) + (b^2 A_1 + abB_1 + aB_2)}{(s+a)(s+b)^2}.$$

Durch Koeffizientenvergleich folgen die Beziehungen

$$A_1 + \quad B_1 \quad\quad\quad\quad = 0$$
$$2bA_1 + (a+b)B_1 + B_2 = 0$$
$$b^2 A_1 + \quad abB_1 + aB_2 = 1 \, .$$

Die Auflösung dieses Gleichungssystems mit den drei Unbekannten A_1, B_1 und B_2 führt auf

$$A_1 = \frac{1}{(a-b)^2}, \quad B_1 = -\frac{1}{(a-b)^2}, \quad B_2 = \frac{1}{a-b} \, .$$

Die Originalfunktion ergibt sich schließlich entsprechend Gl. (3.3.2.2.15) zu

(3.3.2.2.20) $\quad f_2(t) = A_1 e^{-at} + B_1 e^{-bt} + B_2 t e^{-bt}$

$$= \frac{1}{(a-b)^2}(e^{-at} - e^{-bt}) + \frac{1}{a-b} t e^{-bt} \, .$$

Für den Sonderfall $b = 0$ kann hieraus das Funktionenpaar

(3.3.2.2.21) $\quad \dfrac{1}{a^2}(e^{-at} - 1) + \dfrac{1}{a} t \; \circ\!\!-\!\!\bullet \; \dfrac{1}{(s+a)s^2}$

abgeleitet werden.

3.3 Methoden der Rücktransformation

4. Beispiel

Zu der Bildfunktion

(3.3.2.2.22) $\quad f_b(s) = \dfrac{1}{s^2(s^2 + a^2)}$

sei die Originalfunktion gesucht.
Die obige Bildfunktion hat einen zweifachen Pol bei $s = 0$ und je einen einfachen Pol bei $s = -j \cdot a$ und $s = j \cdot a$. Aus dem Ansatz

$$f_b(s) = \frac{1}{s^2(s^2 + a^2)} = \frac{A_1}{s^2} + \frac{A_2}{s^2 + a^2} = \frac{A_1(s^2 + a^2) + A_2 s^2}{s^2(s^2 + a^2)}$$

folgen durch Koeffizientenvergleich die Bedingungen

$A_1 + A_2 = 0$

$a^2 A_1 = 1$.

Durch Auflösen dieser Gleichungen erhalten die Koeffizienten A_1 und A_2 die folgenden Werte:

$$A_1 = \frac{1}{a^2} \quad \text{und} \quad A_2 = -A_1 = -\frac{1}{a^2} .$$

Die Bildfunktion $f_b(s)$ lautet damit

$$f_b(s) = \frac{1}{a^2} \left(\frac{1}{s^2} - \frac{1}{s^2 + a^2} \right) .$$

Die Rücktransformation führt schließlich auf die Originalfunktion

(3.3.2.2.23) $\quad f(t) = \dfrac{1}{a^2} \left(t - \dfrac{1}{a} \sin at \right).$

5. Beispiel

Als weiteres Beispiel soll die Originalfunktion $f_3(t)$ der durch Gl. (3.3.2.2.3) vorgegebenen Bildfunktion $f_{3b}(s)$ ermittelt werden.
Diese Bildfunktion kann durch die Partialbruchzerlegung

$$f_{3b}(s) = \frac{A_1}{s+a} + \frac{B_1}{s+b} + \frac{C_1}{s} + \frac{C_2}{s^2}$$

dargestellt werden. Die unbekannten Koeffizienten werden wiederum durch Koeffizientenvergleich ermittelt. Aus der obigen Gleichung folgt

$$f_{3b}(s) = \frac{1}{(s+a)(s+b)s^2}$$

$$= \frac{A_1(s+b)s^2 + B_1(s+a)s^2 + (s+a)(s+b)(C_1 s + C_2)}{(s+a)(s+b)s^2} .$$

Hieraus lassen sich die folgenden vier Bedingungen gewinnen:

$$
\begin{aligned}
A_1 + B_1 + C_1 &= 0 \\
b\,A_1 + a\,B_1 + (a+b)\,C_1 + C_2 &= 0 \\
a\,b\,C_1 + (a+b)\,C_2 &= 0 \\
a\,b\,C_2 &= 1 \ .
\end{aligned}
$$

Das Gleichungssystem mit den Unbekannten A_1, B_1, C_1 und C_2 besitzt die Lösung

$$A_1 = -\frac{1}{a^2(a-b)}\ , \qquad B_1 = \frac{1}{b^2(a-b)}\ ,$$

$$C_1 = -\frac{a+b}{a^2 b^2}\ , \qquad C_2 = \frac{1}{ab}\ .$$

Mit diesen Werten ergibt sich schließlich entsprechend Gl. (3.3.2.2.15) die Originalfunktion $f_3(t)$ zu

(3.3.2.2.24) $\quad f_3(t) = \dfrac{1}{a^2 b^2 (a-b)}\,(a^2\,e^{-bt} - b^2\,e^{-at}) - \dfrac{a+b}{a^2 b^2} + \dfrac{1}{ab}\,t\ .$

3.3.3 Die Methode der Reihenentwicklung

Liegt als Lösung im Bildbereich eine Funktion vor, die sich in eine Potenzreihe entwickeln läßt, so kann unter bestimmten Voraussetzungen eine gliedweise Rücktransformation in den Originalbereich vorgenommen werden.
Es sei also

(3.3.3.1) $\quad f_b(s) = \displaystyle\sum_{k=1}^{\infty} f_{kb}(s)\ .$

Die einzelnen Glieder $f_{kb}(s)$ dieser Reihe stellen Bildfunktionen dar, zu denen sich auf einfache Art und Weise die Originalfunktionen $f_k(t)$ ermitteln lassen. Für die zu $f_b(s)$ gehörende Originalfunktion $f(t)$ ergibt sich demzufolge

(3.3.3.2) $\quad f(t) = \displaystyle\sum_{k=1}^{\infty} f_k(t)\ .$

Diese Rücktransformation muß nicht immer zur richtigen Lösung führen, da diese Operation letztlich eine Vertauschung einer unendlichen Reihe mit einem

3.3 Methoden der Rücktransformation

uneigentlichen Integral bedeutet. Bei den im folgenden angeführten Typen von Reihen ist jedoch die Rücktransformation gliedweise nach Gl. (3.3.3.2) zulässig. Eine dieser Gruppen von Potenzreihen ist dadurch gekennzeichnet, daß sich die Bildfunktion in eine Reihe mit negativen Potenzen von s, eine Laurent-Reihe, entwickeln läßt. Also gilt:

$$(3.3.3.3) \quad f_b(s) = \sum_{k=1}^{\infty} \frac{C_k}{s^k}.$$

Wie schon an früherer Stelle gezeigt wurde, konvergiert die Bildfunktion jedes einzelnen Summanden dieser Reihe, so daß die Rücktransformation für jedes Glied ohne weiteres getrennt durchgeführt werden kann. Die Originalfunktion f(t) lautet somit

$$(3.3.3.4) \quad f(t) = \sum_{k=1}^{\infty} \frac{C_k}{(k-1)!} t^{k-1}.$$

Eine weitere Gruppe von Bildfunktionen kann in eine konvergente Reihe mit nicht ganzzahligen Exponenten entwickelt werden. In der unendlichen Reihe

$$(3.3.3.5) \quad f_b(s) = \sum_{k=1}^{\infty} \frac{C_k}{s^{a_k+1}}$$

bilden die Exponenten a_k eine beliebig aufsteigende Zahlenfolge mit

$$0 < a_1 < a_2 < \ldots .$$

Dem Funktionenpaar

$$t^a \; \circ\!\!\!-\!\!\!\bullet \; \frac{\Gamma(a+1)}{s^{a+1}}$$

entsprechend (vergleiche Abschnitt 4.3) kann die Rücktransformation wiederum gliedweise erfolgen. Zur Bildfunktion $f_b(s)$ gemäß Gl. (3.3.3.5) gehört also die Originalfunktion

$$(3.3.3.6) \quad f(t) = \sum_{k=1}^{\infty} C_k \frac{t^{a_k}}{\Gamma(a_k+1)}.$$

3.3.4 Die direkte Methode (das komplexe Umkehrintegral)

Für die Rücktransformation einer Bildfunktion in den Originalbereich (Zeitbereich), kurz für die inverse Laplace-Transformation, gibt es als eine weitere

Methode die sogenannte direkte Methode. Dieses Verfahren beruht auf der Anwendung des komplexen Umkehrintegrals, das schon bei der Behandlung des Laplace-Integrals in Abschnitt 2.3.2 als Gl. (2.3.2.9) abgeleitet wurde.
Die Auswertung des komplexen Umkehrintegrals

$$\frac{1}{2\pi j} \int_{\delta - j\infty}^{\delta + j\infty} f_b(s)\, e^{st}\, ds = \begin{cases} f(t) & \text{für } t > 0 \\ 0 & \text{für } t < 0 \end{cases}$$

setzt einige Kenntnisse der Funktionentheorie voraus. Demzufolge wird es meist vermieden, die Originalfunktion auf diesem direkten Wege zu bestimmen, zumal die in diesem Kapitel bereits angegebenen Verfahren und der Gebrauch der Tabellen in praktisch allen Fällen einfachere Methoden der Rücktransformation darstellen. Gerade in diesen Verfahren liegt nämlich der große Nutzen und Vorteil der Laplace-Transformation bei der Anwendung.

Für eine Vielzahl von Zeitfunktionen wurden die Laplace-Transformierten bereits ermittelt. Wegen der eindeutigen Zuordnung der Funktionenpaare $f(t) \circ\!\!-\!\!\bullet f_b(s)$ ist auch zur Rücktransformation nur noch ein geringer Aufwand erforderlich. Dennoch soll hier versucht werden, die grundlegenden Gedankengänge beim Rechnen mit dem komplexen Umkehrintegral aufzuzeigen und so die Anwendung dieses Verfahrens zu erleichtern. Die Auswertung des Umkehrintegrals wird mit mathematischer Strenge und großer Ausführlichkeit in [5], [6] durchgeführt. Die wichtigsten Sätze sollen im folgenden angegeben und erläutert werden.

Da hier eine Integration im komplexen Bereich vorliegt, seien zunächst einige grundlegende Bemerkungen angeführt. Die Bedeutung komplexer Zahlen und die Grundrechenoperationen mit komplexen Zahlen werden dabei als bekannt vorausgesetzt. In Analogie zum reellen Bereich sind im komplexen Bereich komplexe Funktionen einer komplexen Veränderlichen definiert.

Eine komplexe Veränderliche w wird Funktion der komplexen Veränderlichen z genannt – w = f(z) –, falls jedem Wert von z aus einer bestimmten Menge komplexer Zahlen ein oder mehrere Werte w zugeordnet sind. Entsprechen einem Wert von z ein bzw. mehrere Werte von w, so heißt die Funktion f(z) eindeutig bzw. mehrdeutig. Die Menge aller Werte z stellt dabei den Definitionsbereich, die Menge der Werte w den Wertebereich der Funktion dar. Die komplexen Veränderlichen z und w sind zerlegbar in Realteil und Imaginärteil und werden wie folgt geschrieben

$$z = x + jy \quad \text{und} \quad w = u + jv.$$

Diese Zahlendarstellung führt auf die in Bild 3.3.4.1 angeführte Veranschaulichung der Funktion w = f(z) durch zwei Zahlenebenen. Das Gebiet G entspricht dabei dem Definitionsbereich, das Gebiet G' dem Wertebereich der

3.3 Methoden der Rücktransformation

Funktion f(z). Im weiteren Verlauf der Ausführungen sollen nur eindeutige Funktionen betrachtet werden.

Verschiedene Sätze über Funktionen im Reellen lassen sich unmittelbar auf Funktionen komplexer Veränderlicher übertragen. Mit dem Begriff der regulären oder analytischen Funktionen werden Aussagen über die Stetigkeit und Differenzierbarkeit einer Funktion gemacht. Da die Stetigkeit im Komplexen formal dieselbe ist wie im Reellen, gelten insbesondere die Sätze, daß Differenz, Summe, Produkt, Quotient und absoluter Betrag von stetigen Funktionen selbst wieder stetige Funktionen sind.

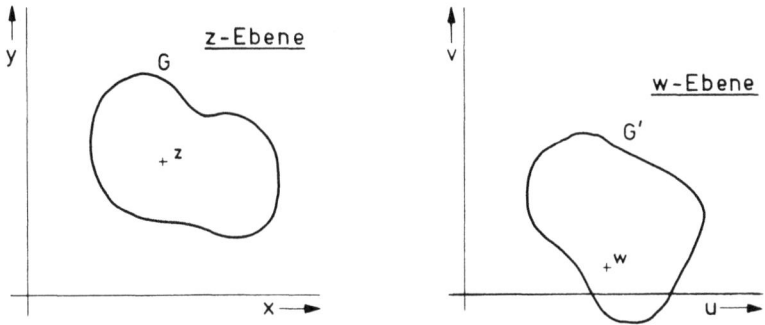

Bild 3.3.4.1: Veranschaulichung der Funktion w = f(z)

Zur Bildung des Differentialquotienten wird von zwei Punkten z und z_0 im Definitionsbereich der Funktion w = f(z) ausgegangen.
Der Differenzenquotient lautet dann:

(3.3.4.1) $\quad \dfrac{f(z) - f(z_0)}{z - z_0} = \dfrac{w - w_0}{z - z_0} = \dfrac{\Delta w}{\Delta z} = \dfrac{\Delta f(z)}{\Delta z}$.

Existiert an der Stelle z_0 der Grenzwert

(3.3.4.2) $\quad \lim\limits_{z \to z_0} \dfrac{\Delta f(z)}{\Delta z} = f'(z_0)$,

so wird $f'(z_0)$ die erste Ableitung der Funktion f(z) an der Stelle z_0 genannt. Die Funktion f(z) heißt differenzierbar an der Stelle z_0. Die Existenz dieses Grenzwerts im Komplexen verlangt zugleich die Existenz und die Gleichheit aller Grenzwerte, die sich unabhängig von der Richtung der Annäherung an den Punkt z_0 ergeben. Der Differentialquotient darf also nicht von der Wahl des Weges, auf dem der Punkt z_0 approximiert wird, abhängig sein.
Eine Funktion f(z) heißt in einem Gebiet G regulär, analytisch oder holomorph, falls sie in allen Punkten dieses Gebietes differenzierbar ist, d.h. in G stetig differenzierbar ist. Stellen, an denen die Ableitung f'(z) nicht existiert,

werden als singuläre Stellen bezeichnet. Aussagen über die Differenzierbarkeit einer Funktion f(z) im Punkte z werden mit Hilfe der Cauchy-Riemannschen Differentialgleichungen

$$(3.3.4.3) \qquad \frac{\partial u}{\partial x} = \frac{\partial v}{\partial y} \quad \text{und} \quad \frac{\partial v}{\partial x} = -\frac{\partial u}{\partial y}$$

gewonnen. Diese Beziehungen spielen in der Theorie der regulären Funktionen, die eine bestimmte Klasse der komplexen Funktionen darstellen, eine fundamentale Rolle und finden im folgenden Satz der Funktionentheorie ihren Niederschlag:

> Ist eine Funktion w = f(z) = u(x,y) + j v(x, y) in einem Gebiet G der z-Ebene definiert, sind Realteil u und Imaginärteil v in G stetig differenzierbar und gelten in dem Gebiet G die Cauchy-Riemannschen Differentialgleichungen, so ist f(z) in G regulär.

Da bei Bilden des Umkehrintegrals stets eine komplexe Funktion entlang eines Integrationswegs in der komplexen Ebene zu integrieren ist, muß weiterhin der Begriff des bestimmten Integrals erläutert und die Integrierbarkeit der komplexen Funktion f(z) betrachtet werden. Vorgegeben sei eine im Gebiet G stetige Funktion f(z). Wie in Bild 3.3.4.2 dargestellt ist, soll dieses Gebiet G die Punkte z_1 und z_2 sowie eine diese Punkte verbindende Kurve C enthalten. Wie im Reellen gilt dann die Beziehung

$$(3.3.4.4) \qquad \int_{z_1}^{z_2} f(z) \, dz = - \int_{z_2}^{z_1} f(z) \, dz \, ,$$

falls für beide Integrale derselbe Integrationsweg im Gebiet G gewählt wird. Eine andere Schreibweise für die obige Gleichung ist

$$\int_C f(z) \, dz = - \int_{-C} f(z) \, dz$$

bzw.

$$(3.3.4.5) \qquad \int_C f(z) \, dz + \int_{-C} f(z) \, dz = 0 \, .$$

Wird das Integral entlang einer Kurve C einmal in der einen, das andere Mal in entgegengesetzter Richtung gebildet, dann ist also die Summe beider Integrale Null. Ferner gelten auch hier in Analogie zu den reellen Integralen formal die Integrationsregeln

$$(3.3.4.6) \qquad \int_C [f_1(z) + f_2(z)] \, dz = \int_C f_1(z) \, dz + \int_C f_2(z) \, dz$$

3.3 Methoden der Rücktransformation

und

(3.3.4.7) $\quad \int_C k\, f(z)\, dz = k \int_C f(z)\, dz$.

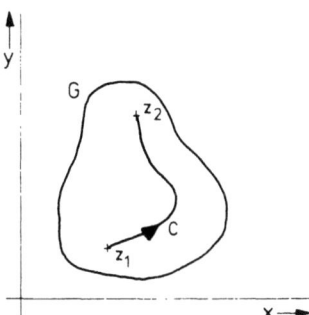

Bild 3.3.4.2: Darstellung der Integration in der z-Ebene

An dieser Stelle sei noch kurz der Begriff des einfach zusammenhängenden Gebiets erläutert. Besitzt ein Gebiet G nur einen geschlossenen Rand, so wird es als einfach zusammenhängend bezeichnet, während Gebiete mit mehreren Rändern mehrfach zusammenhängend genannt werden.

Eine weitere Eigenschaft regulärer Funktionen wird durch den *Hauptsatz der Funktionentheorie* zum Ausdruck gebracht:

Ist die Funktion f(z) in dem einfach zusammenhängenden und beschränkten Gebiet G regulär und sind z_1 und z_2 zwei Punkte aus diesem Gebiet, so ist das Integral

$$\int_{z_1}^{z_2} f(z)\, dz$$

unabhängig von der Wahl des Integrationsweges, sofern dieser nur in G verläuft.

Liegen zwischen den Punkten z_1 und z_2 zwei verschiedene Integrationswege C_1 und C_2 innerhalb des Gebietes G, so gilt nach obigem Satz:

(3.3.4.8) $\quad \int_{C_1} f(z)\, dz = \int_{C_2} f(z)\, dz$

bzw.

(3.3.4.9) $\quad \int_{C_1} f(z)\, dz - \int_{C_2} f(z)\, dz = \int_{C^0} f(z)\, dz = 0$.

Ist also f(z) regulär in dem einfach zusammenhängenden und beschränkten Gebiet G, so ist das Umlaufintegral längs eines geschlossenen Weges C^0 in G gleich Null.
Ist die Funktion f(z) nicht regulär, so hängt das Integral $\int_{z_1}^{z_2} f(z) \cdot dz$ auch von der Wahl des Integrationsweges ab. Bei der Integration wird jeder Integrationsweg in einer vorgegebenen Richtung durchlaufen, er besitzt also eine Orientierung. Während diese Orientierung bei nicht geschlossenen Integrationswegen durch Angabe der Integrationsgrenzen festliegt, muß bei geschlossenen Wegen C eine Orientierung definiert werden. Als positive Orientierung wird daher diejenige Richtung festgelegt, bei der der Integrationsweg in mathematisch positivem Sinn, d. h. in Gegenuhrzeigerrichtung, durchlaufen wird. Das Innengebiet von C liegt auf Grund dieser Definition stets links von der Umlaufkurve.
Enthält der geschlossene Weg C in seinem Innengebiet nur zum Gebiet G gehörende Punkte, so gilt für jede in G reguläre Funktion f(z)

$$\oint f(z)\, dz = 0 \; ,$$

wobei G ein beliebiges, auch mehrfach zusammenhängendes Gebiet sein kann. In Bild 3.3.4.3 ist ein Integrationsweg C dargestellt, der sich aus mehreren Teilkurven zusammensetzt. Die geschlossenen Kurven C_1 und C_2 verlaufen innerhalb des Gebiets G, besitzen keinen gemeinsamen Punkt und beranden ein zweifach zusammenhängendes, beschränktes Teilgebiet (auch Ringgebiet genannt) von G. Ist die Funktion f(z) regulär in G, so ist das Integral über den geschlossenen Weg C gleich Null. Um die Zusammensetzung des Integrationsweges formelmäßig anzugeben, wird unter Berücksichtigung der Orientierung die folgende symbolische Schreibweise eingeführt:

$$C = C_1 + C' - C_2 - C' = C_1 - C_2 \; .$$

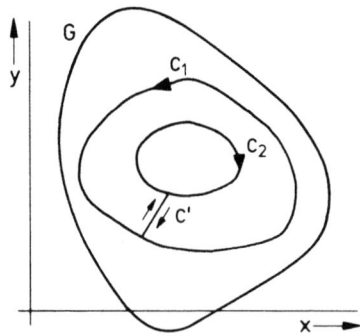

Bild 3.3.4.3: Beispiel zum Hauptsatz der Funktionentheorie

3.3 Methoden der Rücktransformation

Damit folgt

(3.3.4.10) $\oint_{C_1} f(z)\, dz = \oint_{C_2} f(z)\, dz$,

da ja das Gesamtintegral über den Weg C Null sein muß.
Ist, wie in Bild 3.3.4.4 dargestellt, das Gebiet G ein (n+1)-fach zusammenhängendes Gebiet, das durch die Randkurven $C_0, C_1, \ldots, C_n$ begrenzt sein soll, so gilt für jede in G reguläre und in allen Randpunkten von G stetige Funktion f(z) dem vorangegangenen Beispiel entsprechend

(3.3.4.11) $\oint_{C_0} f(z)\, dz = \oint_{C_1} f(z)\, dz + \ldots + \oint_{C_n} f(z)\, dz$.

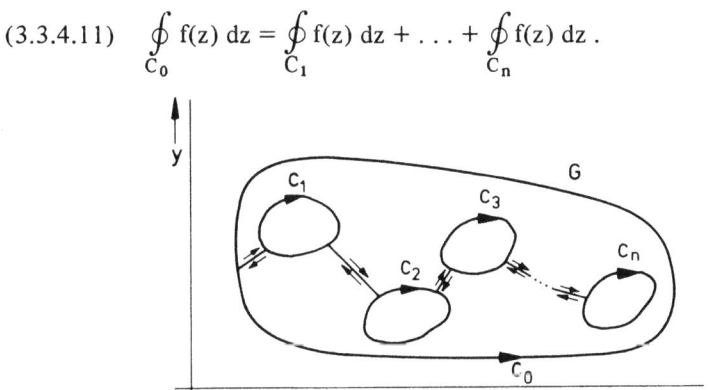

Bild 3.3.4.4: Integration über die Randkurve eines (n+1)-fach zusammenhängenden Gebiets

Die Integrale über sämtliche Verbindungswege zwischen den Kurven C_i heben sich bei der Integration auf.
Die obige Beziehung wird hauptsächlich immer dann angewendet, wenn die gegebene Funktion f(z) im gesamten Gebiet G mit Ausnahme einiger singulärer Punkte $z_1, z_2, \ldots, z_n$ regulär ist. Diese n singulären Punkte z_i werden durch jeweils eine Kurve C_i derart umgeben, daß diese Kurven C_1 bis C_n weder untereinander noch mit dem vorgegebenen Integrationsweg C_0 Punkte gemeinsam haben. Auf diese Weise entsteht ein (n+1)-fach zusammenhängendes Gebiet $\overline{G}$, in dem f(z) an allen Punkten einschließlich der Umrandung regulär ist.
Als Beispiel werde der Fall n = 1 betrachtet. Hier ergibt sich $\overline{G}$ als zweifach zusammenhängendes Gebiet. Entsprechend Bild 3.3.4.5 stellen C_0 und C_1 die Randkurven dieses Gebiets dar. Für alle Kurven C_1, die den singulären Punkt z_1 umschließen und ganz im Inneren des von C_0 umrandeten Gebietes verlaufen, gilt gemäß Gl. (3.3.4.10)

(3.3.4.12) $\oint_{C_1} f(z)\, dz = \oint_{C_0} f(z)\, dz = A_1$.

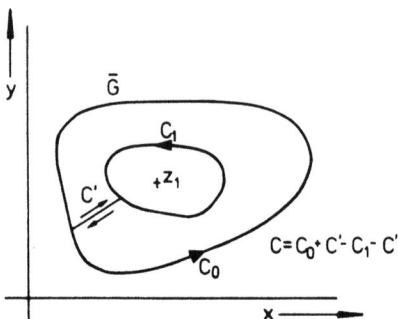

Bild 3.3.4.5: Umschließen einer singulären Stelle durch einen geeigneten Integrationsweg

Der Faktor A_1 ist für alle den Punkt z_1 umschließenden Kurven C_1 konstant und durch die Funktion $f(z)$ und den singulären Punkt z_1 bestimmt. A_1 stellt somit eine charakteristische Größe dar. Wird A_1 durch den Faktor $2\pi j$ dividiert, so ergibt sich als Quotient

$$(3.3.4.13) \quad R_1 = \frac{A_1}{2\pi j}$$

das Residuum der Funktion $f(z)$ im singulären Punkt z_1. Der Wert dieses Residuums hängt also nicht von der Form des den Punkt z_1 umfassenden Integrationsweges C_1 ab.

Besitzt die Funktion $f(z)$ n singuläre Punkte z_i, so werden diese Punkte in Analogie zu Bild 3.3.4.4 jeweils durch geschlossene Kurven C_i umfaßt. Hierdurch ergibt sich ein (n+1)-fach zusammenhängendes Gebiet $\bar{G}$, in dem $f(z)$ regulär ist. Entsprechend Gl. (3.3.4.12) gilt für diesen Fall

$$(3.3.4.14) \quad \oint_{C_i} f(z)\, dz = A_i \quad \text{für } i = 1(1)n$$

bzw.

$$(3.3.4.15) \quad \frac{1}{2\pi j} \oint_{C_i} f(z)\, dz = R_i \quad \text{für } i = 1(1)n.$$

Mit Gl. (3.3.4.11) und Gl. (3.3.4.15) ergibt sich sodann der von Cauchy hergeleitete Residuensatz:

$$(3.3.4.16) \quad \frac{1}{2\pi j} \oint_{C_0} f(z)\, dz = \sum_{i=1}^{n} R_i \,.$$

3.3 Methoden der Rücktransformation

Liegen also im Inneren der geschlossenen, ganz im Regularitätsgebiet der Funktion f(z) verlaufenden Kurve C_0 die n singulären Punkte z_i der Funktion f(z), so ist das über den Weg C_0 gebildete Integral gleich der Summe der Residuen von f(z) in den Punkten z_i, multipliziert mit dem Faktor $\frac{1}{2\pi j}$.

Nach dem Exkurs in die Funktionentheorie soll nun mit Hilfe der dort vermittelten Kenntnisse ein Weg zur Auswertung des komplexen Umkehrintegrals aufgezeigt werden. Da das Umkehrintegral selbst zur unmittelbaren numerischen Berechnung der Originalfunktion ungeeignet ist, wird hier zur Integralauswertung der Umweg über den Residuenkalkül eingeschlagen.
In Abschnitt 2.3.2 wurde vorausgesetzt, daß die Bildfunktion für $\text{Re}\{s\} \geqslant \delta$ konvergiert, das heißt, die Originalfunktion erfüllt die Bedingung

$$\int_0^\infty |f(t)|\, e^{-\delta t}\, dt < \infty .$$

Das Integral

$$\frac{1}{2\pi j} \int_{\delta-j\omega}^{\delta+j\omega} f_b(s)\, e^{st}\, ds \quad \text{für } t > 0$$

ist nun in der komplexen s-Ebene über die Gerade $\text{Re}\{s\} = \delta = \text{konst.}$ zu erstrecken. Als Integrationsweg kann dabei eine beliebige Gerade mit $\delta \geqslant 0$ gewählt werden, ohne daß sich der Integralwert ändert.
Auf Grund der obigen Voraussetzung ist die Laplace-Transformierte $f_b(s)$ immer in einem unendlichen Gebiet — nämlich in mindestens einer Halbebene — eine analytische Funktion. Die Bildfunktion darf daher im Endlichen nur Pole links von der Konvergenzabszisse, also in einer linken Halbebene, besitzen. Der Residuensatz der Funktionentheorie besagt nun, daß bei analytischen Funktionen der Integrationsweg unter Beibehaltung der Endpunkte beliebig verformt werden kann. So wird beispielsweise um eine Singularität ein Kreisbogen gelegt.
Nach diesen vorbereitenden Überlegungen kann damit das bereits umgeformte inverse Laplace-Integral

(3.3.4.17) $\displaystyle f(t) = \lim_{\omega \to \infty} \frac{1}{2\pi j} \int_{\delta-j\omega}^{\delta+j\omega} f_b(s)\, e^{st}\, ds$

mit Hilfe der Residuenrechnung ausgewertet werden.
Es wird außerdem noch vorausgesetzt, daß die Bildfunktion $f_b(s)$ nur eine endliche Anzahl von Polen bei $s_0, s_1, \ldots, s_n$ mit

$$|s_0| \leqslant |s_1| \leqslant |s_2| \leqslant \ldots \leqslant |s_n|$$

besitzen soll. Die Lage dieser Polstellen in der s-Ebene ist in Bild 3.3.4.6 dargestellt. In die Halbebene Re $\{s\} \leq \delta$ wird sodann ein Integrationsweg derart gelegt, daß alle Polstellen $s_0, s_1, \ldots, s_n$ eingeschlossen werden.

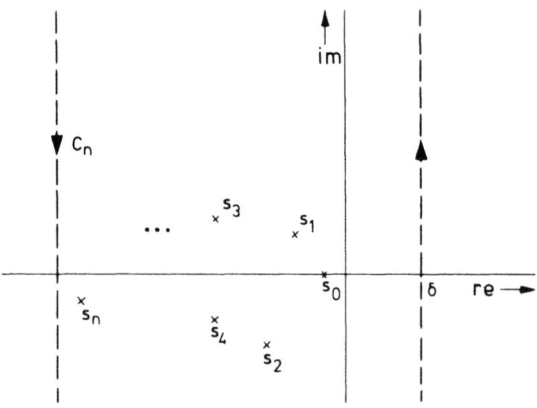

Bild 3.3.4.6: Polstellen von $f_b(s)$ und Integrationsweg

Der gewählte Integrationsweg C setzt sich, wie Bild 3.3.4.6 zeigt, aus den zwei parallelen Teilgeraden Re $\{s\} = \delta$ und C_n mit fiktivem Schnittpunkt im Unendlichen zusammen. Die Orientierung beider Geraden ist entgegengerichtet.
Nach dem Residuensatz von Cauchy gemäß Gl. (3.3.4.16) gilt somit

$$(3.3.4.18) \quad \frac{1}{2\pi j} \oint_C f_b(s)\, e^{st}\, ds = \sum_{i=1}^{n} R_i(t)$$

$$= \frac{1}{2\pi j} \int_{\delta - j\infty}^{\delta + j\infty} f_b(s)\, e^{st}\, ds + \frac{1}{2\pi j} \int_{C_n} f_b(s)\, e^{st}\, ds .$$

Hierin entspricht $R_i(t)$ dem Residuum der Funktion $f_b(s) \cdot e^{st}$ an der Stelle $s = s_i$. Erfüllt die Bildfunktion die Bedingung

$$\int_{C_n} f_b(s)\, e^{st}\, ds = 0 ,$$

so gilt mit Gl. (3.3.4.17)

$$(3.3.4.19) \quad f(t) = \sum_{i=0}^{n} R_i(t) .$$

Die Originalfunktion f(t) kann also durch die Summe aller Residuen der mit dem Faktor e^{st} multiplizierten Bildfunktion $f_b(s)$ dargestellt werden.

3.3 Methoden der Rücktransformation

Am Beispiel der Bildfunktion $f_b(s) = \dfrac{1}{s-a}$ wird zunächst der Integralwert bei Integration um eine Polstelle ermittelt. Wie in Bild 3.3.4.7 dargestellt ist, wird um die Polstelle $s = a$ als Integrationsweg C ein Kreis mit dem Radius $|s - a| = A$ gelegt. Mit $(s - a) = A \cdot e^{j\varphi}$ und $\dfrac{ds}{d\varphi} = j \cdot A \cdot e^{j\varphi}$ folgt

$$(3.3.4.20) \quad \oint_C f_b(s)\,ds = \oint_C \frac{1}{s-a}\,ds = \int_0^{2\pi} \frac{1}{A\,e^{j\varphi}}\,j\,A\,e^{j\varphi}\,d\varphi = \int_0^{2\pi} j\,d\varphi = j\,2\pi.$$

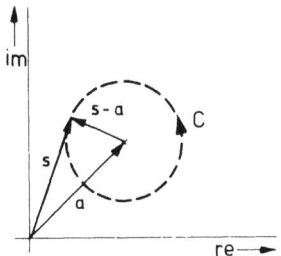

Bild 3.3.4.7: Polstelle der Funktion $\dfrac{1}{s-a}$ innerhalb des geschlossenen Integrationsweges C

Der Wert des Integrals ist also unabhängig vom Radius A des Integrationsweges. Entsprechend ergibt sich für eine Bildfunktion $f_{1b}(s) = k \cdot f_b(s)$.

$$(3.3.4.21) \quad \oint_C f_{1b}(s)\,ds = \oint_C k\,f_b(s)\,ds = j\,2\pi\,k\,.$$

Wie aus dem Hauptsatz der Funktionentheorie folgt, muß bei Integration entlang eines geschlossenen Weges C, der keine Polstelle einschließt, das Integral den Wert Null annehmen. Diese Gesetzmäßigkeit soll am vorangegangenen Beispiel nachgewiesen werden. Wie Bild 3.3.4.8 zeigt, wird hierzu als Integrationsweg ein Kreis gewählt, der die Polstelle $s = a$ nicht enthält.
Wiederum wird zur Berechnung des Integrals die Substitution $(s - a) = A \cdot e^{j\varphi}$ verwendet. Aus dem Diagramm ist zu entnehmen, daß die Größe A vom Winkel φ abhängt, also gilt

$$\frac{ds}{d\varphi} = \frac{d}{d\varphi}[A(\varphi)\,e^{j\varphi}] = \frac{dA(\varphi)}{d\varphi}\,e^{j\varphi} + j\,A(\varphi)\,e^{j\varphi}$$

bzw.

$$ds = dA(\varphi)\,e^{j\varphi} + j\,A(\varphi)\,e^{j\varphi}\,d\varphi\,.$$

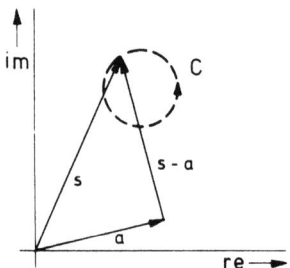

Bild 3.3.4.8: Polstelle der Funktion $\frac{1}{s-a}$ außerhalb des geschlossenen Integrationsweges C

Die Integrationsgrenzen φ_1 und φ_2 sind für den vorgegebenen Integrationsweg C identisch, denn der von der Polstelle a zu einem Punkt des Kreises weisende Zeiger kehrt immer nach einem geschlossenen Umlauf in seine Ausgangslage zurück. Damit ergibt sich

$$(3.3.4.22) \quad \oint_C f_b(s)\,ds = \int_C \frac{ds}{s-a}$$

$$= \int_{\varphi=\varphi_1}^{\varphi_2} \frac{1}{A(\varphi)\,e^{j\varphi}} [e^{j\varphi}\,dA(\varphi) + j\,A(\varphi)\,e^{j\varphi}\,d\varphi]$$

$$= \int_{\varphi=\varphi_1}^{\varphi_2} \frac{dA(\varphi)}{A(\varphi)} + j \int_{\varphi_1}^{\varphi_2} d\varphi = \ln A(\varphi)\Big|_{\varphi_1}^{\varphi_2} + j(\varphi_2 - \varphi_1)$$

$$= \ln \frac{A(\varphi_2)}{A(\varphi_1)} + j(\varphi_2 - \varphi_1) = \ln 1 + j \cdot 0 = 0 \,.$$

Dieses Ergebnis unterstreicht, daß nur Polstellen einen Beitrag zum Umlaufintegral liefern. Zur Ermittlung des Residuums R_i der Funktion $f_b(s) \cdot e^{st}$ an einer einfachen Polstelle s_i sei abschließend der folgende aus dem Residuenkalkül ableitbare Satz angeführt.

Wird die Polstelle s_i von einem Integrationsweg C_i umfaßt, der keine weitere Polstelle von $f_b(s)$ enthält, so gilt

$$(3.3.4.23) \quad R_i(t) = \frac{1}{2\pi j} \oint_{C_i} f_b(s)\,e^{st}\,ds = \lim_{s \to s_i} [f_b(s)\,e^{st}\,(s-s_i)].$$

Die Originalfunktion f(t) ergibt sich dann gemäß Gl. (3.3.4.19) als Summe sämtlicher Residuen der mit dem Faktor e^{st} multiplizierten Bildfunktion $f_b(s)$. Von diesem Satz soll in den folgenden Beispielen Gebrauch gemacht werden.

3.3 Methoden der Rücktransformation

1. Beispiel

Zur Bildfunktion $f_b(s) = \dfrac{1}{(s-a)(s-b)}$ ist die Originalfunktion f(t) mit Hilfe des komplexen Umkehrintegrals und unter Berücksichtigung der Residuenrechnung zu ermitteln.
Die Polstellen der gegebenen Bildfunktion liegen bei $s_1 = a$ und $s_2 = b$. Damit ergeben sich die zugehörigen Residuen $R_1(t)$ und $R_2(t)$ entsprechend Gl. (3.3.4.23) zu

$$R_1(t) = \lim_{s \to a} [f_b(s) e^{st} (s-a)]$$

$$= \lim_{s \to a} \left[\frac{1}{s-b} e^{st} \right] = \frac{1}{a-b} e^{at}$$

und

$$R_2(t) = \lim_{s \to b} [f_b(s) e^{st} (s-b)]$$

$$= \lim_{s \to b} \left[\frac{1}{s-a} e^{st} \right] = \frac{1}{b-a} e^{bt}.$$

Die Originalfunktion f(t) ist schließlich gleich der Summe von $R_1(t)$ und $R_2(t)$, also

$$f(t) = R_1(t) + R_2(t) = \frac{e^{at}}{a-b} + \frac{e^{bt}}{b-a} = \frac{1}{a-b}(e^{at} - e^{bt}).$$

Für den Sonderfall $a = j$ und $b = -j$ folgt aus obiger Gleichung die zu $f_b(s) = \dfrac{1}{s^2+1}$ gehörende Originalfunktion

$$f(t) = \frac{1}{2j}(e^{jt} - e^{-jt}) = \sin t.$$

2. Beispiel

Unter Anwendung des Residuenkalküls soll die Originalfunktion zu $f_b(s) = \dfrac{s}{s^2 + \omega^2}$ berechnet werden.
Die gegebene Bildfunktion besitzt die Polstellen $s_1 = j\omega$ und $s_2 = -j\omega$. Die Residuen $R_1(t)$ und $R_2(t)$ lassen sich in Analogie zum vorangegangenen Beispiel ermitteln:

$$R_1(t) = \lim_{s \to j\omega} [f_b(s) e^{st} (s - j\omega)]$$

$$= \lim_{s \to j\omega} \left[\frac{s}{s + j\omega} e^{st} \right] = \frac{j\omega}{2j\omega} e^{j\omega t} = \frac{1}{2} e^{j\omega t}$$

bzw.

$$R_2(t) = \lim_{s \to -j\omega} [f_b(s) e^{st} (s + j\omega)]$$

$$= \lim_{s \to -j\omega} \left[\frac{s}{s - j\omega} e^{st} \right] = \frac{-j\omega}{-2j\omega} e^{-j\omega t} = \frac{1}{2} e^{-j\omega t}.$$

Damit lautet die Originalfunktion:

$$f(t) = R_1(t) + R_2(t) = \frac{1}{2}(e^{j\omega t} + e^{-j\omega t}) = \cos \omega t.$$

3. Beispiel

Zu der Bildfunktion

(3.3.4.24) $\quad f_b(s) = \dfrac{1}{(s-a)(s-b)(s-c)}$

ist die zugehörige Originalfunktion f(t) gesucht.
Entsprechend Gl. (3.3.4.23) werden die Residuen $R_1(t)$, $R_2(t)$ und $R_3(t)$ – die Bildfunktion $f_b(s)$ besitzt die drei Polstellen bei $s_1 = a$, $s_2 = b$ und $s_3 = c$ – wie folgt berechnet:

$$R_1(t) = \lim_{s \to a} [f_b(s) \, e^{st} (s-a)]$$

$$= \lim_{s \to a} \left[\frac{1}{(s-b)(s-c)} e^{st} \right] = \frac{1}{(a-b)(a-c)} e^{at}$$

$$R_2(t) = \lim_{s \to b} [f_b(s) \, e^{st} (s-b)] = \frac{1}{(b-a)(b-c)} e^{bt}$$

$$R_3(t) = \lim_{s \to c} [f_b(s) \, e^{st} (s-c)] = \frac{1}{(c-a)(c-b)} e^{ct} \, .$$

Die Summe der Residuen führt auf

(3.3.4.25) $\quad f(t) = \dfrac{1}{(a-b)(a-c)} e^{at} + \dfrac{1}{(b-a)(b-c)} e^{bt} + \dfrac{1}{(c-a)(c-b)} e^{ct}$

$$= \frac{(b-c) e^{at} - (a-c) e^{bt} + (a-b) e^{ct}}{(a-b)(a-c)(b-c)} \, .$$

4. Spezielle Sätze zur Laplace-Transformation

Nachdem in den vorhergehenden Abschnitten die Grundlagen für die Hin- und Rücktransformation, d. h. die Ermittlung von Bildfunktionen und die Rückgewinnung von Originalfunktionen, vermittelt worden sind, sollen nun weitere Sätze erläutert werden, die den Anwendungsbereich der Laplace-Transformation auf einfache Art und Weise wesentlich erweitern.

Der Faltungssatz erlaubt es, die Korrespondenzliste von Funktionenpaaren leicht zu vergrößern, da mit seiner Hilfe aus bekannten Funktionenpaaren neue Korrespondenzen gewonnen werden können. In einem späteren Kapitel über Übertragungs- und Übergangsfunktionen wird hiervon Gebrauch gemacht.

Da insbesondere in der Nachrichtentechnik und Regelungstechnik immer wieder periodische Funktionen auftreten, wird in einem weiteren Abschnitt die Erzeugung von Bildfunktionen derartiger Funktionen beschrieben.

Die bisherige Einschränkung auf Bildfunktionen mit geradzahligen Exponenten ist bei Leitungsproblemen nicht zulässig. Daher stellt die Behandlung von Bildfunktionen mit gebrochenen Exponenten eine nützliche Ergänzung dar.

Ebenso ist es von Vorteil, sich im Hinblick auf die spätere Berechnung von Schaltvorgängen mit der wichtigen Differentiationsregel für den Fall einer sprunghaften Änderung der Funktion f(t) im Schaltaugenblick auseinanderzusetzen. Hierbei wird erkennbar, daß auch in derartigen Sonderfällen keine besonderen Schwierigkeiten bei der Anwendung der Laplace-Transformation zu erwarten sind.

In der technischen Elektronik tritt häufig die Deltafunktion δ(t), auch Stoßfunktion oder Dirac-Stoß genannt, als Abtastfunktion auf. Eine Behandlung derartiger Aufgaben setzt daher die Kenntnis der wichtigsten Eigenschaften und der Transformierten der Deltafunktion voraus.

In der Regelungstechnik interessiert häufig nicht der tatsächliche Verlauf der Zeitfunktion f(t). Statt dessen wird angestrebt, aus den Eigenschaften der Bildfunktion Aussagen über die Originalfunktion zu gewinnen. Hier ist insbesondere das asymptotische Verhalten der Originalfunktion von Interesse. Auf eine mühsame Rücktransformation zur Ermittlung der Zeitfunktion kann in diesen Fällen verzichtet werden.

Mit den im folgenden angeführten speziellen Sätzen zur Laplace-Transformation wird das Gesamtbild dieser Transformation abgerundet. Auf diese Weise wird eine Anwendung der Laplace-Transformation in weiten Bereichen ermöglicht.

4.1 Die Erzeugung neuer Funktionenpaare aus bekannten Funktionenpaaren mit Hilfe des Faltungssatzes

Die Gewinnung neuer Funktionenpaare aus bereits bekannten Funktionenpaaren ist für den Anwender der Laplace-Transformation in zweierlei Hinsicht von besonderer Bedeutung. Zum einen gelingt es, auf einfache Art und Weise den Vorrat der vielleicht nicht ausreichenden Korrespondenztabelle zu ergänzen. Zum anderen liegen sehr häufig komplizierte Bildfunktionen vor, die sich aus bekannten, einfacheren Bildfunktionen zusammensetzen.
Mit Hilfe der in Abschnitt 3.2 aufgeführten Hilfssätze der Laplace-Transformation können neue Funktionenpaare leicht ermittelt werden. Die wichtigsten Sätze waren die Ableitungs- und die Integralsätze für Original- und Bildfunktionen sowie der Ähnlichkeits-, der Dämpfungs- und der Verschiebungssatz. Relativ ausführlich wurde als letzter Hilfssatz der Faltungssatz abgeleitet, bei dem Produkte von Bildfunktionen, deren Originalfunktionen bekannt waren, auftreten und die zu den Produkten gehörenden Originalfunktionen gesucht waren. Zu dem Produkt

$$f_b(s) = f_{1b}(s) \, f_{2b}(s)$$

mit den bekannten Funktionenpaaren

$$f_1(t) \circ\!\!-\!\!\bullet \, f_{1b}(s) \text{ und } f_2(t) \circ\!\!-\!\!\bullet \, f_{2b}(s)$$

sollte also die zugehörige Originalfunktion f(t) ermittelt werden. Das Faltungsintegral entsprechend Gl. (3.2.9.3) und Gl. (3.2.9.19) lieferte die Lösung

$$f(t) = \int_0^t f_1(t-\tau) \, f_2(\tau) \, d\tau$$

$$= \int_0^t f_1(\tau) \, f_2(t-\tau) \, d\tau \, .$$

Mit dem Faltungssymbol * lautet die obige Beziehung:

$$f(t) = f_1(t) * f_2(t) = f_2(t) * f_1(t) \, .$$

In den Beispielen des Abschnittes 3.2.9 wurde weiterhin dargestellt, wie kompliziertere Bildfunktionen zurücktransformiert werden können, wenn die Bildfunktion in Produktform gegeben ist. Durch geeignete Zerlegung in solche Faktoren, bei denen die zugehörigen Originalfunktionen bekannt oder in Tabellen verfügbar sind, ist dann mit Hilfe des Faltungssatzes die Rücktransformation relativ leicht möglich. Da die Faltung kommutativ und assoziativ ist, können

4.1 Die Erzeugung neuer Funktionenpaare

selbstverständlich Zeitfunktionen, die durch Faltung zweier Zeitfunktionen $f_1(t)$ und $f_2(t)$ entstanden sind, nochmals mit einer dritten Zeitfunktion $f_3(t)$ gefaltet werden. Damit lassen sich für die Funktion $f(t)$ verschiedene Gleichungen angeben, die in ihrer Aussage gleichwertig sind. Zu dem Produkt $f_b(s)$ der drei Bildfunktionen $f_{1b}(s)$, $f_{2b}(s)$ und $f_{3b}(s)$ kann also die Originalfunktion wie folgt ermittelt werden:

(4.1.1)
$$\begin{aligned}
f(t) &= [f_1(t) * f_2(t)] * f_3(t) \\
&= [f_2(t) * f_1(t)] * f_3(t) \\
&= f_3(t) * [f_1(t) * f_2(t)] \\
&= f_3(t) * [f_2(t) * f_1(t)] \\
&= f_1(t) * [f_2(t) * f_3(t)] \\
&= f_1(t) * [f_3(t) * f_2(t)] \\
&= [f_2(t) * f_3(t)] * f_1(t) \\
&= [f_3(t) * f_2(t)] * f_1(t) \\
&= f_2(t) * [f_3(t) * f_1(t)] \\
&= f_2(t) * [f_1(t) * f_3(t)] \\
&= [f_3(t) * f_1(t)] * f_2(t) \\
&= [f_1(t) * f_3(t)] * f_2(t) \, .
\end{aligned}$$

Das Faltungsprodukt kann in all diesen Formen geschrieben werden, die Reihenfolge der einzelnen Faktoren ist ohne Bedeutung. Um dies zu beweisen, ist lediglich zu zeigen, daß die Laplace-Transformierten dieser Zeitfunktionen übereinstimmen.
Als Beispiel werden die erste und die zwölfte Zeile von Gl. (4.1.1) gewählt. Aus der ersten Gleichung folgt

$$\begin{aligned}
\mathcal{L}\{f(t)\} &= \mathcal{L}\{[f_1(t) * f_2(t)] * f_3(t)\} \\
&= \mathcal{L}\{[f_1(t) * f_2(t)]\} \, \mathcal{L}\{f_3(t)\} \\
&= \mathcal{L}\{f_1(t)\} \, \mathcal{L}\{f_2(t)\} \, \mathcal{L}\{f_3(t)\} \, ,
\end{aligned}$$

während die zwölfte Gleichung auf

$$\begin{aligned}
\mathcal{L}\{f(t)\} &= \mathcal{L}\{[f_1(t) * f_3(t)] * f_2(t)\} \\
&= \mathcal{L}\{[f_1(t) * f_3(t)]\} \, \mathcal{L}\{f_2(t)\} \\
&= \mathcal{L}\{f_1(t)\} \, \mathcal{L}\{f_3(t)\} \, \mathcal{L}\{f_2(t)\} \\
&= \mathcal{L}\{f_1(t)\} \, \mathcal{L}\{f_2(t)\} \, \mathcal{L}\{f_3(t)\}
\end{aligned}$$

führt. Beide Gleichungen stimmen also vollständig überein.

Eine wichtige Anwendung dieser verschiedenen Möglichkeiten zur Ermittlung von f(t) liegt bei der Multiplikation des Produktes zweier Bildfunktionen mit dem Faktor s vor. Es sei also eine Bildfunktion $f_b(s)$ wie folgt vorgegeben:

(4.1.2) $\quad f_b(s) = s\, f_{1b}(s)\, f_{2b}(s)$

oder anders geschrieben

(4.1.3) $\quad \mathcal{L}\{f(t)\} = s\, \mathcal{L}\{f_1(t)\}\, \mathcal{L}\{f_2(t)\}$.

Gesucht ist die Funktion f(t) unter der Annahme, daß die zu $f_{1b}(s)$ und $f_{2b}(s)$ gehörenden Originalfunktionen $f_1(t)$ und $f_2(t)$ bekannt sind. Läßt sich f(t) mit Hilfe der Funktionen $f_1(t)$ und $f_2(t)$ darstellen?
Die Lösung dieser Aufgabenstellung kann auf verschiedene Arten gewonnen werden.

1. Möglichkeit

Durch einfache Umformung und unter Berücksichtigung des Integralsatzes für die Originalfunktion folgt aus Gl. (4.1.3)

$$\frac{1}{s}\mathcal{L}\{f(t)\} = f_{1b}(s)\, f_{2b}(s) = \mathcal{L}\left\{\int_0^t f(t)\, dt\right\}.$$

Die Rücktransformation ergibt:

$$\int_0^t f(t)\, dt = f_1(t) * f_2(t) = f_2(t) * f_1(t)$$

oder

(4.1.4) $\quad f(t) = \dfrac{d}{dt}[f_1(t) * f_2(t)] = \dfrac{d}{dt}[f_2(t) * f_1(t)]$.

2. Möglichkeit

Aus dem Ableitungssatz für die Originalfunktion folgt beispielsweise die Laplace-Transformierte der ersten Ableitung von $f_1(t)$ zu

$$\mathcal{L}\{f_1'(t)\} = s\, \mathcal{L}\{f_1(t)\} - f_1(0).$$

Der hierdurch gegebene Faktor $s \cdot \mathcal{L}\{f_1(t)\}$ wird nun in Gl. (4.1.3) eingesetzt.

$$\mathcal{L}\{f(t)\} = [\mathcal{L}\{f_1'(t)\} + f_1(0)]\, \mathcal{L}\{f_2(t)\}$$
$$= \mathcal{L}\{f_1'(t)\}\, \mathcal{L}\{f_2(t)\} + f_1(0)\, \mathcal{L}\{f_2(t)\}.$$

Damit folgt als Originalfunktion

$$f(t) = f_1'(t) * f_2(t) + f_1(0)\, f_2(t)$$

4.1 Die Erzeugung neuer Funktionenpaare

bzw.

(4.1.5) $\quad f(t) = f_2(t) * f'_1(t) + f_1(0) f_2(t)$.

3. Möglichkeit

In Analogie zum vorangegangenen Lösungssatz kann durch Ersetzen des Faktors $s \cdot \mathcal{L}\{f_2(t)\}$ für $\mathcal{L}\{f(t)\}$ folgende Darstellung gewonnen werden:

$$\mathcal{L}\{f(t)\} = [\mathcal{L}\{f'_2(t)\} + f_2(0)] \, \mathcal{L}\{f_1(t)\}$$
$$= \mathcal{L}\{f'_2(t)\} \, \mathcal{L}\{f_1(t)\} + f_2(0) \, \mathcal{L}\{f_1(t)\}.$$

Die Originalfunktion lautet dann:

$$f(t) = f'_2(t) * f_1(t) + f_2(0) f_1(t)$$

bzw.

(4.1.6) $\quad f(t) = f_1(t) * f'_2(t) + f_2(0) f_1(t)$.

Diese Beziehung unterscheidet sich von Gl. (4.1.5) nur dadurch, daß die Indizes 1 und 2 vertauscht sind. Durch Vergleich beider Gleichungen mit Gl. (4.1.4) läßt sich weiterhin die Differentiationsregel für das Faltungsprodukt angeben. Es gilt nämlich

(4.1.7) $\quad \dfrac{d}{dt} [f_1(t) * f_2(t)] = f'_1(t) * f_2(t) + f_1(0) f_2(t)$

oder

(4.1.8) $\quad \dfrac{d}{dt} [f_1(t) * f_2(t)] = f_1(t) * f'_2(t) + f_2(0) f_1(t)$.

Diese Differentiationsregel werde nun noch auf andere Art abgeleitet. In der Beziehung

(4.1.9) $\quad \dfrac{d}{dt} [f_1(t) * f_2(t)] = \dfrac{d}{dt} \int\limits_0^t f_1(t-v) f_2(v) \, dv$

tritt die Zeit t, nach der zu differenzieren ist, sowohl als obere Grenze des Integrals als auch als Parameter im Integranden auf. Für eine beliebige stetige Funktion $\varphi(t, v)$ gilt allgemein

(4.1.10) $\quad \dfrac{d}{dt} \int\limits_a^t \varphi(t, v) \, dv = \lim\limits_{\Delta t \to 0} \dfrac{\int\limits_a^{t+\Delta t} \varphi(t+\Delta t, v) \, dv - \int\limits_a^t \varphi(t, v) \, dv}{\Delta t}$

$$= \lim_{\Delta t \to 0} \frac{\int_a^t \varphi(t + \Delta t, v)\, dv + \int_t^{t+\Delta t} \varphi(t + \Delta t, v)\, dv - \int_a^t \varphi(t, v)\, dv}{\Delta t}$$

$$= \lim_{\Delta t \to 0} \frac{\int_a^t [\varphi(t + \Delta t, v) - \varphi(t, v)]\, dv}{\Delta t}$$

$$+ \lim_{\Delta t \to 0} \frac{\int_t^{t+\Delta t} \varphi(t + \Delta t, v)\, dv}{\Delta t}$$

Während im ersten Summanden die Grenzwertbildung in das Integral hineingezogen werden kann, wird das Integral des zweiten Summanden entsprechend dem Mittelwertsatz der Integralrechnung

(4.1.11) $\quad \int_x^{x+\Delta x} f(x)\, dx = \Delta x\, f(x + \theta\, \Delta x) \quad$ mit $0 \leqslant \theta \leqslant 1$

substituiert. Damit geht Gl. (4.1.10) über in

(4.1.12) $\quad \dfrac{d}{dt} \int_a^t \varphi(t, v)\, dv = \int_a^t \lim_{\Delta t \to 0} \dfrac{\varphi(t + \Delta t, v) - \varphi(t, v)}{\Delta t}\, dv$

$$+ \lim_{\Delta t \to 0} \frac{\Delta t\, \varphi(t + \Delta t, t + \theta\, \Delta t)}{\Delta t}$$

$$= \int_a^t \frac{\partial \varphi(t, v)}{\partial t}\, dv + \varphi(t, t).$$

Mit $\varphi(t, v) = f_1(t - v) \cdot f_2(v)$ und $a = 0$ folgt sodann

(4.1.13) $\quad \dfrac{d}{dt} \int_0^t f_1(t - v)\, f_2(v)\, dv = \dfrac{d}{dt} [f_1(t) * f_2(t)]$

$$= \int_0^t f_1'(t - v)\, f_2(v)\, dv + f_1(0)\, f_2(t).$$

$$= f_1'(t) * f_2(t) + f_1(0)\, f_2(t).$$

Die Differentiationsregel für das Faltungsprodukt ist somit nachgewiesen. Abschließend werden alle möglichen Integralformeln zur Berechnung der Original-

4.1 Die Erzeugung neuer Funktionenpaare

funktion f(t) zusammengestellt, die zur Bildfunktion $f_b(s)$ gemäß Gl. (4.1.2) gehört. Die sechs verschiedenen Formeln lauten:

$$(4.1.14) \quad \mathcal{L}^{-1}\{s\, f_{1b}(s)\, f_{2b}(s)\} = f(t) = \frac{d}{dt}[f_1(t) * f_2(t)]$$

$$= \frac{d}{dt}\int_0^t f_1(t-v)\, f_2(v)\, dv$$

$$= \frac{d}{dt}\int_0^t f_1(v)\, f_2(t-v)\, dv$$

$$= \int_0^t f_1'(v)\, f_2(t-v)\, dv + f_1(0)\, f_2(t)$$

$$= \int_0^t f_1'(t-v)\, f_2(v)\, dv + f_1(0)\, f_2(t)$$

$$= \int_0^t f_1(v)\, f_2'(t-v)\, dv + f_2(0)\, f_1(t)$$

$$= \int_0^t f_1(t-v)\, f_2'(v)\, dv + f_2(0)\, f_1(t).$$

In Analogie zum Ableitungssatz für die Originalfunktion können diese Zusammenhänge als *Ableitungssatz für das Faltungsprodukt* aufgefaßt werden.

1. Beispiel

Die zur Bildfunktion

$$(4.1.15) \quad f_b(s) = \frac{s}{(s+a)(s+b)}$$

gehörende Originalfunktion f(t) soll unter Anwendung des Ableitungssatzes für das Faltungsprodukt bestimmt werden.
Die Bildfunktion $f_b(s)$ kann in das Produkt

$$f_b(s) = s\, \frac{1}{s+a}\, \frac{1}{s+b} = s\, f_{1b}(s)\, f_{2b}(s)$$

zerlegt werden. Die beiden Funktionenpaare

$$f_{1b}(s) = \frac{1}{s+a} \quad\bullet\!\!-\!\!\circ\quad f_1(t) = e^{-at}$$

$$f_{2b}(s) = \frac{1}{s+b} \quad\bullet\!\!-\!\!\circ\quad f_2(t) = e^{-bt}$$

können dabei als bekannt vorausgesetzt werden. Gemäß Gl. (4.1.14) läßt sich sodann die Originalfunktion f(t) mit Hilfe der Integralformel

$$f(t) = f_1(t) * f_2'(t) + f_2(0) f_1(t)$$

$$= \int_0^t f_1(v) f_2'(t-v) dv + f_2(0) f_1(t)$$

berechnen. Werden die Funktionen $f_1(t)$ und $f_2(t)$ in diese Beziehung eingesetzt, so folgt:

(4.1.16)
$$f(t) = \int_0^t e^{-av}(-b) e^{-b(t-v)} dv + e^{-b \cdot 0} e^{-at}$$

$$= -b e^{-bt} \int_0^t e^{-(a-b)v} dv + 1 \cdot e^{-at}$$

$$= \frac{b}{a-b} e^{-bt} e^{-(a-b)v} \bigg|_0^t + e^{-at}$$

$$= \frac{b}{a-b} e^{-bt} (e^{-(a-b)t} - 1) + e^{-at}$$

$$= \frac{b e^{-at} - b e^{-bt} + (a-b) e^{-at}}{a-b}$$

$$= \frac{a e^{-at} - b e^{-bt}}{a-b}.$$

2. Beispiel

Die Originalfunktion f(t), die zu der Bildfunktion

(4.1.17)
$$f_b(s) = a \frac{s}{(s^2+a^2)^2}$$

gehört, soll mit Hilfe des Faltungsintegrals berechnet werden.
Da sich die Bildfunktion $f_b(s)$ in zwei einfache Teilfunktionen, die mit s multipliziert werden, aufspalten läßt, kann der Ableitungssatz für das Faltungsprodukt angewendet werden. In dem Ansatz

$$f_b(s) = \frac{1}{a} s \frac{a}{s^2+a^2} \frac{a}{s^2+a^2} = \frac{1}{a} s f_{1b}(s) f_{2b}(s)$$

4.1 Die Erzeugung neuer Funktionenpaare

ist das Funktionenpaar

$$f_{1b}(s) = f_{2b}(s) = \frac{a}{s^2 + a^2} \quad \bullet\!\!-\!\!\circ \quad f_1(t) = f_2(t) = \sin at$$

aus früheren Herleitungen bekannt. Gl. (4.1.14) liefert zur Bestimmung der Originalfunktion die Integralformel

$$f(t) = \frac{1}{a} \langle [f_1(t) * f_2'(t)] + f_2(0) f_1(t) \rangle .$$

Im vorliegenden Fall gilt also:

$$f(t) = \frac{1}{a} \langle [\sin at * a \cos at] + 0 \cdot \sin at \rangle$$

$$= \frac{1}{a} a \int_0^t \sin av \cos a(t-v) \, dv$$

$$= \int_0^t \sin av \, [\cos at \cos av + \sin at \sin av] \, dv$$

$$= \cos at \int_0^t \sin av \cos av \, dv + \sin at \int_0^t \sin^2 av \, dv .$$

Unter Verwendung einiger Additionstheoreme folgt:

$$f(t) = \frac{1}{2} \cos at \int_0^t \sin 2av \, dv + \frac{1}{2} \sin at \int_0^t (1 - \cos 2av) \, dv$$

$$= \frac{\cos at}{-4a} \cos 2av \bigg|_0^t + \frac{\sin at}{2} t - \frac{\sin at}{4a} \sin 2av \bigg|_0^t$$

$$= \frac{t}{2} \sin at - \frac{\cos at (\cos 2at - 1) + \sin at \sin 2at}{4a}$$

$$= \frac{t}{2} \sin at - \frac{1}{4a} [(\cos 2at \cos at + \sin 2at \sin at) - \cos at]$$

$$= \frac{t}{2} \sin at - \frac{1}{4a} [\cos(2at - at) - \cos at] .$$

Als Originalfunktion f(t) ergibt sich somit

(4.1.18) $\quad f(t) = \dfrac{t}{2} \sin at .$

4.2 Die Erzeugung von Bildfunktionen periodischer Funktionen

In der Elektrotechnik — insbesondere der Nachrichtentechnik —, in der Regelungstechnik und in der Physik treten häufig periodische Funktionen auf, z. B. periodische Impulsfolgen bestimmter Periodendauer.

Derartige Funktionen f(t) mit der Periode T sind im allgemeinen nur für $t > 0$ definiert, das heißt, es gilt also

$$(4.2.1) \quad f(t) = \begin{cases} f(t + kT) \text{ mit } k = 0, 1, 2, \ldots & \text{für } t > 0 \\ 0 & \text{für } t < 0. \end{cases}$$

Bild 4.2.1 zeigt ein allgemeines Beispiel für eine periodische Impulsfolge f(t). Um die zu f(t) gehörende Laplace-Transformierte $f_b(s)$ ermitteln zu können, wird die gesamte Impulsfolge durch eine Summe von Teilfunktionen $f_k(t)$ dargestellt, die sich jeweils durch Verschiebung der im Bereich $0 < t \leq T$ definierten Zeitfunktion um $k \cdot T$ nach rechts ergeben. Die Funktion f(t) läßt sich somit durch die Summe

$$(4.2.2) \quad f(t) = \sum_{k=0}^{\infty} f_k(t) = \sum_{k=0}^{\infty} f_0(t - kT) \quad \text{für } t > 0$$

darstellen, wobei unter $f_0(t)$ die im Intervall $(0, T]$ vorgegebene Zeitfunktion zu verstehen ist. Wird die obige Funktion f(t) in das Laplace-Integral eingesetzt, so folgt für die Bildfunktion

$$(4.2.3) \quad \mathcal{L}\{f(t)\} = f_b(s) = \int_0^\infty f(\tau) e^{-s\tau} \, d\tau = \sum_{k=0}^{\infty} \int_0^\infty f_k(\tau) e^{-s\tau} \, d\tau$$

$$= \sum_{k=0}^{\infty} \int_0^\infty f_0(\tau - kT) e^{-s\tau} \, d\tau.$$

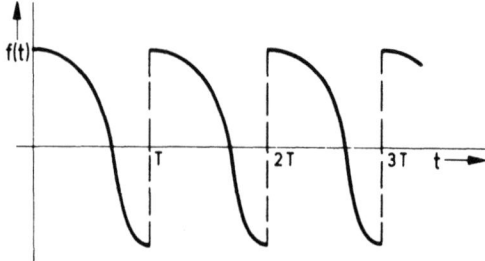

Bild 4.2.1: Periodische Zeitfunktion

4.2 Die Erzeugung von Bildfunktionen periodischer Funktionen

Auf jeden einzelnen Summanden der unendlichen Summe wird sodann der Verschiebungssatz gemäß Gl. (3.2.8.3) angewendet:

(4.2.4) $\quad \mathcal{L}\{f_0(t - kT)\} = e^{-skT} \mathcal{L}\{f_0(t)\}.$

Damit geht Gl. (4.2.3) über in

(4.2.5) $\quad \mathcal{L}\{f(t)\} = \sum_{k=0}^{\infty} e^{-skT} \mathcal{L}\{f_0(t)\} = \mathcal{L}\{f_0(t)\} \sum_{k=0}^{\infty} e^{-skT}$

mit

(4.2.6) $\quad \mathcal{L}\{f_0(t)\} = f_{0b}(s) = \int_0^{\infty} f_0(\tau) e^{-s\tau} d\tau = \int_0^T f_0(\tau) e^{-s\tau} d\tau.$

Im Intervall (0, T] ist die Teilfunktion $f_0(t)$ mit der Funktion $f(t)$ identisch, so daß im zweiten Integral der obigen Beziehung $f_0(t)$ durch $f(t)$ ersetzt werden darf. Die Bildfunktion in Gl. (4.2.5) lautet demzufolge

(4.2.7) $\quad \mathcal{L}\{f(t)\} = \left[\int_0^T f(\tau) e^{-s\tau} d\tau \right] \sum_{k=0}^{\infty} e^{-skT}.$

Die unendliche Summe stellt eine geometrische Reihe dar. Aus der Summenformel für eine endliche geometrische Reihe,

(4.2.8) $\quad \sum_{k=0}^{n} a^k = \frac{1 - a^n}{1 - a},$

folgt für $n \to \infty$ der Grenzwert $\frac{1}{1-a}$, falls $|a| < 1$ ist.

Mit $|a| = |e^{-sT}| < 1$ ergibt sich somit aus Gl. (4.2.7) die Laplace-Transformierte

(4.2.9) $\quad \mathcal{L}\{f(t)\} = \frac{1}{1 - e^{-sT}} \int_0^T f(\tau) e^{-s\tau} d\tau.$

Diese Gleichung stellt eine allgemeine Lösung dar und kann daher immer angewendet werden, um die zu einer beliebigen periodischen Zeitfunktion gehörende Bildfunktion zu ermitteln. Diese Methode führt in vielen Fällen bei der Berechnung von Bildfunktionen zu erheblichen Vereinfachungen und sollte insbesondere bei den in der Technik immer häufiger verwendeten gepulsten Zeitfunktionen beachtet werden.

1. Beispiel

Für die in Bild 4.2.2 dargestellte Folge von Rechteckimpulsen soll die Laplace-Transformierte ermittelt werden.

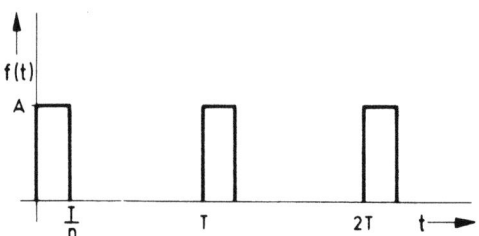

Bild 4.2.2: Rechteckimpulsfolge

Gemäß Gl. (4.2.9) ergibt sich die Bildfunktion zu

$$(4.2.10) \quad \mathcal{L}\{f(t)\} = \frac{1}{1-e^{-sT}} \int_0^T f(\tau)\, e^{-s\tau}\, d\tau$$

$$= \frac{1}{1-e^{-sT}} \int_0^{\frac{T}{n}} A\, e^{-s\tau}\, d\tau = \frac{1}{1-e^{-sT}} \frac{A}{-s} e^{-s\tau} \Big|_0^{\frac{T}{n}}$$

$$= \frac{A}{s} \frac{1-e^{-s\frac{T}{n}}}{1-e^{-sT}} \; .$$

Die obige Beziehung vereinfacht sich für den Sonderfall n = 2 wie folgt:

$$(4.2.11) \quad \mathcal{L}\{f(t)\}\Big|_{n=2} = \frac{A}{s} \frac{1-e^{-s\frac{T}{2}}}{1-e^{-2s\frac{T}{2}}} = \frac{A}{s} \frac{1-e^{-s\frac{T}{2}}}{\left(1-e^{-s\frac{T}{2}}\right)\left(1+e^{-s\frac{T}{2}}\right)}$$

$$= \frac{A}{s} \frac{1}{1+e^{-s\frac{T}{2}}} \; .$$

Aus dieser Gleichung kann auf einfache Weise die Bildfunktion für den Fall sehr schnell aufeinanderfolgender Rechteckimpulse abgeleitet werden. Der Grenzübergang T → 0 führt auf

$$(4.2.12) \quad \lim_{T \to 0} \mathcal{L}\{f(t)\}\Big|_{n=2} = \frac{1}{2} \frac{A}{s} \; .$$

Die Bildfunktion entspricht also in diesem Falle bis auf den Faktor $\frac{1}{2}$ der Laplace-Transformierten der Sprungfunktion.

2. Beispiel

Gegeben sei die in Bild 4.2.3 skizzierte periodische Funktion f(t). Die zugehörige Bildfunktion ist zu ermitteln.

4.2 Die Erzeugung von Bildfunktionen periodischer Funktionen

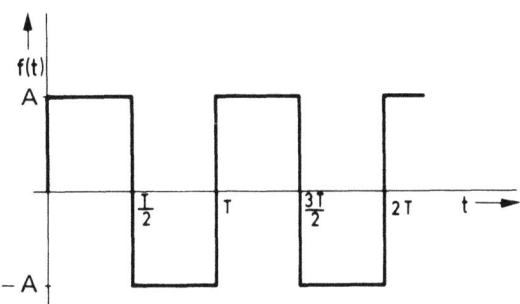

Bild 4.2.3: Periodische Rechteckschwingung

Die Laplace-Transformierte $f_b(s)$ kann wiederum durch Auswertung des Integrals in Gl. (4.2.9) gewonnen werden. Ein anderer Lösungsweg besteht darin, daß die Funktion f(t) zunächst als Überlagerung des im ersten Beispiel abgeleiteten Sonderfalls – die Rechteckimpulsfolge besitzt diesmal jedoch die doppelte Amplitude $2 \cdot A$ – mit einer negativen Sprungfunktion– Sprung von 0 auf $-A$ zur Zeit t = 0 – dargestellt wird. Die Laplace-Transformierten beider Teilfunktionen sind bekannt, ihre Summe führt auf die gesuchte Bildfunktion.

$$(4.2.13) \quad \mathcal{L}\{f(t)\} = \frac{2A}{s} \frac{1}{1+e^{-s\frac{T}{2}}} - \frac{A}{s} = \frac{A}{s} \frac{2 - \left(1 + e^{-s\frac{T}{2}}\right)}{1+e^{-s\frac{T}{2}}}$$

$$= \frac{A}{s} \frac{1 - e^{-s\frac{T}{2}}}{1+e^{-s\frac{T}{2}}}.$$

3. Beispiel

Die einweggleichgerichtete Sinusschwingung nach Bild 4.2.4 besitzt die folgende mathematische Beschreibung:

$$(4.2.14) \quad f(t) = \begin{cases} 0 & \text{für } t < 0 \\ \sin at & \text{für } \frac{2k\pi}{a} < t < \frac{(2k+1)\pi}{a} \\ 0 & \text{für } \frac{(2k+1)\pi}{a} < t < \frac{(2k+2)\pi}{a} \end{cases}$$

$$\text{mit } k = 0, 1, 2, \ldots \, .$$

Die zu dieser Zeitfunktion gehörende Bildfunktion ergibt sich gemäß Gl. (4.2.9) mit $T = \frac{2\pi}{a}$ zu

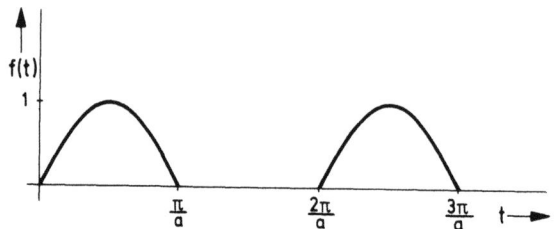

Bild 4.2.4: Einweggleichgerichtete Sinusschwingung

$$\mathcal{L}\{f(t)\} = \frac{1}{1-e^{-s\frac{2\pi}{a}}} \int_0^{\frac{2\pi}{a}} f(\tau)\,e^{-s\tau}\,d\tau = \frac{1}{1-e^{-s\frac{2\pi}{a}}} \mathcal{L}\{f_0(t)\},$$

wobei unter $f_0(t)$ die erste Halbwelle der Funktion $f(t)$ zu verstehen ist. Diese Teilfunktion kann aus der Überlagerung zweier Sinusschwingungen gewonnen werden, die entsprechend Bild 4.2.5 um $\frac{\pi}{a}$ gegeneinander verschoben sind. Das Funktionenpaar $\sin at \circ\!\!-\!\!\bullet \frac{a}{s^2+a^2}$ wurde bereits an früherer Stelle abgeleitet, so daß unter Anwendung des Verschiebungssatzes als Summe der zu den Sinusschwingungen gehörenden Bildfunktionen

$$\mathcal{L}\{f_0(t)\} = \mathcal{L}\{\sin at\}\left(1+e^{-s\frac{\pi}{a}}\right) = \frac{a}{s^2+a^2}\left(1+e^{-s\frac{\pi}{a}}\right)$$

folgt. Damit lautet die Laplace-Transformierte von $f(t)$

(4.2.15) $$\mathcal{L}\{f(t)\} = \frac{1}{1-e^{-s\frac{2\pi}{a}}} \frac{a}{s^2+a^2}\left(1+e^{-s\frac{\pi}{a}}\right) = \frac{a}{s^2+a^2} \frac{1}{1-e^{-s\frac{\pi}{a}}}.$$

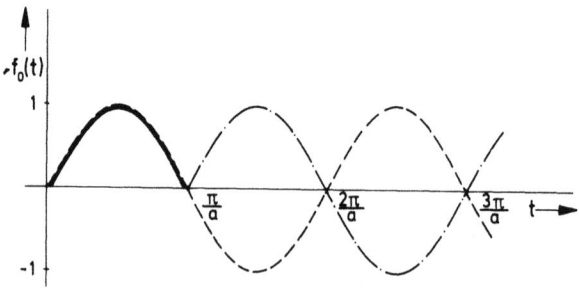

Bild 4.2.5: Darstellung des Sinusimpulses als Überlagerung von zwei Sinusschwingungen

4. Beispiel

Abschließend soll die Laplace-Transformierte der in Bild 4.2.6 dargestellten zweiweggleichgerichteten Sinusschwingung berechnet werden.

4.3 Bildfunktionen mit gebrochenen Exponenten

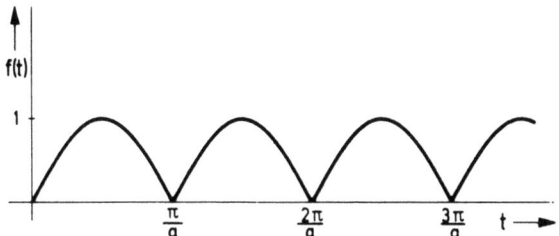

Bild 4.2.6: Zweiweggleichgerichtete Sinusschwingung

Da die vorgegebene Zeitfunktion durch Superposition von zwei einweggleichgerichteten Sinusschwingungen, die um $\frac{\pi}{a}$ gegeneinander verschoben sind, dargestellt werden kann, läßt sich die Bildfunktion sofort aus Gl. (4.2.15) unter Anwendung des Verschiebungssatzes folgern:

$$(4.2.16) \quad \mathcal{L}\{f(t)\} = \frac{a}{s^2 + a^2} \; \frac{1}{1 - e^{-s\frac{\pi}{a}}} \left(1 + e^{-s\frac{\pi}{a}}\right).$$

Diese Herleitung zeigt, daß gerade bei periodischen Zeitfunktionen durch die kombinierte Anwendung des Verschiebungssatzes und der Superposition von Teilfunktionen die zugehörigen Bildfunktionen ohne großen Aufwand zu ermitteln sind.

4.3 Bildfunktionen mit gebrochenen Exponenten

Bei den bisher behandelten Problemstellungen ergab sich durch die Anwendung der Laplace-Transformation in der Regel ein relativ einfach zu handhabender algebraischer Ausdruck. Viele Beispiele aus Physik und Elektrotechnik führen jedoch auch auf Bildfunktionen mit gebrochenen Exponenten, deren Rücktransformation einige Schwierigkeiten bereitet. Als Beispiel sei hier die Berechnung von Netzwerken, die Leitungen, d. h. nichtkonzentrierte Bauelemente, enthalten, angeführt.

In Abschnitt 3.2.4 wurde der Ableitungssatz für die Bildfunktion hergeleitet. Gemäß Gl. (3.2.4.7) lautete dieser Satz:

$$\mathcal{L}\{t^n f(t)\} = (-1)^n f_b^{(n)}(s).$$

Hieraus ergab sich sofort für den Sonderfall $f(t) = 1$ das Funktionenpaar

$$t^n \circ\!\!-\!\!\bullet \frac{n!}{s^{n+1}},$$

wobei n ganzzahlig und positiv sein mußte. Diese starke Einschränkung für die Originalfunktion soll jetzt fallengelassen werden. Gesucht ist also die Laplace-Transformierte der Funktion

$$f(t) = t^a \text{ mit } a > -1 \text{ und reell}.$$

Die Einschränkung $a > -1$ wird hier bereits eingeführt, da das Laplace-Integral, wie noch gezeigt wird, nur für $a > -1$ konvergiert.
Aus der Definitionsgleichung der Laplace-Transformation folgt:

(4.3.1) $$\mathcal{L}\{t^a\} = \int_0^\infty \tau^a e^{-s\tau} d\tau.$$

Dieses Integral wird zunächst durch die Substitution $s \cdot \tau = \xi$ auf eine einfachere Form gebracht. Es gilt damit

$$\tau = \frac{1}{s}\xi \quad \text{und} \quad d\tau = \frac{1}{s} d\xi.$$

Wird bei dieser Substitution s als positiv reell angenommen, so bleiben die Integrationsgrenzen 0 und ∞ erhalten.
Aus Gl. (4.3.1) ergibt sich somit die Bildfunktion

(4.3.2) $$\mathcal{L}\{t^a\} = \int_0^\infty \left(\frac{\xi}{s}\right)^a e^{-\xi} \frac{d\xi}{s} = \frac{1}{s^{a+1}} \int_0^\infty \xi^a e^{-\xi} d\xi.$$

Diese Bildfunktion stellt ein Produkt aus dem Faktor $\frac{1}{s^{a+1}}$ und einem Integral dar, das selbst nur eine Funktion von a ist. Das Integral ist aus zwei Gründen ein uneigentliches Integral:
1. Der Integrationsbereich erstreckt sich bis Unendlich.
2. Der Integrand kann den Wert Unendlich annehmen. Dies ist an der Stelle $\xi = 0$ der Fall, wenn $a < 0$ ist.

Es ist also zu untersuchen, unter welchen Bedingungen die Grenzwerte

(i) $$\lim_{\omega \to \infty} \int_{\omega_0}^{\omega} \xi^a e^{-\xi} d\xi \quad (\omega_0: \text{ eine beliebige positive Zahl})$$

(ii) $$\lim_{\epsilon \to 0} \int_{\epsilon}^{\epsilon_0} \xi^a e^{-\xi} d\xi \quad (\epsilon_0: \text{ eine beliebige positive Zahl})$$

existieren.
Zu (i): Der Fall der gegen Unendlich strebenden oberen Integrationsgrenze bereitet bei der Integralberechnung keine Schwierigkeiten. Unabhängig

4.3 Bildfunktionen mit gebrochenen Exponenten

vom Wert der Konstanten a strebt der Faktor ξ^a im Vergleich zur Exponentialfunktion $e^{-\xi}$, die mit wachsendem ξ verschwindend klein wird, für $\xi \to \infty$ viel langsamer gegen Unendlich; ein Grenzwert existiert also immer.

Zu (ii): Im Falle der gegen Null gehenden unteren Integralgrenze ist eine ausführliche Grenzwertbetrachtung anzustellen. Dabei soll die obere Grenze ϵ_0 so klein gewählt werden, daß im Integrationsintervall $e^{-\xi} \approx 1$ gesetzt werden kann. Somit genügt es, die Werte a zu ermitteln, für die ein Grenzwert

$$\lim_{\epsilon \to 0} \int_{\epsilon}^{\epsilon_0} \xi^a \, d\xi$$

existiert.
Zunächst sei $a = -1$. In diesem Falle gilt:

$$\lim_{\epsilon \to 0} \int_{\epsilon}^{\epsilon_0} \xi^{-1} \, d\xi = \lim_{\epsilon \to 0} \ln \xi \Big|_{\epsilon}^{\epsilon_0} = \ln \epsilon_0 - \lim_{\epsilon \to 0} \ln \epsilon .$$

Strebt ϵ gegen Null, so wird der zweite Term der Differenz unendlich groß, das heißt, für $a = -1$ divergiert das Integral

$$\int_{\epsilon}^{\epsilon_0} \xi^a \, d\xi .$$

Es divergiert damit auch das Integral

$$\int_{\epsilon}^{\epsilon_0} \xi^a \, e^{-\xi} \, d\xi \quad \text{für } \epsilon \to 0 .$$

Ist dagegen $a > -1$, so gilt:

$$\lim_{\epsilon \to 0} \int_{\epsilon}^{\epsilon_0} \xi^a \, d\xi = \lim_{\epsilon \to 0} \frac{1}{a+1} \xi^{a+1} \Big|_{\epsilon}^{\epsilon_0}$$

$$= \frac{1}{a+1} \epsilon_0^{a+1} - \frac{1}{a+1} \lim_{\epsilon \to 0} \epsilon^{a+1} .$$

Der obige Grenzwert existiert für $(a+1) > 0$, das heißt für $a > -1$.
Damit ist gezeigt, daß das Integral

$$\int_{0}^{\infty} \xi^a \, e^{-\xi} \, d\xi$$

nur dann existiert, falls a > −1 ist. Die zu Beginn des Abschnitts gemachte Einschränkung bezüglich des Koeffizienten a ist hiermit also gerechtfertigt.
An dieser Stelle wird nun die von *Euler* definierte Gammafunktion $\Gamma(x)$ eingeführt, mit der allgemein das Integral

(4.3.3) $\quad \int_0^\infty \xi^{x-1} e^{-\xi} d\xi = \Gamma(x)$

bezeichnet wird. Aus Gl. (4.3.2) ergibt sich demzufolge

(4.3.4) $\quad \mathcal{L}\{t^a\} = \dfrac{1}{s^{a+1}} \int_0^\infty \xi^{a+1-1} e^{-\xi} d\xi = \dfrac{\Gamma(a+1)}{s^{a+1}}$.

Weiterhin besteht zwischen Gammafunktionen und Gauß'scher Fakultätenfunktion $\Pi(a)$ noch der folgende Zusammenhang:

(4.3.5) $\quad \Gamma(a+1) = \Pi(a)$.

Für Gl. (4.3.4) gilt damit auch die Schreibweise:

(4.3.6) $\quad \mathcal{L}\{t^a\} = \dfrac{\Pi(a)}{s^{a+1}}$.

Bild 4.3.1 zeigt sowohl den Verlauf der Gammafunktion als auch den Verlauf der Funktion $\Pi(x)$.

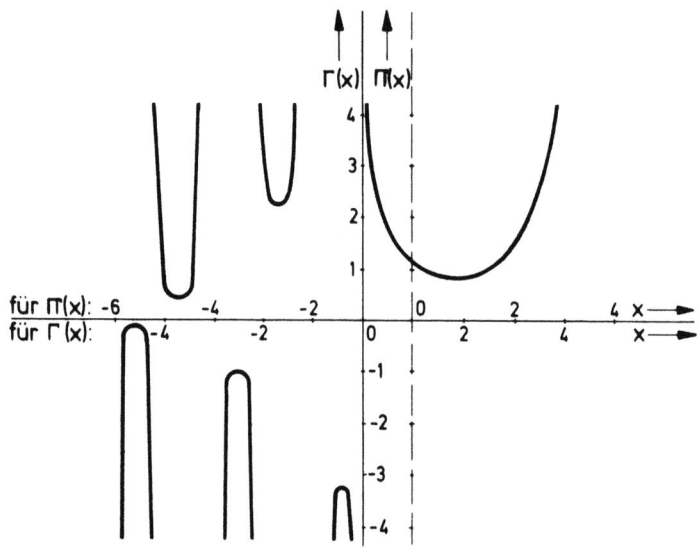

Bild 4.3.1: Die Funktionen $\Gamma(x)$ und $\Pi(x)$

4.3 Bildfunktionen mit gebrochenen Exponenten

Nimmt die Variable a nur ganzzahlige Werte n mit $n \geq 0$ an, so folgt aus Gl. (4.3.6)

(4.3.7) $\quad \mathcal{L}\{t^n\} = \dfrac{\Pi(n)}{s^{n+1}} = \dfrac{n!}{s^{n+1}}$.

Hiermit ergibt sich für ganzzahlige $n \geq 0$:

(4.3.8) $\quad \Gamma(n+1) = \Pi(n) = n!$

Die Gammafunktion hat also die Eigenschaft, für ganzzahlige Werte ihres Argumentes die Fakultät der um Eins kleineren Zahl darzustellen.
Eine weitere wichtige Eigenschaft der Γ-Funktion soll im folgenden hergeleitet werden. Entsprechend dem Ableitungssatz

$$\mathcal{L}\{f'(t)\} = s\,\mathcal{L}\{f(t)\} - f(0)$$

folgt für $f(t) = t^a (a > 0)$ mit $f'(t) = a \cdot t^{a-1}$ und $f(0) = 0$ sofort

$$a\,\mathcal{L}\{t^{a-1}\} = s\,\mathcal{L}\{t^a\} + 0\,.$$

Mit Gl. (4.3.4) ergibt sich hieraus

$$a\,\frac{\Gamma(a)}{s^a} = s\,\frac{\Gamma(a+1)}{s^{a+1}}$$

oder

(4.3.9) $\quad \Gamma(a+1) = a\,\Gamma(a)$.

Mit dieser Beziehung läßt sich sukzessive der folgende Produktausdruck für $\Gamma(a+1)$ ableiten:

$$\begin{aligned}
(4.3.10)\quad \Gamma(a+1) &= a(a-1)\,\Gamma(a-1) \\
&= a(a-1)(a-2)\,\Gamma(a-2) \\
&\quad \vdots \\
&= a(a-1)(a-2)\cdots(a-m)\,\Gamma(a-m).
\end{aligned}$$

Für $a = 5{,}3$ gilt beispielsweise:

$$\Gamma(5{,}3) = \Gamma(4{,}3 + 1) = 4{,}3 \cdot 3{,}3 \cdot 2{,}3 \cdot 1{,}3 \cdot 0{,}3 \cdot \Gamma(0{,}3).$$

Um den Funktionswert zu einem beliebigen Argument a zu ermitteln, braucht die Gammafunktion nur für einen Wertebereich der Breite 1 tabuliert zu werden. In der Regel wird der Bereich $0 < a \leq 1$ gewählt.

1. Beispiel

Die zu der Originalfunktion

(4.3.11) $\quad f(t) = \dfrac{1}{\sqrt{t}}$

gehörende Bildfunktion soll unter Verwendung des Satzes der Gl. (4.3.4) ermittelt werden. Für die vorgegebene Funktion f(t) gilt also:

$$\mathcal{L}\left\{\frac{1}{\sqrt{t}}\right\} = \mathcal{L}\left\{t^{-\frac{1}{2}}\right\} = \frac{\Gamma\left(-\frac{1}{2}+1\right)}{s^{-\frac{1}{2}+1}} = \frac{\Gamma\left(\frac{1}{2}\right)}{\sqrt{s}} \ .$$

Der Zahlenwert für $\Gamma\left(\dfrac{1}{2}\right)$ kann auf einfache Weise wie folgt berechnet werden:

$$\Gamma\left(\frac{1}{2}\right) = \int_0^\infty \xi^{\frac{1}{2}-1} e^{-\xi} d\xi = \int_0^\infty \xi^{-\frac{1}{2}} e^{-\xi} d\xi \ .$$

Die Substitution $\xi = u^2$ und $d\xi = 2 \cdot u \cdot du$ überführt diese Beziehung in

$$\Gamma\left(\frac{1}{2}\right) = \int_0^\infty u^{-1} e^{-u^2} 2u\, du = 2\int_0^\infty e^{-u^2} du \ .$$

Das Integral $\int_0^\infty e^{-u^2} \cdot du$ stellt das Gaußsche Fehlerintegral für das Argument Unendlich dar und hat den Wert $\dfrac{1}{2} \cdot \sqrt{\pi}$. Damit besitzt die Γ-Funktion an der Stelle $a = \dfrac{1}{2}$ den Wert

$$\Gamma\left(\frac{1}{2}\right) = \sqrt{\pi} \ .$$

Die Laplace-Transformierte von f(t) lautet demzufolge

(4.3.12) $\quad \mathcal{L}\left\{\dfrac{1}{\sqrt{t}}\right\} = \dfrac{\sqrt{\pi}}{\sqrt{s}} = \sqrt{\dfrac{\pi}{s}} \ .$

Hieraus folgt sofort das weitere Funktionenpaar

(4.3.13) $\quad \dfrac{1}{\sqrt{\pi t}} \circ\!\!-\!\!\bullet \dfrac{1}{\sqrt{s}} \ .$

2. Beispiel

Gesucht sei die Laplace-Transformierte der Originalfunktion

(4.3.14) $\quad f(t) = \sqrt{t} \ .$

4.3 Bildfunktionen mit gebrochenen Exponenten

Nach Gl. (4.3.4) gilt

$$\mathcal{L}\{t^{\frac{1}{2}}\} = \frac{\Gamma\left(\frac{1}{2}+1\right)}{s^{\frac{1}{2}+1}} = \frac{\Gamma\left(\frac{3}{2}\right)}{s\sqrt{s}}.$$

Unter Verwendung von Gl. (4.3.9) beträgt der Wert der Gammafunktion an der Stelle $\frac{3}{2}$:

$$\Gamma\left(\frac{3}{2}\right) = \left(\frac{3}{2}-1\right)\Gamma\left(\frac{3}{2}-1\right) = \frac{1}{2}\Gamma\left(\frac{1}{2}\right) = \frac{1}{2}\sqrt{\pi}.$$

Die Bildfunktion ergibt sich mit diesem Wert zu

(4.3.15) $\quad \mathcal{L}\{\sqrt{t}\} = \dfrac{\frac{1}{2}\sqrt{\pi}}{s\sqrt{s}} = \dfrac{1}{2s}\sqrt{\dfrac{\pi}{s}}.$

Ferner folgt das Funktionenpaar

(4.3.16) $\quad 2\sqrt{\dfrac{t}{\pi}} \circ\!\!-\!\!\bullet \dfrac{1}{s\sqrt{s}}.$

3. Beispiel

Als letztes Beispiel dieses Abschnitts soll die Bildfunktion von

(4.3.17) $\quad f(t) = t^{\frac{3}{2}}$

berechnet werden.
In Analogie zu den beiden vorangegangenen Herleitungen gilt:

$$\mathcal{L}\{t^{\frac{3}{2}}\} = \frac{\Gamma\left(\frac{3}{2}+1\right)}{s^{\frac{3}{2}+1}} = \frac{\Gamma\left(\frac{5}{2}\right)}{s^2\sqrt{s}}.$$

Mit $\Gamma\left(\frac{5}{2}\right) = \frac{3}{2} \cdot \Gamma\left(\frac{3}{2}\right) = \frac{3}{2} \cdot \frac{1}{2} \cdot \Gamma\left(\frac{1}{2}\right) = \frac{3}{4} \cdot \sqrt{\pi}$ folgen hieraus

(4.3.18) $\quad \mathcal{L}\{t^{\frac{3}{2}}\} = \dfrac{\frac{3}{4}\sqrt{\pi}}{s^2\sqrt{s}} = \dfrac{3}{4s^2}\sqrt{\dfrac{\pi}{s}}$

bzw.

(4.3.19) $\quad \dfrac{4}{3}t\sqrt{\dfrac{t}{\pi}} \circ\!\!-\!\!\bullet \dfrac{1}{s^2\sqrt{s}}$

als weitere Funktionenpaare.

4.4 Die Differentiation im Falle einer sprunghaften Änderung der Funktion f(t) zur Zeit t = 0

Die Laplace-Transformierte des Differentialquotienten, d. h. der Ableitung einer Originalfunktion (Differentiationsregel), wurde bereits in Abschnitt 3.2.2 hergeleitet und lautete

$$\mathcal{L}\{f'(t)\} = s\,\mathcal{L}\{f(t)\} - f(0)\;.$$

Im Falle einer sprunghaften Änderung der Funktion f(t) zur Zeit t = 0 ist jedoch der Funktionswert f(0) unbestimmt. Daher werden anstelle dieses Funktionswertes die Werte f(−Δt) und f(Δt) unterschieden, wie in Bild 4.4.1 dargestellt ist. Bei der Herleitung der Differentiationsregel wird dann als Funktionswert zur Zeit t = 0 nicht mehr der unbestimmte Wert f(0) verwendet, sondern der Funktionswert mit dem infinitesimal kleinen Argument Δt. Durch die beiden in der Praxis vorkommenden Schreibweisen

f(+ Δt) oder f(+ 0)

wird angedeutet, daß der Funktionswert an der Sprungstelle t = 0 von Funktionswerten mit positivem Argument t, also von rechts, angenähert wird.

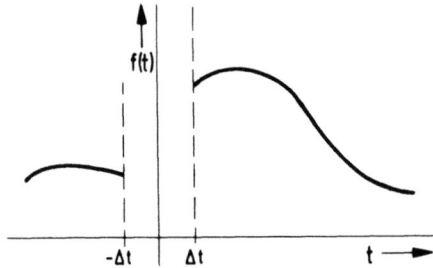

Bild 4.4.1: Sprunghafte Änderung der Funktion f(t) zur Zeit t = 0

Damit erhält der Ableitungssatz die Form

(4.4.1) $\mathcal{L}\{f'(t)\} = s\,\mathcal{L}\{f(t)\} - f(+\,0)\;.$

In einigen Sonderfällen muß jedoch auch mit dem Funktionswert f(−Δt) bzw. f(−0) gerechnet werden. Dies ist beispielsweise bei Ausgleichsvorgängen, bei denen sich die Energie im Netzwerk sprunghaft ändert, notwendig, um die Vorgänge im Schaltaugenblick richtig erfassen zu können.

4.5 Die Transformierte der Deltafunktion

In Physik und Technik ist die Deltafunktion δ(t) auf einigen Sondergebieten von großer Bedeutung. Das Abtasten einer beliebigen Zeitfunktion ist dabei als wichtigste Anwendung anzuführen. Andere Bezeichnungen, die für die Deltafunktion in der Literatur verwendet werden, sind Abtastfunktion, Stoßfunktion, Einheitsstoß oder Dirac-Stoß. Wie Bild 4.5.1 zeigt, springt die Delta-

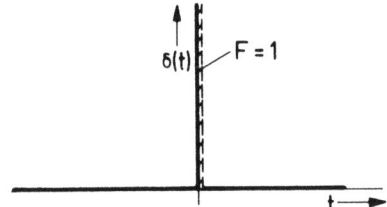

Bild 4.5.1: Deltafunktion

funktion zur Zeit t = 0 auf den Wert Unendlich, fällt dann sofort wieder auf den Wert Null zurück und ist für alle Zeiten t ≠ 0 gleich Null. Somit verhält sich die Stoßfunktion nicht regulär, denn an der einzigen Stelle, an der sie existiert, ist sie unendlich groß. Wird das Integral der Funktion δ(t) in den Grenzen 0 und ∞ gebildet, so besitzt es definitionsgemäß den Wert 1; es gilt also

$$(4.5.1) \quad F = \int_0^\infty \delta(t)\, dt = 1 \; .$$

Die Laplace-Transformierte der Deltafunktion lautet:

$$(4.5.2) \quad \mathcal{L}\{\delta(t)\} = \int_0^\infty \delta(\tau)\, e^{-s\tau}\, d\tau \; .$$

Da δ(τ) nur an der Stelle τ = 0 existiert und der Faktor $e^{-s\tau}$ dort den Wert 1 hat, folgt mit Gl. (4.5.1):

$$(4.5.3) \quad \mathcal{L}\{\delta(t)\} = \int_0^\infty \delta(t) \cdot 1 \cdot d\tau = 1$$

Die Bildfunktion der Deltafunktion ist also eine Konstante.
Wird δ(t) mit einem konstanten Faktor multipliziert, so gilt:

$$(4.5.4) \quad \mathcal{L}\{A\,\delta(t)\} = \int_0^\infty A\,\delta(\tau)\, e^{-s\tau}\, d\tau = A \int_0^\infty \delta(\tau)\, e^{-s\tau} = A \cdot 1 = A \; .$$

Die Fläche dieser Stoßfunktion ist nicht gleich 1, sondern besitzt den Wert $A \cdot 1$.

Die Delta-Funktion ist insbesondere zur Abtastung von Funktionen geeignet. Dadurch, daß die Funktion $\delta(t)$ nur für $t = 0$ einen unendlich großen Wert annimmt und zu allen anderen Zeiten $t \neq 0$ verschwindet, wird mit Hilfe des Integrals $\int_a^b f(t) \cdot \delta(t) \cdot dt$ der Funktionswert $f(0)$ ausgeblendet, falls das Intervall [a, b] den Nullpunkt enthält. Es ist also

(4.5.5) $$\int_a^b f(t)\, \delta(t)\, dt = f(0) \text{ für } a \leqslant 0 < b\,.$$

Wird in dieses Integral anstelle von $\delta(t)$ die um eine Zeit t_0 verschobene Stoßfunktion $\delta(t - t_0)$ eingesetzt, so blendet das Integral den Funktionswert $f(t_0)$ aus:

(4.5.6) $$\int_a^b f(t)\, \delta(t - t_0)\, dt = f(t_0) \text{ für } a \leqslant t_0 < b\,.$$

Stoßfunktionen werden in der Praxis im allgemeinen durch Impulse mit endlicher Impulshöhe und geringer Impulsdauer Δt realisiert. Dabei muß die Impulsdauer Δt im Zeitmaßstab des betrachteten Systems nur genügend klein gegenüber allen anderen interessierenden Zeiten und Zeitkonstanten des Systems sein.

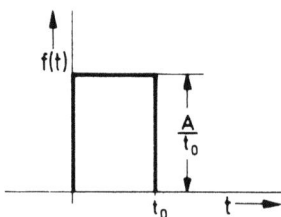

Bild 4.5.2: Impulsfunktion

Als Beispiel hierzu soll nun die Bildfunktion ermittelt werden, die zu der in Bild 4.5.2 skizzierten Impulsfunktion gehört. Wie bereits an früherer Stelle gezeigt wurde, kann ein Impuls der Höhe $\dfrac{A}{t_0}$ und der Dauer t_0 durch Überlagerung von zwei Sprungfunktionen gewonnen werden, die um t_0 gegeneinander verschoben sind und entgegengesetztes Vorzeichen besitzen. Die Bildfunktion lautet also

4.6 Asymptotisches Verhalten der Originalfunktion

(4.5.7) $\quad \mathcal{L}\{f(t)\} = \dfrac{A}{t_0}\dfrac{1}{s} - \dfrac{A}{t_0}\dfrac{1}{s}e^{-st_0}$

$\quad\quad\quad\quad\quad = \dfrac{A}{t_0 s}(1 - e^{-st_0})$.

Für den Grenzfall $t_0 \to 0$ folgt hieraus

(4.5.8) $\quad \lim\limits_{t_0 \to 0} \mathcal{L}\{f(t)\} = \lim\limits_{t_0 \to 0} A\,\dfrac{1 - e^{-st_0}}{t_0 s}$

$\quad\quad\quad\quad\quad\quad\quad = \lim\limits_{t_0 \to 0} A\,\dfrac{s\,e^{-st_0}}{s} = A$

$\quad\quad\quad\quad\quad\quad\quad = \mathcal{L}\{A\,\delta(t)\}$.

Der Grenzübergang $t_0 \to 0$ führt also im Bildbereich auf die Laplace-Transformierte einer Stoßfunktion mit der Fläche A. Dieses Ergebnis konnte natürlich auch direkt dem Bild 4.5.2 entnommen werden. Der Impuls als technische Realisierung einer Stoßfunktion besitzt nämlich eine von der Impulsdauer t_0 unabhängige Fläche A, während seine Amplitude $\dfrac{A}{t_0}$ mit abnehmendem t_0 gegen Unendlich strebt. In allen technischen Anwendungsfällen, bei denen t_0 klein genug ist im Vergleich zu den Systemzeiten, kann somit die Deltafunktion durch Impulse endlicher Dauer t_0 angenähert werden.
Die Vorteile der Dirac-Funktion werden im Kapitel 5.3 verdeutlicht. In diesem Abschnitt werden mit Hilfe der Deltafunktion die Ausgangszeitfunktionen eines Systems bei impulsförmiger Erregung ermittelt.

4.6 Asymptotisches Verhalten der Originalfunktion

In vielen Anwendungsfällen ist der vollständige Verlauf der Lösungsfunktion einer Differentialgleichung ohne Bedeutung. Statt dessen interessieren häufig der Lösungsverlauf für $t \to \infty$ oder aber das Verhalten der Lösung für kleine Werte von t, das heißt beispielsweise unmittelbar nach Betätigen eines Schalters bei Schaltvorgängen. Diese Fragen können natürlich alle bei Kenntnis der Lösungsfunktion beantwortet werden, es wäre aber angenehm, wenn z. B. auch ohne Rücktransformation aus dem Verhalten der Bildfunktion das „asymptotische Verhalten" der zugehörigen Originalfunktion für die oben angegebenen Fälle gefolgert werden könnte. Umgekehrt soll auch von einem bekannten asymptotischen Verhalten der Originalfunktion das Verhalten der Bildfunktion abzuleiten sein. Daher werden im folgenden zwei wichtige Sätze über das asymptotische Verhalten von Original- und Bildfunktionen vorgestellt.

Eine notwendige Bedingung, die alle Bildfunktionen $f_b(s)$ erfüllen müssen, wurde bereits in einem früheren Kapitel angegeben. Ob eine beliebige Funktion der Variablen s eine Laplace-Transformierte sein kann, läßt sich damit auf einfache Weise feststellen. Als notwendige Bedingung galt, daß alle Bildfunktionen $f_b(s)$ gegen Null konvergieren müssen, wenn entweder der Realteil von s gegen Unendlich strebt oder aber wenn s in der komplexen Ebene auf einem Strahl gegen Unendlich strebt, der einen Winkel kleiner als 90° mit der positiven reellen Achse einschließt.

Die folgenden Sätze sollen dazu dienen, sowohl den Endwert einer Funktion f(t) als auch den Anfangswert einer Funktion aus der Kenntnis der Bildfunktion $f_b(s)$ auf einfache Art und Weise zu berechnen, ohne die Rücktransformation selbst durchzuführen. Einzige Voraussetzung ist, daß die Funktion f(t) für $t = \infty$ und $t = 0$ existiert. Die beiden Sätze lauten dann:

(4.6.1) $\quad \lim\limits_{t \to 0} f(t) = \lim\limits_{s \to \infty} s\, f_b(s)$

(4.6.2) $\quad \lim\limits_{t \to \infty} f(t) = \lim\limits_{s \to 0} s\, f_b(s)$.

Während mit Hilfe des ersten Satzes der Grenzwert $\lim\limits_{t \to 0} f(t) = f(+0)$ direkt aus der Bildfunktion $f_b(s)$ abgeleitet werden kann, dient der zweite Satz zur Ermittlung des Grenzwertes $\lim\limits_{t \to \infty} f(t) = f(\infty)$ aus $f_b(s)$. Die Existenz der beiden Grenzwerte $f(+0)$ und $f(\infty)$ muß jedoch vor Anwendung der Sätze gewährleistet sein. Vor der Behandlung einiger Beispiele sollen zunächst die beiden Sätze in Gl. (4.6.1) und Gl. (4.6.2) bewiesen werden.

Es sei $f(t) \circ\!\!-\!\!\bullet f_b(s)$ ein zusammengehöriges Funktionenpaar. Die Funktion f(t) existiere für $t > 0$ sowie in den Grenzfällen $t \to 0$ und $t \to \infty$. Für beide Sätze geht der Beweis vom Ableitungssatz gemäß Gl. (4.4.1) aus, da dieser Satz als Summanden die mit dem Faktor s multiplizierte Bildfunktion enthält.

$$\int_0^\infty f'(\tau)\, e^{-s\tau}\, d\tau = s\, f_b(s) - f(+0) .$$

Zum Nachweis von Beziehung (4.6.1) wird in der obigen Gleichung auf beiden Seiten der Grenzübergang $s \to \infty$ durchgeführt:

(4.6.3) $\quad \lim\limits_{s \to \infty} \int_0^\infty f'(\tau)\, e^{-s\tau}\, d\tau = \lim\limits_{s \to \infty} [s\, f_b(s) - f(+0)]$.

4.6 Asymptotisches Verhalten der Originalfunktion

Da aber jede Bildfunktion, wie soeben erwähnt wurde, für $s \to \infty$ gegen Null konvergiert, kann die linke Seite der obigen Gleichung gleich Null gesetzt werden. Es gilt somit:

(4.6.4) $\lim\limits_{s \to \infty} [s\, f_b(s) - f(+0)] = 0$

oder

$$\lim_{s \to \infty} s\, f_b(s) = f(+0) = \lim_{t \to 0} f(t),$$

was zu beweisen war.
Wird auf beiden Seiten des Ableitungssatzes der Grenzwert für $s \to 0$ gebildet, so folgt:

(4.6.5) $\lim\limits_{s \to 0} \int\limits_0^\infty f'(\tau)\, e^{-s\tau}\, d\tau = \lim\limits_{s \to 0} [s\, f_b(s) - f(+0)]$

$$= \int_0^\infty \lim_{s \to 0} f'(\tau)\, e^{-s\tau}\, d\tau.$$

Hieraus ergibt sich:

(4.6.6) $\int\limits_0^\infty f'(\tau)\, d\tau = f(\infty) - f(+0) = \lim\limits_{s \to 0} s\, f_b(s) - f(+0)$

oder

$$\lim_{s \to 0} s\, f_b(s) = f(\infty) = \lim_{t \to \infty} f(t).$$

Damit ist der zweite Satz ebenfalls bewiesen.
Der obige Ausdruck verlangt, daß $f(t)$ für $t \to \infty$ existiert und dort einen bestimmten Wert hat. Schwankt $f(\infty)$ hingegen um einen Mittelwert, so kann durch Anwendung von Gl. (4.6.2) dieser Mittelwert berechnet werden. Liegt der Punkt $s = 0$ der komplexen s-Ebene jedoch nicht im Konvergenzbereich, so führt diese Gleichung zu einem falschen Ergebnis.

1. Beispiel

Gegeben sei die Bildfunktion

$$f_b(s) = \frac{s}{s^2 + \omega^2}.$$

Ohne die Rücktransformation selbst durchzuführen, soll der Anfangswert der zugehörigen Originalfunktion $f(t)$ für $t \to 0$ bestimmt werden.

Entsprechend dem ersten Satz (Gl. (4.6.1)) gilt für das vorliegende Beispiel:

$$\lim_{t \to 0} f(t) = \lim_{s \to \infty} s\, f_b(s) = \lim_{s \to \infty} s\, \frac{s}{s^2 + \omega^2} = \lim_{s \to \infty} \frac{1}{1 + \left(\dfrac{\omega}{s}\right)^2} = 1.$$

Zur Kontrolle sei auf ein früheres Kapitel hingewiesen, in dem als zugehörige Originalfunktion die Funktion $f(t) = \cos \omega t$ mit $f(t = 0) = 1$ ermittelt wurde.

2. Beispiel

Ohne Rücktransformation soll der Grenzwert $f(+0)$ der zur Bildfunktion

$$f_b(s) = \frac{1}{(s-a)(s-b)(s-c)}$$

gehörenden Originalfunktion ermittelt werden.
Gemäß Gl. (4.6.1) ergibt sich

$$\lim_{t \to 0} f(t) = \lim_{s \to \infty} \frac{s}{(s-a)(s-b)(s-c)}$$

$$= \lim_{s \to \infty} \frac{1}{\left(1 - \dfrac{a}{s}\right)(s-b)(s-c)} = 0.$$

Die bereits unter Gl. (3.3.4.25) abgeleitete Originalfunktion

$$f(t) = \frac{(b-c)\,e^{at} - (a-c)\,e^{bt} + (a-b)\,e^{ct}}{(a-b)(a-c)(b-c)}$$

wird zur Überprüfung des Ergebnisses herangezogen.
Auch hier beträgt der Grenzwert

$$\lim_{t \to 0} f(t) = \frac{(b-c)\cdot 1 - (a-c)\cdot 1 + (a-b)\cdot 1}{(a-b)(a-c)(b-c)} = 0.$$

3. Beispiel

Der Grenzwert $f(\infty)$ der durch das Funktionenpaar

$$f(t) \circ\!\!-\!\!\bullet\; f_b(s) = \frac{1}{s(s-a)} \qquad (a > 0)$$

gegebenen Originalfunktion sei gesucht.

4.6 Asymptotisches Verhalten der Originalfunktion 145

Der zweite Satz über das asymptotische Verhalten von f(t) gemäß Gl. (4.6.2) führt im vorliegenden Fall auf

$$\lim_{t \to \infty} f(t) = \lim_{s \to 0} s\, f_b(s) = \lim_{s \to 0} s\, \frac{1}{s(s-a)}$$

$$= \lim_{s \to 0} \frac{1}{s-a} = -\frac{1}{a}\,.$$

Der Tabelle in Kapitel 10.2 kann die Originalfunktion $f(t) = \frac{1}{a} \cdot (e^{-at} - 1)$ entnommen werden, so daß für $a > 0$ ebenfalls der Grenzwert $-\frac{1}{a}$ folgt. Im Fall $a < 0$ liegt der Punkt $s = 0$ außerhalb des Konvergenzbereichs der Laplace-Transformierten. Der Grenzübergang $s \to 0$ führt damit auf ein falsches Ergebnis.

4. Beispiel

Gegeben sei die Bildfunktion

$$f_b(s) = \frac{1}{s^{n+1}}\,.$$

Ohne Rücktransformation soll der Grenzwert der zugehörigen Originalfunktion f(t) für $t \to \infty$ ermittelt werden.
Nach Gl. (4.6.2) ergibt sich:

$$\lim_{t \to \infty} f(t) = \lim_{s \to 0} s\, \frac{1}{s^{n+1}} = \lim_{s \to 0} \frac{1}{s^n} = \infty\,.$$

Dieses Ergebnis kann durch einen Vergleich mit der zugehörigen Originalfunktion $f(t) = \frac{1}{n!} \cdot t^n$ (siehe Gl. (3.2.2.11)) sofort bestätigt werden, denn es gilt:

$$\lim_{t \to \infty} f(t) = \lim_{t \to \infty} \frac{1}{n!}\, t^n = \infty\,.$$

5. Die Definition der Übertragungsfunktion und der Übergangsfunktion

Die Einführung der Begriffe Übertragungsfunktion und Übergangsfunktion haben sich vor allem in der elektrischen Nachrichtentechnik, der Regelungstechnik und Mechanik als äußerst nützlich erwiesen. Um beispielsweise die Übertragungseigenschaften von Netzwerken zu ermitteln, werden zusammengehörige Eingangs- und Ausgangssignale des Netzwerks miteinander verglichen und auf diese Weise der Einfluß des Netzwerks auf beliebige Eingangssignale festgestellt. Die das System beschreibende Differentialgleichung besitzt für die praktische Handhabung nämlich den Nachteil, daß ihre Konstanten experimentell häufig sehr schwierig zu bestimmen sind. Gute Aussagen über das dynamische Verhalten eines Systems lassen sich jedoch schon dadurch gewinnen, daß sinusförmige Erregungen verwendet und die Reaktionen des Systems auf diese Erregungen bestimmt werden. Werden diese sinusförmigen Eingangsgrößen als zeitlich unbegrenzt und weiterhin das System bzw. Netzwerk als linear angenommen, so gehört zu jeder sinusförmigen Eingangsgröße stets eine sinusförmige Ausgangsgröße. Die Übertragungseigenschaften eines linearen Systems lassen sich somit bestimmen, indem das Frequenzverhalten des Systems, das heißt die Abhängigkeit der Amplitude und Phase der Ausgangsgröße als Funktion der Frequenz untersucht wird. Ein System wird als linear bezeichnet, falls es nur aus linearen Elementen besteht. Ein lineares Element wiederum ist dadurch charakterisiert, daß es zwei physikalische Größen linear miteinander verknüpft. Beispiele linearer Elemente sind der ohmsche Widerstand R und die Kapazität C. Entsprechend dem Ohmschen Gesetz $u = R \cdot i$ hängen die Spannung u und der Strom i linear voneinander ab. Die Kapazität C beschreibt die Speicherfähigkeit eines Kondensators und gibt gemäß $q = C \cdot u$ an, welche Ladung q bei vorgegebener Spannung u vom Kondensator gespeichert wird.

Die Beschränkung auf lineare Systeme hat den Vorteil, daß bei der Ermittlung der Systemeigenschaften ohne weiteres das Superpositionsprinzip angewendet werden darf. Wie in den Abschnitten 2.2 und 2.3 (Fourier-Reihe und Fourier-Integral) gezeigt wurde, läßt sich jede beliebige Eingangsfunktion in sinusförmige Vorgänge zerlegen. Demzufolge läßt sich die Ausgangsfunktion eines linearen Systems durch Überlagerung der zugehörigen sinusförmigen Ausgangsgrößen bestimmen. Die Kenntnis von Amplituden- und Phasengang des betrachteten linearen Systems reicht also aus, um rein rechnerisch zu einer beliebigen Eingangsfunktion die Ausgangsfunktion zu ermitteln.

In vielen Fällen ist das Verhalten eines Systems bei Schaltvorgängen, beispielsweise bei einer sprunghaften Änderung der Eingangsgröße, von Interesse. Als *Übergangsfunktion* wird nun der Quotient aus der Ausgangsfunktion des Systems, die sich als Antwort auf einen Sprung der Eingangsgröße ergibt, und der Sprungfunktion bezeichnet. Das Verhältnis der Laplace-Transformierten der Ausgangsgröße zur Laplace-Transformierten der Eingangsgröße hingegen wird als *Übertragungsfunktion* des Systems definiert. Mit Hilfe der Definitionen von Übergangs- und Übertragungsfunktion lassen sich auf einfache Art und Weise die Netzwerkkonstanten bzw. die Antwortfunktionen des Netzes auf spezielle Erregungen oder beliebige Eingangsfunktionen ermitteln. Damit ist eine andere Art der Charakterisierung eines Netzwerks oder Systems gegeben und eine sehr einfache, völlig gleichwertige Darstellung des betrachteten Systems im Zeit- oder Frequenzbereich möglich.

5.1 Die Übertragungsfunktion

Um das Verhalten eines Netzwerkes kurz nach einem Schaltaugenblick mathematisch zu erfassen, wird auf das Differentialgleichungssystem, das die Systemeigenschaften beschreibt, die Laplace-Transformation angewendet. Hierdurch geht das System von Differentialgleichungen in ein System algebraischer Gleichungen über. Dieser Übergang läßt sich sehr bequem vollziehen und führt direkt zum Begriff der Übertragungsfunktion $G(s)$. So wie der Frequenzgang $\underline{G}(j\omega)$ oder $\mathscr{F}(j\omega)$ das Netzwerk vollständig beschreibt, so ist auch die Übertragungsfunktion $G(s)$ nur von den Eigenschaften des Netzwerkes abhängig. Der Begriff der Übertragungsfunktion $G(s)$ ist an folgende Voraussetzungen gebunden:
1. Es soll nur eine Eingangsgröße an das Netzwerk gelegt werden.
2. Bis zum Schaltaugenblick $t = 0$ sollen alle Größen und Spannungen im Netzwerk gleich Null sein.

Die zweite Bedingung besagt mit anderen Worten, daß im Schaltaugenblick $t = 0$ sämtliche Energiespeicher des Netzwerks energielos sein müssen.
Sind die obigen Voraussetzungen erfüllt, so stellt das Verhältnis der Laplace-Transformierten der Ausgangsgröße $s_2(t)$ zur Laplace-Transformierten der Eingangsgröße $s_1(t)$ die Übertragungsfunktion

(5.1.1) $$G(s) = \frac{\mathscr{L}\{s_2(t)\}}{\mathscr{L}\{s_1(t)\}}$$

dar. Handelt es sich bei den Zeitfunktionen $s_1(t)$ und $s_2(t)$ beispielsweise um Spannungen, die Eingangsspannung $u_e(t)$ und die Ausgangsspannung $u_a(t)$, so lautet die Übertragungsfunktion:

(5.1.2) $\quad G(s) = \dfrac{\mathcal{L}\{u_a(t)\}}{\mathcal{L}\{u_e(t)\}}$.

Ist nunmehr die Übertragungsfunktion G(s) eines Systems vorgegeben, so kann die Ausgangszeitfunktion $s_2(t)$ für beliebige Eingangszeitfunktionen $s_1(t)$ mit Hilfe von Gl. (5.1.1) berechnet werden. Zu dem Produkt

(5.1.3) $\quad \mathcal{L}\{s_2(t)\} = G(s)\,\mathcal{L}\{s_1(t)\}$

im Bildbereich ergibt sich gemäß Abschnitt 3.2.9 bei der Rücktransformation in den Zeitbereich als zugehörige Originalfunktion $s_2(t)$ das Faltungsprodukt

(5.1.4) $\quad s_2(t) = g(t) * s_1(t)$,

wobei unter g(t) die zu G(s) gehörende Originalfunktion zu verstehen ist. Je nach gewählter Zeitfunktion $s_1(t)$ ist die Auswertung des Faltungsintegrals mehr oder weniger schwierig. Hierauf wird in Abschnitt 5.3 noch eingegangen.

Die Darstellung eines linearen Systems als linearer, passiver Vierpol wird in der technischen Physik und Elektrotechnik mit besonderem Erfolg angewendet. Das allgemeine Schaltungssymbol eines Vierpols ist in Bild 5.1.1 mit je einem Eingangs- und Ausgangsklemmenpaar dargestellt.

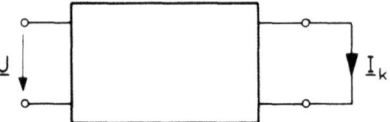

Bild 5.1.1: Schaltungssymbol eines Vierpols

Wie das Bild ferner zeigt, sollen für die folgenden Überlegungen die Ausgangsklemmen kurzgeschlossen werden, während an die Eingangsklemmen die Spannung $\underline{U}$ angelegt wird. Im eingeschwungenen Zustand stellt der Quotient von eingangsseitig angelegter Spannung $\underline{U}$ und ausgangsseitig gemessenem Kurzschlußstrom $\underline{I}_k$ die *Kurzschlußkernimpedanz* $\underline{Z}_k$ des Vierpols dar. Die Kurzschlußkernimpedanz ist frequenzabhängig, also gilt:

(5.1.5) $\quad \dfrac{\underline{U}}{\underline{I}_k} = \underline{Z}_k(j\omega)$.

Der Kehrwert von $\underline{Z}_k$ wird allgemein als *Frequenzgang* $\underline{G}(j\omega)$ bzw. $\mathscr{F}(j\omega)$ des Vierpols bezeichnet.

(5.1.6) $\quad \underline{G}(j\omega) = \mathscr{F}(j\omega) = \dfrac{1}{\underline{Z}_k(j\omega)} = \dfrac{\underline{I}_k}{\underline{U}}$.

5.1 Die Übertragungsfunktion

Der betrachtete passive lineare Vierpol soll nun entsprechend Bild 5.1.2 zur Zeit t = 0 an eine beliebige Spannung u(t) geschaltet werden. Unter der Voraussetzung, daß der Vierpol im Schaltaugenblick energielos ist, also sämtliche Ströme und Spannungen Null sind, kann der Strom i(t) für t > 0 mit Hilfe des folgenden Ansatzes ermittelt werden:

(5.1.7) $\mathcal{L}\{i(t)\} = \dfrac{\mathcal{L}\{u(t)\}}{Z_k(s)} = \mathcal{L}\{u(t)\}\, G(s)$

bzw.

(5.1.8) $G(s) = \dfrac{1}{Z_k(s)} = \dfrac{\mathcal{L}\{i(t)\}}{\mathcal{L}\{u(t)\}}$,

wobei die Größe G(s) definitionsgemäß die Übertragungsfunktion des Vierpols darstellt.

Bild 5.1.2: Allgemeines Beispiel einer Schaltaufgabe

Die Gln. (5.1.6) und (5.1.8) beschreiben vollständig das Verhalten des Systems sowohl im eingeschwungenen Zustand als auch bei einem Schaltvorgang. So wie im eingeschwungenen Zustand der komplexe Zeiger die Ausgangsgröße durch die Größe $\underline{Z}_k(j\omega)$ bzw. $\underline{G}(j\omega)$ mit dem Zeiger der Eingangsgröße verknüpft ist, ist bei einem Schaltvorgang die Laplace-Transformierte der Ausgangsgröße mit der Laplace-Transformierten der Eingangsgröße über den Faktor $Z_k(s)$ bzw. $G(s)$ verbunden. Da mit Hilfe der Substitution $s = j\omega$ die Größen $\underline{G}(j\omega)$ und $G(s)$ ineinander übergehen, kann beispielsweise aus bekanntem Verhalten eines Netzwerks im eingeschwungenen Zustand das Verhalten dieses Netzwerks bei Anschalten einer beliebigen Spannung u(t) gefolgert werden. Hierzu ist zunächst die Kurzschlußkernimpedanz $Z_k(j\omega)$ und damit zugleich die Übertragungsfunktion G(s) zu bestimmen. Sodann wird die zu u(t) gehörende Laplace-Transformierte ermittelt. Die Laplace-Transformierte der Ausgangsgröße ist damit gemäß Gl. (5.1.7) ebenfalls bekannt; die Ausgangsgröße selbst muß durch Rücktransformation in den Zeitbereich berechnet werden. In Kapitel 10.3 sind die Kurzschlußkernimpedanzen für eine große Anzahl von Netzwerken angegeben. Bei dieser Zusammenstellung wurde bereits die Substitution von $j\omega$ durch s berücksichtigt.

Wie die Ausführungen der vorangehenden Abschnitte gezeigt haben, beschreibt die Übertragungsfunktion G(s) ein lineares Übertragungssystem vollständig. Zur Kennzeichnung des Systems wird im allgemeinen, wie in Bild 5.1.3 dargestellt ist, die Funktion G(s) in das Blocksymbol des Vierpols eingetragen.

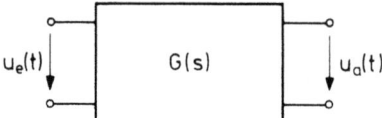

Bild 5.1.3: Blocksymbol

1. Beispiel

Entsprechend Bild 5.1.4 ist ein Vierpol als Reihenschaltung eines Widerstandes R und einer Induktivität L vorgegeben. Der Schalter S werde zur Zeit t = 0 in die Schalterstellung II und zur Zeit t = t_0 wieder in die Schalterstellung I gebracht. Dadurch wird an den energielosen Vierpol ein Spannungsimpuls der Amplitude U und der Dauer t_0 gelegt. Der Verlauf des Stromes i(t) ist für t > 0 zu bestimmen.

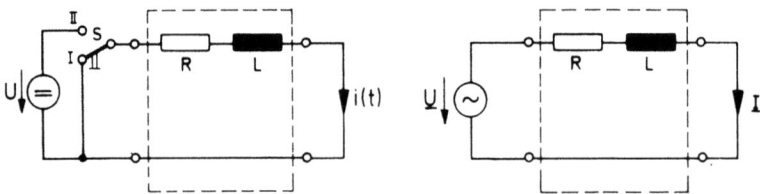

Bild 5.1.4: Schaltaufgabe sowie Ersatzschaltung für den eingeschwungenen Zustand

Aus der Ersatzschaltung für den eingeschwungenen Zustand ergibt sich der Strom $\underline{I}$ zu

$$\underline{I} = \frac{\underline{U}}{R + j\omega L} \ .$$

Hieraus folgen die Kurzschlußkernimpedanz

$$\underline{Z}_k = \frac{\underline{U}}{\underline{I}} = R + j\omega L$$

und mit $j\omega = s$ die Übertragungsfunktion

$$G(s) = \frac{1}{\underline{Z}_k(s)} = \frac{1}{R + sL} \ .$$

Gemäß Gl. (5.1.7) lautet nunmehr die Laplace-Transformierte des Stromes i(t):

$$\mathcal{L}\{i(t)\} = G(s)\,\mathcal{L}\{u(t)\} = \frac{1}{R + sL}\,\mathcal{L}\{u(t)\}.$$

Die Bildfunktion des Spannungsimpulses kann aus Abschnitt 3.2.8 (siehe Gl. (3.2.8.7)) übernommen werden:

$$\mathcal{L}\{u(t)\} = \frac{U}{s}(1 - e^{-st_0}) \ .$$

5.1 Die Übertragungsfunktion

Damit folgt

$$\mathcal{L}\{i(t)\} = \frac{1}{R+sL} \frac{U}{s} (1-e^{st_0})$$

$$= \frac{U}{L} \frac{1}{s\left(s+\frac{R}{L}\right)}(1-e^{st_0}).$$

Bei der Rücktransformation sind die Zeitbereiche $t < t_0$ und $t > t_0$ zu unterscheiden. Mit dem Funktionenpaar (siehe Kapitel 10.2)

$$\frac{1}{s\left(s+\frac{R}{L}\right)} \quad \bullet\!\!-\!\!\circ \quad \frac{L}{R}\left(1-e^{-\frac{R}{L}t}\right)$$

folgt als Originalfunktion

1. für $t < t_0$:
$$i(t) = \frac{U}{R}\left(1 - e^{-\frac{R}{L}t}\right),$$

2. für $t > t_0$:
$$i(t) = \frac{U}{R}\left(1 - e^{-\frac{R}{L}t}\right) - \frac{U}{R}\left(1 - e^{-\frac{R}{L}(t-t_0)}\right)$$

$$= \frac{U}{R} e^{-\frac{R}{L}t}\left(e^{\frac{R}{L}t_0} - 1\right).$$

Dieser Stromverlauf ist in Bild 5.1.5 graphisch dargestellt. Im ersten Zeitabschnitt $0 \leq t < t_0$ steigt der Strom von Null aus exponentiell an bis zum Wert

$$i(t_0) = \frac{U}{R}\left(1 - e^{-\frac{R}{L}t_0}\right).$$

Ausgehend von diesem Wert nimmt der Strom i(t) anschließend im Zeitabschnitt $t > t_0$ wieder exponentiell ab.

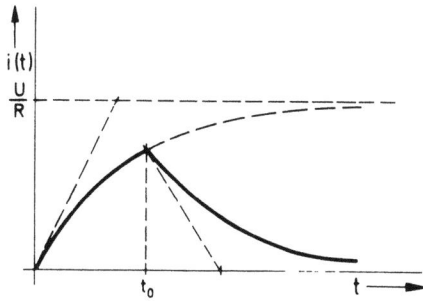

Bild 5.1.5: Verlauf des Stromes i(t)

Dieses einfache Beispiel einer Schaltaufgabe zeigt, wie ohne Aufstellen einer Differentialgleichung die Lösung direkt mit Hilfe der Übertragungsfunktion ermittelt werden kann. Voraussetzung für die Anwendung dieser Lösungsmethode ist jedoch, daß sämtliche Energiespeicher des Netzwerks im Schaltaugenblick energielos sind.

2. Beispiel

Damit ein lineares System eine verzerrungsfreie Übertragung von Signalen garantiert, muß der Frequenzgang $\underline{G}(j\omega) = \mathcal{F}(j\omega)$ des Systems einige charakteristische Eigenschaften besitzen. Diese Eigenschaften sollen im folgenden abgeleitet werden.
Entsprechend Bild 5.1.6 gelten die folgenden Beziehungen:

$$\underline{U}_a = \underline{G}(j\omega)\, \underline{U}_e \quad \text{und} \quad \mathcal{L}\{u_a(t)\} = G(s)\, \mathcal{L}\{u_e(t)\}.$$

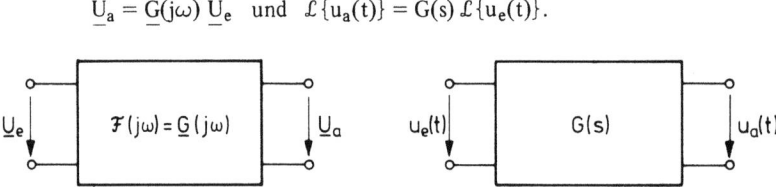

Bild 5.1.6: Allgemeiner Vierpol

Unter einer verzerrungsfreien Übertragung ist zu verstehen, daß die am Eingang und Ausgang des Übertragungssystems vorliegenden Signale ähnlich sein müssen. Der Verlauf der Ausgangsspannung $u_a(t)$ muß also, wie Bild 5.1.7 zeigt, dem Verlauf der Eingangsspannung $u_e(t)$ entsprechen. Beide Spannungsfunktionen dürfen sich lediglich durch eine multiplikative Konstante, d. h. $u_a(t) = K \cdot u_e(t)$, voneinander unterscheiden.

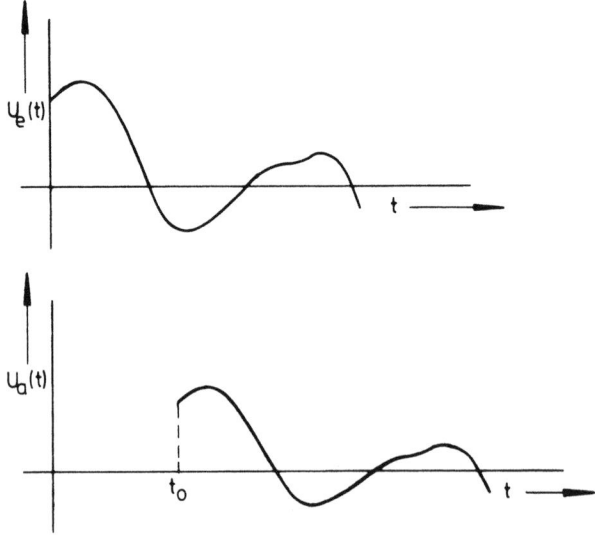

Bild 5.1.7: Eingangs- und Ausgangsspannung bei verzerrungsfreier Übertragung

5.1 Die Übertragungsfunktion

Ferner ist eine Verzögerung des Signals um eine bestimmte Zeit t_0 erlaubt. Eine Verzögerung hat keinen Einfluß auf die Kurvenform des Signals und ist wegen der endlichen Ausbreitungsgeschwindigkeit von Signalen auch stets vorhanden. Damit gilt für $u_a(t)$ die Beziehung

$$u_a(t) = K\, u_e(t - t_0)\,.$$

Wird hierauf die Laplace-Transformation angewendet, so folgt

$$\mathcal{L}\{u_a(t)\} = K\, \mathcal{L}\{u_e(t - t_0)\}$$
$$= K\, \mathcal{L}\{u_e(t)\}\, e^{-st_0}\,.$$

Die Übertragungsfunktion als Quotient der Laplace-Transformierten von Ausgangs- und Eingangsspannung beträgt also

$$G(s) = \frac{\mathcal{L}\{u_a(t)\}}{\mathcal{L}\{u_e(t)\}} = K\, e^{-st_0}\,.$$

Der Übergang von $G(s)$ zum Frequenzgang $\mathscr{F}(j\omega) = \underline{G}(j\omega)$ erfolgt schließlich durch Substitution von s durch $j\omega$:

$$\underline{G}(j\omega) = \mathscr{F}(j\omega) = K\, e^{-j\omega t_0}\,.$$

Aus dieser Beziehung lassen sich die beiden folgenden Bedingungen herleiten:
1. $|\underline{G}(j\omega)| = |\mathscr{F}(j\omega)| = K$,
   d. h., der Betrag des Frequenzganges muß frequenzunabhängig sein.
2. arc $\underline{G}(j\omega)$ = arc $\mathscr{F}(j\omega) = -\omega \cdot t_0$.
   d. h., die Phase des Frequenzganges muß proportional mit ω ansteigen (Proportionalitätskonstante $-t_0$).

Besitzt der Frequenzgang eines Vierpols diese beiden Eigenschaften, so erfolgt die Übertragung verzerrungsfrei. Betrag und Phase des Frequenzganges eines verzerrungsfreien Systems sind in Bild 5.1.8 nochmals graphisch dargestellt.

Die obigen Bedingungen sind im allgemeinen bei Netzwerken mit konzentrierten Bauelementen nicht erfüllt. Eine Ausnahme hiervon bilden Netzwerke mit rein ohmschen Widerständen. Somit kann in der Praxis nur versucht werden, diesen idealen Frequenzgang in einem gewünschten Frequenzbereich bis zu einer Grenzfrequenz möglichst gut anzunähern.

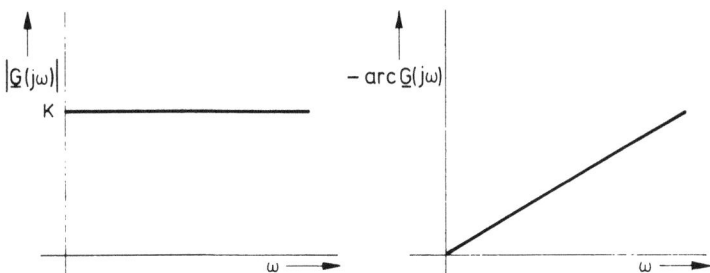

Bild 5.1.8: Frequenzgang eines verzerrungsfreien Systems

5.2 Die Übergangsfunktion

Neben der im vorigen Abschnitt behandelten Übertragungsfunktion G(s) wird aus Anschaulichkeitsgründen bevorzugt die Übergangsfunktion h(t) zur Charakterisierung eines linearen Systems oder Netzwerks herangezogen.
Die Übergangsfunktion h(t) stellt eine normierte Größe dar. Unter der Übergangsfunktion eines Systems ist definitionsgemäß die Ausgangszeitfunktion bei Sprungerregung, bezogen auf die sprunghafte Änderung der Eingangsfunktion, zu verstehen. Die Übergangsfunktion ist also direkt proportional zur Antwort des Systems auf die Sprungerregung, die an das zur Zeit t = 0 energielose System angelegt wird. Sie ist identisch mit der Systemantwort, falls als spezielle Eingangssprungfunktion der Einheitssprung verwendet wird.
Für die weiteren Überlegungen dieses Abschnitts wird als Sprungerregung die in Bild 5.2.1 skizzierte Spannungsfunktion

(5.2.1) $\quad u(t) = \begin{cases} 0 & \text{für } t < 0 \\ U & \text{für } t > 0 \end{cases}$

vorausgesetzt. Ein Spannungssprung tritt immer bei Anlegen einer Gleichspannung an ein System auf. Auf eine ausführliche Behandlung dieses wichtigen Sonderfalles aus Elektrotechnik, Physik und Regelungstechnik kann somit nicht verzichtet werden.

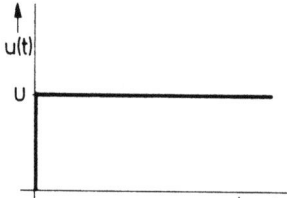

Bild 5.2.1: Sprungerregung

Es werde nun das in Bild 5.2.2 dargestellte allgemeine Schaltungsbeispiel betrachtet. Der lineare Vierpol besitze die Übertragungsfunktion G(s) und sei zur Zeit t = 0 energielos. Nach Anlegen der Gleichspannung U an die Eingangsklemmen ergibt sich ausgangsseitig der skizzierte Verlauf von i*(t), der auf einfache Weise als Oszillogramm aufgenommen werden kann.

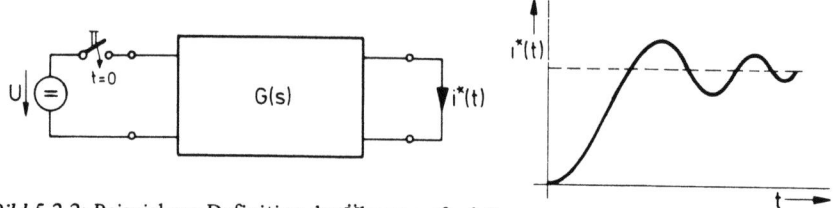

Bild 5.2.2: Beispiel zur Definition der Übergangsfunktion

5.2 Die Übergangsfunktion

Da der Strom i*(t) bei linearen Netzwerken proportional zur Spannung U ist, ist der Quotient

(5.2.2) $\quad h(t) = \dfrac{i^*(t)}{U}$

von der Größe der angelegten Gleichspannung unabhängig und stellt eine für das Netzwerk und die Ausgangszeitfunktion charakteristische Größe dar, nämlich die Übergangsfunktion. Diese Funktion wird auch häufig *Kennzeitfunktion* bzw. *Kennzeitfunktion zweiter Art* genannt. Der Zusatz „zweiter Art" wird hier im Hinblick darauf verwendet, daß im folgenden Abschnitt noch ähnliche Funktionen „erster Art" definiert werden, die sich auf einen anderen speziellen Schaltvorgang beziehen. Im englischen Sprachgebrauch ist die Bezeichnung „indicial admittance" (kennzeichnender Leitwert) üblich, da der Quotient $\dfrac{i^*(t)}{U}$ die Dimension eines Leitwerts hat.

Um einen Zusammenhang zwischen Übergangsfunktion h(t) und Übertragungsfunktion G(s) zu gewinnen, wird auf die Definition der Übertragungsfunktion zurückgegriffen. Im vorliegenden Fall ergibt sich G(s) als das Verhältnis der Laplace-Transformierten der Ausgangsgröße i*(t) zur Laplace-Transformierten der Eingangsgröße u(t). Wegen u(t) = U für t > 0 gilt:

(5.2.3) $\quad G(s) = \dfrac{\mathcal{L}\{i^*(t)\}}{\mathcal{L}\{u(t)\}} = \dfrac{\mathcal{L}\{i^*(t)\}}{U\dfrac{1}{s}} = s\,\mathcal{L}\left\{\dfrac{i^*(t)}{U}\right\}.$

Mit Gl. (5.2.2) folgt hieraus

(5.2.4) $\quad G(s) = s\,\mathcal{L}\{h(t)\} \quad \text{bzw.} \quad \mathcal{L}\{h(t)\} = \dfrac{G(s)}{s}.$

Übergangsfunktion und Übertragungsfunktion sind also über eine einfache Beziehung miteinander verknüpft. Ist beispielsweise die Übergangsfunktion h(t) bekannt, so kann daraus ohne weiteres das Verhalten des Netzwerks im eingeschwungenen Zustand oder die Antwort des Systems auf eine beliebige Eingangszeitfunktion abgeleitet werden. Ferner werden Aussagen über das Netzwerk selbst ermöglicht, da aus G(s) entsprechend Abschnitt 5.1 auf einfache Weise die Kurzschlußkernimpedanz ermittelt werden kann.

Abschließend soll gezeigt werden, wie die Ausgangsfunktion eines Systems, die zu einer beliebig vorgegebenen Eingangszeitfunktion gehört, mit Hilfe der Übergangsfunktion berechnet werden kann. Für das allgemeine Schaltungsbeispiel in Bild 5.2.3 lautet die Laplace-Transformierte der Ausgangszeitfunktion i(t) unter Berücksichtigung von Gl. (5.2.4):

(5.2.5) $\quad \mathcal{L}\{i(t)\} = G(s)\,\mathcal{L}\{u(t)\} = s\,\mathcal{L}\{h(t)\}\,\mathcal{L}\{u(t)\}\,.$

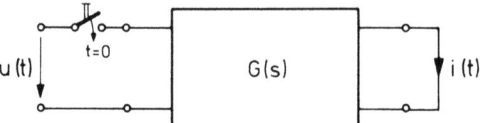

Bild 5.2.3: Allgemeines Beispiel einer Schaltaufgabe

Diese Beziehung stellt ein Produkt von zwei Bildfunktionen dar, das zusätzlich mit der Variablen s multipliziert wird. Der Strom i(t) kann somit durch Anwendung des Ableitungssatzes für das Faltungsprodukt entsprechend Abschnitt 4.1 berechnet werden. Gemäß Gl. (4.1.14) gilt demzufolge:

$$\text{(5.2.6)} \quad i(t) = \frac{d}{dt}[h(t) * u(t)]$$
$$= h'(t) * u(t) + h(0)\, u(t)$$
$$= h(t) * u'(t) + u(0)\, h(t)$$

oder beispielsweise

$$\text{(5.2.7)} \quad i(t) = \frac{d}{dt}\left[\int_0^t h(t-v)\, u(v)\, dv\right]$$
$$= \int_0^t h'(t-v)\, u(v)\, dv + h(0)\, u(t).$$

1. Beispiel

Gegeben sei die in Bild 5.2.4 dargestellte Sprungantwort

$$\text{(5.2.8)} \quad u_a(t) = U(k_1 + k_2\, t)$$

eines linearen Systems gemäß Bild 5.1.3 bei einer Sprungerregung $u_e(t) = U$ für $t > 0$. Die Übertragungsfunktion G(s) des Systems soll berechnet werden.

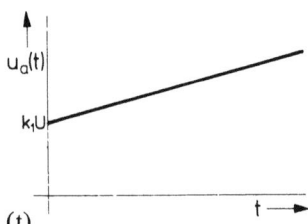

Bild 5.2.4: Sprungantwort $u_a(t)$

Aus der vorgegebenen Sprungantwort folgt entsprechend Gl. (5.2.2) die Übergangsfunktion

$$\text{(5.2.9)} \quad h(t) = \frac{u_a(t)}{U} = k_1 + k_2\, t.$$

5.3 Die Antwortfunktion eines linearen Systems auf spezielle Erregungen

Mit Gl. (5.2.4) ergibt sich hieraus die Übertragungsfunktion

(5.2.10) $\quad G(s) = s \mathcal{L}\{h(t)\} = s\left(\dfrac{k_1}{s} + \dfrac{k_2}{s^2}\right) = k_1 + \dfrac{k_2}{s}$.

2. Beispiel

Ein lineares System sei durch die Sprungantwort

(5.2.11) $\quad u_a(t) = U \sin \omega t$

(siehe Bild 5.2.5) charakterisiert. Gesucht ist die Übertragungsfunktion dieses Systems.

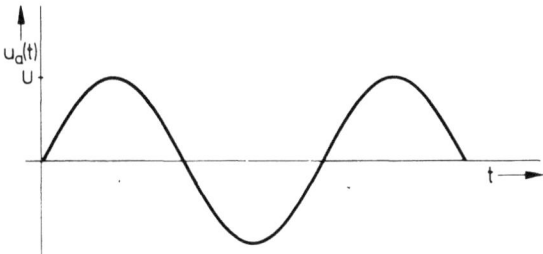

Bild 5.2.5: Sinusförmige Sprungantwort

In Analogie zum vorangegangenen Beispiel wird die Übertragungsfunktion G(s) wiederum mit Hilfe der Übergangsfunktion h(t) des Systems ermittelt. Die Übergangsfunktion lautet:

(5.2.12) $\quad h(t) = \dfrac{U \sin \omega t}{U} = \sin \omega t$.

Mit der Korrespondenz

$$\sin \omega t \circ\!\!-\!\!\bullet \dfrac{\omega}{s^2 + \omega^2}$$

und gemäß Gl. (5.2.4) folgt:

(5.2.13) $\quad G(s) = s \mathcal{L}\{h(t)\} = s \dfrac{\omega}{s^2 + \omega^2}$.

5.3 Die Antwortfunktion eines linearen Systems auf spezielle Erregungen

Einige häufig angewendete Testfunktionen zur Untersuchung von Systemeigenschaften sind in Bild 5.3.1 dargestellt.
Für die in Bild 5.3.1a skizzierte Sprungerregung wurde als charakteristische Größe des Systems im vorhergehenden Abschnitt bereits die normierte Aus-

gangszeitfunktion $h(t) = \frac{u_{a1}(t)}{U}$ eingeführt. Diese Zeitfunktion wurde als Übergangsfunktion bzw. Kennzeitfunktion zweiter Art bezeichnet. Der Zusammenhang dieser Kenngröße mit der Übertragungsfunktion wurde durch die Beziehung

$$G(s) = s \, \mathcal{L}\{h(t)\}$$

hergestellt.

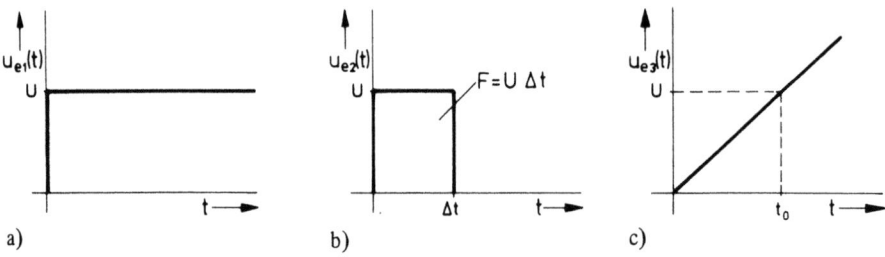

Bild 5.3.1: Testfunktionen

Als weiterer wichtiger Sonderfall wird nun die in Bild 5.3.1b angegebene Eingangszeitfunktion $u_{e2}(t)$ behandelt. Diese Impulsfunktion führt entsprechend Abschnitt 4.5 für $\Delta t \to 0$ bei konstanter Impulsfläche $F = U \cdot \Delta t$ auf die Deltafunktion $\delta(t)$. Als Ausgangszeitfunktion $u_{a2}(t)$ ergibt sich eine der Impulsfläche proportionale Funktion, so daß durch Normierung auf die Fläche F eine impulsunabhängige Zeitfunktion, die sogenannte *Kennzeitfunktion erster Art*, abgeleitet werden kann. Diese Kenngröße eines linearen Systems hat sich für viele theoretische Betrachtungen als vorteilhaft erwiesen.
Aus der Laplace-Transformierten der Impulsfunktion (siehe Gl. (4.5.7)) folgt mit $F = U \cdot \Delta t = $ konst. beim Grenzübergang $\Delta t \to 0$:

(5.3.1) $\quad \lim_{\Delta t \to 0} \mathcal{L}\{u_{e2}(t)\} = F.$

Falls in technischen Anwendungsfällen die Impulsbreite Δt nur genügend klein gegenüber den Zeitkonstanten des betrachteten Netzwerks gehalten wird, ist die obige Idealisierung erlaubt. Als Eingangsgröße wird nun also die Funktion

(5.3.2) $\quad u_{e2}^*(t) = \lim_{\Delta t \to 0} u_{e2}(t) \Big|_{F = \text{konst.}} = F \, \delta(t)$

vorausgesetzt. Die Laplace-Transformierte dieser Stoßfunktion ergibt sich mit Gl. (4.5.3) zu

(5.3.3) $\quad \mathcal{L}\{u_{e2}^*(t)\} = F \, \mathcal{L}\{\delta(t)\} = F.$

5.3 Die Antwortfunktion eines linearen Systems auf spezielle Erregungen

Wird die von $u_{e2}^*(t)$ hervorgerufene Antwort des Systems mit $u_{a2}^*(t)$ bezeichnet, so gilt:

$$(5.3.4) \quad G(s) = \frac{\mathcal{L}\{u_{a2}^*(t)\}}{\mathcal{L}\{u_{e2}^*(t)\}} = \frac{\mathcal{L}\{u_{a2}^*(t)\}}{F} = \mathcal{L}\left\{\frac{u_{a2}^*(t)}{F}\right\} = \mathcal{L}\{g(t)\}.$$

Die Funktion $g(t) = \dfrac{u_{a2}^*(t)}{F}$ stellt für den Grenzfall $\Delta t \to 0$ die normierte Antwortfunktion bei Erregung des Systems mit der Impulsfunktion (Impulsfläche F = konst.) dar. Die obige Beziehung zeigt, daß somit die Kennzeitfunktion erster Art die zur Übertragungsfunktion $G(s)$ gehörende Originalfunktion ist.

Selbstverständlich hängen die beiden Kennzeitfunktionen $h(t)$ und $g(t)$ sehr eng miteinander zusammen. Durch Einsetzen von Gl. (5.3.4) in Gl. (5.2.4) ergibt sich sofort

$$(5.3.5) \quad \mathcal{L}\{h(t)\} = \frac{1}{s} G(s) = \frac{1}{s} \mathcal{L}\{g(t)\}.$$

Die Rücktransformation in den Originalbereich führt unter Anwendung des Integralsatzes mit $\int_{-\infty}^{0} g(\tau) \cdot d\tau = 0$ auf

$$(5.3.6) \quad h(t) = \int_0^t g(\tau) \, d\tau.$$

Durch Differentiation nach t folgt hieraus:

$$(5.3.7) \quad g(t) = \frac{d}{dt} h(t).$$

Die dritte im Bild 5.3.1 dargestellte Zeitfunktion ist von untergeordneter Bedeutung. Für diese Funktion gilt entsprechend Diagramm c:

$$(5.3.8) \quad u_{e3}(t) = \begin{cases} 0 & \text{für } t < 0 \\ \dfrac{U}{t_0} t & \text{für } t \geq 0 \end{cases}$$

Mit $\mathcal{L}\{u_{e3}(t)\} = \dfrac{U}{t_0} \cdot \dfrac{1}{s^2}$ ergibt sich die Übertragungsfunktion

$$(5.3.9) \quad G(s) = \frac{\mathcal{L}\{u_{a3}(t)\}}{\dfrac{U}{t_0} \dfrac{1}{s^2}} = s^2 \, \mathcal{L}\left\{\frac{u_{a3}(t)}{\dfrac{U}{t_0}}\right\} = s^2 \, \mathcal{L}\{b(t)\},$$

wobei b(t) eine Kennzeitfunktion dritter Art ist. Unter Berücksichtigung von Gl. (5.3.4) und Gl. (5.3.5) läßt sich sodann der folgende Zusammenhang zwischen den Laplace-Transformierten der verschiedenen Kennzeitfunktionen ableiten:

(5.3.10) $\quad \dfrac{1}{s^2} G(s) = \dfrac{1}{s^2} \mathcal{L}\{g(t)\} = \dfrac{1}{s} \mathcal{L}\{h(t)\} = \mathcal{L}\{b(t)\}$.

bzw.

(5.3.11) $\quad \mathcal{L}\{g(t)\} = s\, \mathcal{L}\{h(t)\} = s^2\, \mathcal{L}\{b(t)\}$.

Die Rücktransformation in den Originalbereich mit Hilfe des Integral- bzw. Ableitungssatzes — sämtliche Anfangswerte zur Zeit $t=0$ sind hierbei Null — führt schließlich auf die einfachen Beziehungen

(5.3.12) $\quad b\{t\} = \int\limits_0^t h(\tau)\, d\tau = \int\limits_0^t \left[\int\limits_0^\tau g(\xi)\, d\xi \right] d\tau$

und

(5.3.13) $\quad g(t) = \dfrac{d}{dt} h(t) = \dfrac{d^2}{dt^2} b(t)$.

Beispiel

Das Wechselstromverhalten eines linearen Systems gemäß Bild 5.3.2 soll aus dem Verhalten des Systems abgeleitet werden, das bei der Erregung durch eine der in Bild 5.3.1 skizzierten Testfunktionen $u_{e\nu}(t)$ festgestellt werden kann.

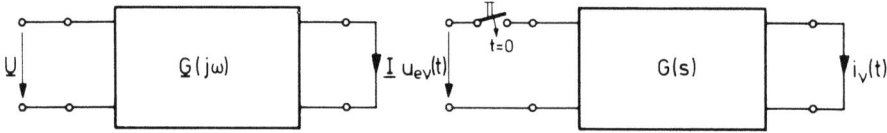

Bild 5.3.2: Beispiel zur Ermittlung der Übertragungseigenschaften

Nach Wahl einer geeigneten Testfunktion $u_{e\nu}(t)$ muß der Verlauf des Stromes $i_\nu(t)$ mit Hilfe eines Oszillographen aufgenommen und in eine mathematische Form gebracht werden. Sodann kann die Übergangsfunktion

$$G(s) = \dfrac{\mathcal{L}\{i_\nu(t)\}}{\mathcal{L}\{u_{e\nu}(t)\}} = \dfrac{1}{Z(s)}$$

berechnet werden. Die Substitution $s = j\omega$ führt auf die Kurzschlußkernimpedanz $\underline{Z}_k(j\omega) = \dfrac{1}{\underline{G}(j\omega)}$, so daß sich der Strom $\underline{I} = \dfrac{\underline{U}}{\underline{Z}_k(j\omega)}$ ohne weiteres ermitteln läßt. Um für den Fall des eingeschwungenen Zustands die interessierende Ausgangsgröße eines linearen Systems als Funktion der Frequenz zu bestimmen, reicht es also aus, einen einzigen mit beliebiger Spannung $u_{e\nu}(t)$ vorgenommenen Schaltvorgang zu untersuchen.

6. Die Anwendung der Laplace-Transformation

Die Grundlagen der Laplace-Transformation bilden den Inhalt der vorangegangenen Abschnitte. So wurden beispielsweise die verschiedenen Hilfssätze und Rechenregeln auf einfache Aufgaben zur Untermauerung der Theorie angewendet. Mit Hilfe der bisher erworbenen theoretischen Grundkenntnisse sollen nun aus dem weiten Anwendungsgebiet der Laplace-Transformation typische, ausgewählte Beispiele behandelt werden.

Da die Anwendung der Laplace-Transformation auf Differential- und Integralgleichungen zu einfachen algebraischen Gleichungen im Bildbereich führt, wird die Behandlung von gewöhnlichen Differentialgleichungen unterschiedlicher Ordnung und von Differentialgleichungssystemen mit im Vordergrund stehen. Große Bedeutung kommt der Laplace-Transformation in der Elektrotechnik insbesondere bei der Behandlung von Schaltvorgängen, der Analyse von Netzwerken und dem dynamischen Verhalten von Bauelementen und Baueinheiten zu. In Verbindung mit den in Abschnitt 5 abgeleiteten Antwortfunktionen auf spezielle Erregungen, den Übergangsfunktionen, und der dort definierten Übertragungsfunktion lassen sich nachrichten- und regelungstechnische Aufgabenstellungen mit Erfolg lösen. Alle aufgeführten Beispiele sollen nur das Verfahren der Anwendung und die Zweckmäßigkeit der Laplace-Transformation vor Augen führen. Die zu den einzelnen Anwendungsfällen gehörenden theoretischen Grundlagen werden somit als bekannt vorausgesetzt.

6.1 Die Behandlung gewöhnlicher Differentialgleichungen

6.1.1 *Die Lösung der Differentialgleichung erster Ordnung*

Wird die Laplace-Transformation auf eine Differentialgleichung erster Ordnung mit konstanten Koeffizienten und beliebiger Störfunktion f(t)

(6.1.1.1) $\quad \dfrac{dy}{dt} + a\,y = f(t) \quad$ (a reell) angewendet, so ergibt sich im Bildbereich mit Hilfe des Ableitungssatzes und des Satzes über die Linearkombination als Laplace-Transformierte der Funktion y(t) eine algebraische Gleichung. Aus

(6.1.1.2) $\quad \mathcal{L}\left\{\dfrac{dy}{dt}\right\} + \mathcal{L}\{a\,y\} = \mathcal{L}\{f(t)\}$

folgt nämlich

(6.1.1.3) $\quad s\,\mathcal{L}\{y\} - y(0) + a\,\mathcal{L}\{y\} = \mathcal{L}\{f(t)\}$

oder, aufgelöst nach $\mathcal{L}\{y\}$:

(6.1.1.4) $\quad \mathcal{L}\{y\} = \dfrac{\mathcal{L}\{f(t)\} - y(0)}{s + a}$.

Die Gl. (6.1.1.3) stellt die in den Bildbereich transformierte Differentialgleichung dar und ist eine lineare algebraische Gleichung. Sie enthält den Anfangswert y(0) und ist vom Gleichungstyp her wesentlich einfacher als die ursprüngliche Differentialgleichung. An dieser Stelle ist bereits zu erkennen, daß sich der Lösungsweg erheblich vereinfacht. Die vielfach aufwendige Ermittlung einer sogenannten „allgemeinen Lösung" der Differentialgleichung mit Hilfe der Integralrechnung sowie die anschließende Festsetzung der willkürlichen Konstanten entfallen. Statt dessen kann aus Gl. (6.1.1.4) nach Einsetzen des Anfangswertes sofort durch Rücktransformation die gewünschte Lösung gewonnen werden.

Mit Hilfe des Faltungssatzes und des Funktionenpaares $\dfrac{1}{s+a}$ ●—○ e^{-at} ergibt sich somit die Lösung der Differentialgleichung 1. Ordnung mit konstanten Koeffizienten zu

(6.1.1.5) $\quad y(t) = f(t) * e^{-at} - y(0)\,e^{-at}$.

Die obige Lösungsdarstellung läßt die Berücksichtigung beliebiger Anfangswerte und beliebiger Störfunktionen zu. Die einfache Anwendung dieser Beziehung auf Sonderfälle soll an einigen Beispielen gezeigt werden.

1. Beispiel

Gesucht sei die Lösung y(t) der Differentialgleichung (6.1.1.1) mit f(t) = 0 und y(0) = A. Nach Gl. (6.1.1.5) ergibt sich sofort die Lösungsfunktion

(6.1.1.6) $\quad y(t) = -A\,e^{-at}$.

2. Beispiel

Die Störfunktion f(t) der Differentialgleichung 1. Ordnung sei konstant. Gesucht ist die Lösung y(t) zur Anfangsbedingung y(0) = A.

6.1 Die Behandlung gewöhnlicher Differentialgleichungen

Gemäß Gl. (6.1.1.5) folgt

$$y(t) = K * e^{-at} - A\, e^{-at}.$$

Für den Sonderfall der Faltung lautet die Lösung entsprechend Gl. (3.2.9.20)

(6.1.1.7) $\quad y(t) = K \int_0^t e^{-av} dv - A\, e^{-at} = \dfrac{K}{a}(1 - e^{-at}) - A\, e^{-at}.$

3. Beispiel

Die Lösung y(t) der Differentialgleichung

$$y' + a\, y = B \sin \omega t$$

mit y(0) = A soll ermittelt werden.
Wiederum wird von der allgemeinen Lösung gemäß Gl. (6.1.1.5) Gebrauch gemacht.

$$y(t) = B \sin \omega t * e^{-at} - A\, e^{-at}.$$

Für das Faltungsprodukt $\sin \omega t * e^{-at}$ wurde unter Gl. (3.2.9.22) die Originalfunktion

$$\dfrac{a \sin \omega t - \omega \cos \omega t}{a^2 + \omega^2} + \dfrac{\omega}{a^2 + \omega^2} e^{-at}$$

hergeleitet. Damit ergibt sich als Lösungsfunktion

(6.1.1.8) $\quad y(t) = B \left[\dfrac{a \sin \omega t - \omega \cos \omega t}{a^2 + \omega^2} + \dfrac{\omega}{a^2 + \omega^2} e^{-at} \right] - A\, e^{-at}.$

6.1.2 Die Lösung der Differentialgleichung zweiter Ordnung

Die allgemeine lineare Differentialgleichung zweiter Ordnung mit konstanten reellen Koeffizienten und der Störfunktion f(t) lautet:

(6.1.2.1) $\quad y'' + a\, y' + b\, y = f(t).$

Nach Anwendung der Laplace-Transformation ergibt sich hieraus

$$\mathcal{L}\{y''\} + \mathcal{L}\{a\, y'\} + \mathcal{L}\{b\, y\} = \mathcal{L}\{f(t)\}.$$

Mit Hilfe des Ableitungssatzes und des Satzes über die Linearkombination folgt:

$$[s^2\, \mathcal{L}\{y\} - s\, y(0) - y'(0)] + a[s\, \mathcal{L}\{y\} - y(0)] + b\, \mathcal{L}\{y\} = \mathcal{L}\{f(t)\}$$

bzw.

(6.1.2.2) $\quad \mathcal{L}\{y\} = \dfrac{\mathcal{L}\{f(t)\}}{s^2 + a\,s + b} + y(0)\, \dfrac{s + a}{s^2 + a\,s + b} + y'(0)\, \dfrac{1}{s^2 + a\,s + b}.$

In der Bildfunktion kommen die beiden Anfangswerte y(0) und y'(0) vor, die zur Bestimmung der Lösung vorgegeben sein müssen. Die Rücktransformation der drei Summanden kann nach den in Abschnitt 3.3 beschriebenen Methoden erfolgen. Mit den Korrespondenzen

(6.1.2.3) $\quad f_1(t) \circ\!\!-\!\!\bullet \dfrac{1}{s^2 + as + b} \quad$ und $\quad f_2(t) \circ\!\!-\!\!\bullet \dfrac{s + a}{s^2 + as + b}$

ergibt sich die Lösung y(t) für beliebige Störfunktionen f(t) und beliebige Anfangsbedingungen zu

(6.1.2.4) $\quad y(t) = f(t) * f_1(t) + y(0) f_2(t) + y'(0) f_1(t)$.

Auf zwei Beispiele soll abschließend etwas ausführlicher eingegangen werden.

1. Beispiel

Gesucht sei die Lösung y(t) der Differentialgleichung zweiten Grades gemäß Gl. (6.1.2.1) zu den Anfangsbedingungen y(0) = 0 und y'(0) = A. Die Störfunktion f(t) sei gleich Null. Ausgehend von der allgemeinen Lösung nach Gl. (6.1.2.4) ergibt sich:

(6.1.2.5) $\quad y(t) = 0 * f_1(t) + 0 \cdot f_2(t) + A f_1(t) = A f_1(t)$.

Die Funktion $f_1(t)$ stellt hierbei die Originalfunktion der Laplace-Transformierten $\dfrac{1}{s^2 + as + b}$ dar. Wird der Nenner dieser Bildfunktion in das Produkt $(s - s_1) \cdot (s - s_2)$ umgeformt, so sind bei der Rücktransformation die Fälle $s_1 \neq s_2$ und $s_1 = s_2$ zu unterscheiden.

a) $s_1 \neq s_2$

Die Lösung der quadratischen Gleichung

$$s^2 + as + b = 0$$

führt auf die Lösungen

$$s_{1,2} = -\frac{a}{2} \pm \sqrt{\left(\frac{a}{2}\right)^2 - b}$$

$$= -\frac{a}{2} \pm \sqrt{-D}$$

mit $D = b - \dfrac{a^2}{4}$. Die zur Bildfunktion gehörende Originalfunktion wurde bereits unter Gl. (3.3.2.1.11) hergeleitet, so daß die Lösung y(t) wie folgt lautet:

$$y(t) = A \frac{1}{s_1 - s_2} (e^{s_1 t} - e^{s_2 t})$$

$$= \frac{A}{2\sqrt{-D}} e^{-\frac{a}{2}t} (e^{\sqrt{-D}\,t} - e^{-\sqrt{-D}\,t}).$$

6.1 Die Behandlung gewöhnlicher Differentialgleichungen

Ist der Faktor D negativ, d. h. $-\frac{a^2}{4} > b$, so ist $\sqrt{-D} = C$ eine reelle Größe. Die Lösung kann somit umgeformt werden in

(6.1.2.6) $\quad y(t) = \frac{A}{C} e^{-\frac{a}{2}t} \frac{e^{Ct} - e^{-Ct}}{2} = \frac{A}{C} e^{-\frac{a}{2}t} \sinh Ct.$

Nimmt D hingegen einen positiven Wert an, d. h., gilt $\frac{a^2}{4} < b$, so sind die Wurzeln s_1 und s_2 zueinander konjugiert komplex. Mit $\sqrt{-D} = j\omega$ folgt sodann

(6.1.2.7) $\quad y(t) = \frac{A}{2j\omega} e^{-\frac{a}{2}t} (e^{j\omega t} - e^{-j\omega t}) = \frac{A}{\omega} e^{-\frac{a}{2}t} \sin \omega t.$

Als Lösung ergibt sich also eine mit dem Faktor $\frac{A}{\omega} \cdot e^{-\frac{a}{2}t}$ multiplizierte Sinusschwingung der Kreisfrequenz $\omega = \sqrt{D} = \sqrt{b - \frac{a^2}{4}}$. In Abhängigkeit von der Konstanten a treten periodische Schwingungen mit unterschiedlich verlaufenden Amplituden auf:

    a > 0   exponentiell abfallende Amplitude,
    a = 0   konstante Amplitude,
    a < 0   exponentiell ansteigende Amplitude.

b) $s_1 = s_2$

Die Wurzeln s_1 und s_2 sind dann gleich, falls der Faktor D gleich Null ist, also für $b = \frac{a^2}{4}$. In diesem Falle folgt aus

$$\mathcal{L}\{y(t)\} = A \cdot \frac{1}{(s - s_1)^2} = A \frac{1}{\left(s + \frac{a}{2}\right)^2}$$

entsprechend Gl. (3.2.4.8) die Lösungsfunktion

(6.1.2.8) $\quad y(t) = A\, t\, e^{-\frac{a}{2}t}.$

2. Beispiel

Die Lösung y(t) der Differentialgleichung $y'' + a \cdot y' + b \cdot y = 0$ soll zu den Anfangsbedingungen $y(0) = B$ und $y'(0) = A$ bestimmt werden.
Da die Störfunktion $f(t) = 0$ ist, folgt aus Gl. (6.1.2.4) allgemein

(6.1.2.9) $\quad y(t) = B\, f_2(t) + A\, f_1(t)$

mit den Funktionen $f_1(t)$ und $f_2(t)$ entsprechend Gl. (6.1.2.3).
Der Lösungsanteil $A \cdot f_1(t)$ wurde bereits im vorhergehenden Beispiel ermittelt. Die Bildfunktion zu $f_2(t)$ wird wie folgt umgeformt:

$$B \frac{s + a}{s^2 + as + b} = B \frac{s}{(s - s_1)(s - s_2)} + B\, a \frac{1}{(s - s_1)(s - s_2)}.$$

Für $s_1 \neq s_2$ ergibt sich hierzu mit Hilfe der Korrespondenzentabelle in Abschnitt 10.2 die Originalfunktion

$$f_2(t) = \frac{1}{s_1 - s_2}(s_1 e^{s_1 t} - s_2 e^{s_2 t}) + \frac{a}{s_1 - s_2}(e^{s_1 t} - e^{s_2 t}).$$

Mit $s_1 + s_2 = -a$ folgt hieraus

$$f_2(t) = \frac{-1}{s_1 - s_2}(s_2 e^{s_1 t} - s_1 e^{s_2 t}).$$

Damit lautet die Lösung der Differentialgleichung nach Gl. (6.1.2.9)

(6.1.2.10) $\quad y(t) = A \dfrac{1}{s_1 - s_2} (e^{s_1 t} - e^{s_2 t})$

$\qquad\qquad - B \dfrac{1}{s_1 - s_2} (s_2 e^{s_1 t} - s_1 e^{s_2 t}).$

Die verschiedenen Sonderfälle sowie der Fall $s_1 = s_2$ können auch hier entsprechend dem ersten Beispiel diskutiert werden.

6.1.3 Die Lösung der Differentialgleichung n-ter Ordnung

Die allgemeine Differentialgleichung n-ter Ordnung mit konstanten Koeffizienten und beliebiger Störfunktion f(t) läßt sich wie folgt schreiben:

(6.1.3.1) $\quad y^{(n)} + a_{n-1} y^{(n-1)} + a_{n-2} y^{(n-2)} + \ldots + a_1 y' + a_0 y = f(t).$

Damit diese Differentialgleichung eine eindeutige Lösung hat, müssen n Anfangswerte gegeben sein. Wird auf diese Gleichung die Laplace-Transformation angewendet, so folgt:

(6.1.3.2) $\quad [s^n \mathcal{L}\{y\} - s^{n-1} y(0) - s^{n-2} y'(0) - \ldots - y^{(n-1)}(0)]$

$\qquad\qquad + a_{n-1} [s^{n-1} \mathcal{L}\{y\} - s^{n-2} y(0) - s^{n-3} y'(0)$

$\qquad\qquad\qquad\qquad\qquad\qquad - \ldots - y^{(n-2)}(0)]$

$\qquad\qquad + a_{n-2} [s^{n-2} \mathcal{L}\{y\} - s^{n-3} y(0) - s^{n-4} y'(0)$

$\qquad\qquad\qquad\qquad\qquad\qquad - \ldots - y^{(n-3)}(0)]$

$\qquad\vdots$

$\qquad\qquad + a_1 [s \mathcal{L}\{y\} - y(0)] + a_0 \mathcal{L}\{y\} = \mathcal{L}\{f(t)\}.$

6.1 Die Behandlung gewöhnlicher Differentialgleichungen

Das Umordnen der verschiedenen Summanden führt auf:

(6.1.3.3) $\mathcal{L}\{y\} [s^n + a_{n-1} s^{n-1} + a_{n-2} s^{n-2} + \ldots + a_1 s + a_0]$

$- y(0) [s^{n-1} + a_{n-1} s^{n-2} + a_{n-2} s^{n-3} + \ldots + a_1]$

$- y'(0) [s^{n-2} + a_{n-1} s^{n-3} + a_{n-2} s^{n-4} + \ldots + a_2]$

$- y''(0) [s^{n-3} + a_{n-1} s^{n-4} + a_{n-2} s^{n-5} + \ldots + a_3]$

$\vdots$

$- y^{(n-2)}(0) a_{n-1} - y^{(n-1)}(0) = \mathcal{L}\{f(t)\}.$

Durch Auflösung nach $\mathcal{L}\{y\}$ ergibt sich schließlich eine Summe von $(n-1)$ Summanden, die alle als Nenner den Ausdruck

(6.1.3.4) $s^n + a_{n-1} s^{n-1} + a_{n-2} s^{n-2} + \ldots + a_1 s + a_0 = N(s)$

haben. Eine Rücktransformation der Summe ist somit z. B. durch Partialbruchzerlegung möglich.

Zum Abschluß soll hier nur noch der Sonderfall der inhomogenen Differentialgleichung mit den Anfangswerten

$$y(0) = y'(0) = y''(0) = \ldots = y^{(n-1)}(0) = 0$$

betrachtet werden. Aus Gl. (6.1.3.3) folgt in diesem Falle die Bildfunktion

(6.1.3.5) $\mathcal{L}\{y\} = \dfrac{\mathcal{L}\{f(t)\}}{s^n + a_{n-1} s^{n-1} + a_{n-2} s^{n-2} + \ldots + a_1 s + a_0}$

$= \dfrac{\mathcal{L}\{f(t)\}}{N(s)}$.

Die Lösungsfunktion $y(t)$ kann nun, wie in Abschnitt 3.3.2 beschrieben wurde, durch Partialbruchzerlegung gewonnen werden. Dazu wird das Nennerpolynom zunächst in das Produkt

(6.1.3.6) $N(s) = (s - s_1)(s - s_2) \cdots (s - s_n)$

umgeformt. Dann werden die n Koeffizienten A_k entsprechend der Beziehung

(6.1.3.7) $A_k = \dfrac{\mathcal{L}\{f(t)\}\big|_{s = s_k}}{N'(s_k)}$

ermittelt, so daß Gl. (6.1.3.5) auch als Summe

$$(6.1.3.8) \quad \mathcal{L}\{y\} = \sum_{k=1}^{n} A_k \frac{1}{s - s_k}$$

geschrieben werden kann.
Durch Rücktransformation ergibt sich schließlich die Lösung

$$(6.1.3.9) \quad y(t) = \sum_{k=1}^{n} A_k e^{s_k t} \ .$$

Eine weitere Möglichkeit, die Funktion y(t) zu ermitteln, besteht in der Anwendung des Faltungssatzes. Wird beispielsweise die Funktion f(t) in Gl. (6.1.3.5) als Eingangsfunktion und y(t) als Ausgangsfunktion eines linearen Systems interpretiert, so stellt der Quotient

$$(6.1.3.10) \quad \frac{\mathcal{L}\{y(t)\}}{\mathcal{L}\{f(t)\}} = \frac{1}{N(s)} \ ,$$

also der Reziprokwert der Nennerfunktion, definitionsgemäß die in Abschnitt 5.1 eingeführte Übertragungsfunktion G(s) dar. Wie in der Nachrichtentechnik üblich, wird die Lösungsfunktion y(t) als Antwort des Übertragungssystems auf die Eingangsfunktion f(t) bezeichnet. Dabei entsprechen dem zur Zeit t < 0 energielosen System im vorliegenden Fall die zur Zeit t = 0 verschwindenden Anfangswerte.
Aus der Beziehung

$$(6.1.3.11) \quad \mathcal{L}\{y(t)\} = G(s) \, \mathcal{L}\{f(t)\}$$

folgt somit durch Anwendung des Faltungssatzes die Lösungsfunktion

$$(6.1.3.12) \quad y(t) = g(t) * f(t) \ ,$$

wobei unter der Funktion g(t) die zur Übertragungsfunktion gehörende Originalfunktion zu verstehen ist.

6.2 Die Behandlung von Differentialgleichungssystemen

Mit Hilfe der Laplace-Transformation konnte bereits die Lösung von gewöhnlichen Differentialgleichungen vereinfacht werden. Dieses im vorangehenden Abschnitt beschriebene Lösungsverfahren führt bei der Anwendung auf Differentialgleichungssysteme zu einer noch bedeutenderen Reduzierung des Rechenaufwandes. Als Grundregel ist dabei immer darauf zu achten, daß die Laplace-Transformation unmittelbar auf ein Differentialgleichungssystem angewendet wird. Die übliche Herleitung von Differentialgleichungen höherer Ordnung zur Substitution von Ableitungen entfällt also.

6.2 Die Behandlung von Differentialgleichungssystemen

Dem System von Differentialgleichungen im Originalbereich entspricht im Bildbereich ein übersichtliches System linearer algebraischer Gleichungen. Daß bei der Transformation zugleich auch alle Anfangsbedingungen berücksichtigt werden, ist ebenfalls von Vorteil. Der Sonderfall von verschwindenden Anfangswerten (beispielsweise bei energielosen Netzwerken) erweist sich dabei als besonders einfacher Anwendungsfall. Ein weiterer Vorteil des Lösungsverfahrens besteht darin, daß diejenigen Unbekannten, die von Interesse sind, auf einfache Weise mit Hilfe der Determinantenrechnung und anschließender Rücktransformation berechnet werden können, ohne daß gleich alle Unbekannten des Gleichungssystems ermittelt werden müssen. Da in späteren Abschnitten noch mehrfach Systeme von Differentialgleichungen zu lösen sind, soll an dieser Stelle lediglich das Prinzip des Lösungsverfahrens an einem Beispiel erläutert werden.

Gegeben sei das folgende Differentialgleichungssystem:

(6.2.1)
$$\frac{d^2y}{dt^2} + a_1 \frac{d^2x}{dt^2} + a_2 \frac{dy}{dt} + a_3 y = f(t)$$

$$\frac{d^2x}{dt^2} + b_1 \frac{dy}{dt} + b_2 \frac{dx}{dt} + b_3 x = 0.$$

Die unmittelbare Anwendung der Laplace-Transformation führt auf

(6.2.2)
$$[s^2 \mathcal{L}\{y\} - s\,y(0) - y'(0)] + a_1 [s^2 \mathcal{L}\{x\} - s\,x(0) - x'(0)]$$
$$+ a_2 [s \mathcal{L}\{y\} - y(0)] + a_3 \mathcal{L}\{y\} = \mathcal{L}\{f(t)\}$$

$$[s^2 \mathcal{L}\{x\} - s\,x(0) - x'(0)] + b_1 [s \mathcal{L}\{y\} - y(0)]$$
$$+ b_2 [s \mathcal{L}\{x\} - x(0)] + b_3 \mathcal{L}\{x\} = 0.$$

Durch Umordnen ergibt sich

(6.2.3)
$$\mathcal{L}\{y\} [s^2 + a_2 s + a_3] + \mathcal{L}\{x\}\, a_1 s^2$$
$$= \mathcal{L}\{f(t)\} + y(0)(s + a_2) + y'(0) + a_1 s\,x(0) + a_1 x'(0) = A$$

$$\mathcal{L}\{y\}\, s\, b_1 + \mathcal{L}\{x\} [s^2 + b_2 s + b_3]$$
$$= b_1 y(0) + x(0)(s + b_2) + x'(0) = B.$$

Alle Koeffizienten a_k und b_k, die Anfangswerte und die Störfunktion f(t) dieses Gleichungssystems sind gegeben, so daß die Größen A und B bekannt sind. Die Unbekannten $\mathcal{L}\{y\}$ und $\mathcal{L}\{x\}$ werden nun mit Hilfe der Determinantenrechnung ermittelt. Soll nur die Zeitfunktion y(t) bestimmt werden, so ist lediglich die Bildfunktion

(6.2.4) $\quad \mathcal{L}\{y\} = \dfrac{\begin{vmatrix} A & a_1 s^2 \\ B & s^2 + b_2 s + b_3 \end{vmatrix}}{\begin{vmatrix} s^2 + a_2 s + a_3 & a_1 s^2 \\ b_1 s & s^2 + b_2 s + b_3 \end{vmatrix}}$

in den Originalbereich zurückzutransformieren.

Für die Funktion x(t) ergibt sich analog die Bildfunktion

(6.2.5) $\quad \mathcal{L}\{x\} = \dfrac{\begin{vmatrix} s^2 + a_2 s + a_3 & A \\ b_1 s & B \end{vmatrix}}{\begin{vmatrix} s^2 + a_2 s + a_3 & a_1 s^2 \\ b_1 s & s^2 + b_2 s + b_3 \end{vmatrix}}$

Die verschiedenen Determinanten lassen sich auf einfache Art auswerten. Die Partialbruchzerlegung für die anschließende Rücktransformation bereitet in der Regel ebenfalls keine Schwierigkeiten. Der Rechenaufwand wird schließlich noch erheblich reduziert, falls sämtliche Anfangswerte Null sind.

6.3 Ausgleichsvorgänge und ihre Behandlung mit Hilfe der Laplace-Transformation

Bei der Berechnung elektrischer Vorgänge wird in den meisten Fällen zur Vereinfachung der Rechnung vorausgesetzt, daß sich die elektrischen und magnetischen Größen im eingeschwungenen Zustand befinden. So sind beispielsweise im Gleichstromkreis bei zeitlich konstanten Quellenspannungen alle Ströme zeitlich konstant, während sich im Wechselstromkreis infolge der zeitlich sinusförmigen Quellenspannungen auch alle elektrischen und magnetischen Größen zeitlich sinusförmig ändern. Dieser so festgelegte eingeschwungene Zustand wird im Falle von Gleichstrom auch als stationärer Zustand, im Falle von Wechselstrom als quasistationärer Zustand bezeichnet. Bei der komplexen Behandlung von Wechselstromschaltungen wird nämlich angenommen, daß ein stationärer Zustand vorliegt.

Diese Voraussetzungen werden jetzt fallengelassen. In diesem Abschnitt werden also Vorgänge betrachtet, die auf einer erzwungenen Änderung eines eingeschwungenen Zustandes beruhen. Durch diese Änderung wird sich mit der Zeit ein anderer eingeschwungener Zustand einstellen. Der Übergang von einem eingeschwungenen Zustand in den anderen wird dabei als *Ausgleichsvorgang* bezeichnet. Die erzwungene Änderung kann im allgemeinen nach verschiedenen Zeitfunktionen ablaufen. Hier sollen jedoch nur sprunghafte Änderungen betrachtet werden. Die dadurch ausgelösten Ausgleichsvorgänge werden *Schaltvorgänge* genannt. Schaltvorgänge treten immer beim Öffnen oder Schließen

6.3 Ausgleichsvorgänge und ihre Behandlung mit Hilfe der Laplace-Transformation

von Kontakten auf. Der Schaltaugenblick wird dabei willkürlich auf den Zeitpunkt t = 0 festgelegt, so daß die Zeiten vor dem Schalten negativ sind. Die mathematische Behandlung von Schaltvorgängen führt im allgemeinen auf Differentialgleichungen.

Die gesuchte Lösung wird außer von der Form der Differentialgleichung auch von den Anfangsbedingungen abhängen. Dabei ist es wichtig zu wissen, wie sich Strom und Spannung bei sprunghafter Änderung an den drei Grundschaltelementen R, L und C verhalten.

1. *Ohmscher Widerstand:* Aus der Beziehung u = R · i folgt, daß bei einer sprunghaften Änderung von $\left\{\begin{array}{c} u \\ i \end{array}\right\}$ sich auch $\left\{\begin{array}{c} i \\ u \end{array}\right\}$ nach der gleichen Funktion ändern muß.

   Bei rein ohmschen Widerständen können sich Strom und Spannung sprunghaft ändern.

2. *Induktivität:* Aus der Beziehung $u_L = L \cdot \frac{di_L}{dt}$ folgt, daß sich der Strom i_L nicht sprunghaft ändern kann, denn bei sprunghafter Änderung wäre wegen $\frac{di_L}{dt} = \infty$ die Spannung u_L unendlich groß. Hierzu würde eine unendlich große Leistung benötigt.

   Der Strom durch eine Induktivität kann sich nicht sprunghaft ändern, wohl aber die Spannung an der Induktivität.

3. *Kapazität:* Aus der Beziehung $i_C = C \cdot \frac{du_C}{dt}$ ergibt sich auf Grund analoger Überlegungen zur Induktivität, daß sich die Spannung u_C nicht sprunghaft ändern kann.

   Die Kondensatorspannung kann sich nicht sprunghaft ändern, wohl aber der Kondensatorstrom.

Im folgenden sollen einige typische Schaltvorgänge berechnet werden. An diesen Beispielen sollen sowohl das Aufstellen der Differentialgleichungen und die Transformation in den Bildbereich als auch die Möglichkeiten der Rücktransformation und die graphische Darstellung der Lösungsfunktion erörtert werden.

1. Beispiel

Gegeben sei ein Kondensator der Kapazität C, auf dem sich eine Ladung Q_0 befindet. Dem Kondensator werde gemäß Bild 6.3.1 zur Zeit t = 0 ein Widerstand R parallelgeschaltet. Gesucht sind die Spannung u und der Strom i für t > 0.

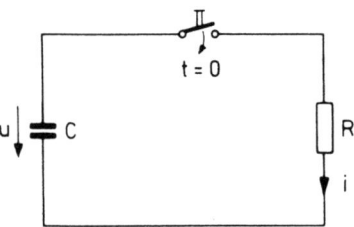

Bild 6.3.1: Entladen eines Kondensators

Für das obige Schaltungsbeispiel gilt nach Schließen des Schalters die Maschengleichung

(6.3.1) $\quad u - Ri = 0$.

Ferner besteht zwischen Strom und Spannung des Kondensators mit der angenommenen Stromrichtung der Zusammenhang

$$u = -\frac{1}{C}\int i\, dt \quad \text{bzw.} \quad i = -C\frac{du}{dt}.$$

Wird der Strom i in die Maschengleichung eingesetzt, so ergibt sich eine gewöhnliche Differentialgleichung erster Ordnung mit konstanten Koeffizienten:

(6.3.2) $\quad u + RC\dfrac{du}{dt} = 0$.

Auf diese Gleichung wird die Laplace-Transformation angewendet. Unter Berücksichtigung des Ableitungssatzes folgt:

$$\mathcal{L}\{u\} + RC\,[s\,\mathcal{L}\{u\} - u(0)] = 0$$

oder, nach $\mathcal{L}\{u\}$ aufgelöst,

$$\mathcal{L}\{u\} = u(0)\,\frac{1}{s + \dfrac{1}{RC}}.$$

Das Produkt $R \cdot C$ wird nun gleich T gesetzt und stellt die Zeitkonstante des Entladevorgangs dar. Die Spannung $u(0)$ des Kondensators beträgt bei vorgegebener Ladung Q_0 gerade $\dfrac{Q_0}{C}$, so daß die obige Gleichung übergeht in

$$\mathcal{L}\{u\} = \frac{Q_0}{C}\,\frac{1}{s + \dfrac{1}{T}}.$$

Durch Rücktransformation ergibt sich die Kondensatorspannung zu

(6.3.3) $\quad u = \dfrac{Q_0}{C}\, e^{-\frac{t}{T}} \quad \text{mit } T = RC$.

6.3 Ausgleichsvorgänge und ihre Behandlung mit Hilfe der Laplace-Transformation

Der Strom i kann schließlich durch Differentiation gewonnen werden:

(6.3.4) $\quad i = -C \dfrac{du}{dt} = -Q_0 \left(-\dfrac{1}{T}\right) e^{-\frac{t}{T}} = \dfrac{Q_0}{RC} e^{-\frac{t}{RC}}$.

Dieses Ergebnis wurde hier unter Anwendung des Ableitungssatzes hergeleitet. Es kann ebensogut mit Hilfe des Integralsatzes bestimmt werden, falls in Gl. (6.3.1) nicht der Strom i, sondern die Spannung u substituiert wird. In Bild 6.3.2 sind die Verläufe von Kondensatorspannung und -strom graphisch dargestellt.

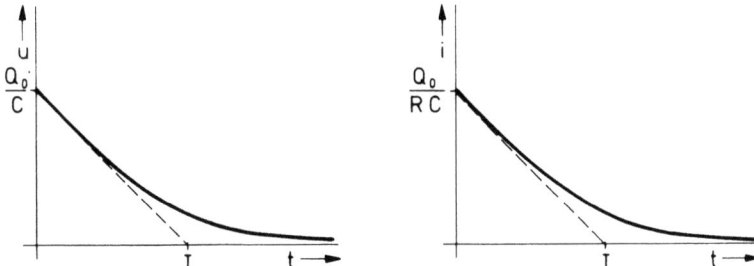

Bild 6.3.2: Spannung und Strom während des Entladevorgangs

2. Beispiel

An die in Bild 6.3.3 dargestellte Reihenschaltung, bestehend aus einem Widerstand und einem Kondensator, werde zur Zeit t = 0 die Spannung U angelegt. Im Schaltaugenblick befinde sich auf dem Kondensator die Ladung Q_0. Der zeitliche Verlauf des Stromes i soll berechnet werden.

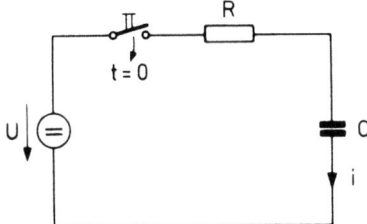

Bild 6.3.3: Aufladen eines Kondensators

Nach Schließen des Schalters gilt die Maschengleichung

(6.3.5) $\quad R\,i + \dfrac{1}{C} \displaystyle\int_{-\infty}^{t} i\,dt = U$.

Unter der Annahme, daß der Kondensator in der Zeit von $t = -\infty$ bis zum Schaltaugenblick t = 0 auf die Größe Q_0 aufgeladen worden ist, also

$$\int_{-\infty}^{0} i\, dt = Q_0\,,$$

folgt aus Gl. (6.3.5)

$$R\, i + \frac{Q_0}{C} + \frac{1}{C}\int_0^t i\, dt = U\,.$$

Bei Anwenden der Laplace-Transformation geht diese Beziehung unter Berücksichtigung des Integralsatzes in eine algebraische Gleichung über.

$$R\,\mathcal{L}\{i\} + \frac{Q_0}{C}\,\mathcal{L}\{1\} + \frac{1}{C}\,\frac{1}{s}\mathcal{L}\{i\} = U\,\frac{1}{s}\,.$$

Auflösen nach $\mathcal{L}\{i\}$ führt auf

$$\mathcal{L}\{i\} = \frac{U - \dfrac{Q_0}{C}}{R}\,\frac{1}{\left(s + \dfrac{1}{RC}\right)}\,.$$

Die Rücktransformation aus dem Bildbereich liefert den Ladestrom des Kondensators für $t > 0$:

(6.3.6) $$i(t) = \frac{U - \dfrac{Q_0}{C}}{R}\, e^{-\tfrac{t}{RC}}\,.$$

Im Bild 6.3.4 ist der zeitliche Verlauf des Ladestromes für einige Werte Q_0 skizziert.

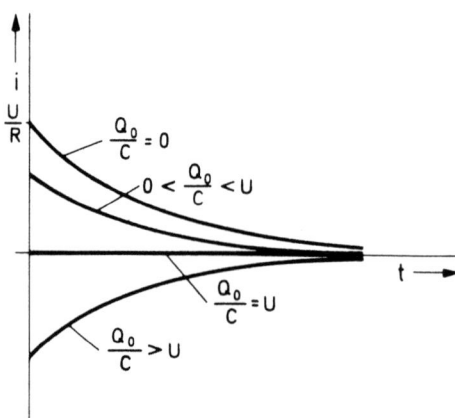

Bild 6.3.4: Verlauf des Ladestromes (Parameter Q_0)

6.3 Ausgleichsvorgänge und ihre Behandlung mit Hilfe der Laplace-Transformation 175

3. Beispiel

In der Schaltung von Bild 6.3.5 stehe der Schalter S für t < 0 in der Stellung I. Der Kondensator sei zur Zeit t = 0 vollkommen entladen. Der Schalter S werde nun zur Zeit t = 0 in die Stellung II und zur Zeit t = t_0 wieder in die Stellung I gebracht. Das Umschalten geschehe ohne Zeitverlust. Gesucht ist der Verlauf der Kondensatorspannung u für t > 0.

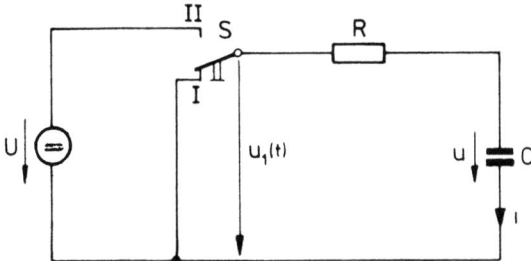

Bild 6.3.5: Anlegen eines Spannungsimpulses an die Reihenschaltung aus R und C

Die Wirkung des Schalters in Verbindung mit der Quellenspannung U kann durch einen Rechteckgenerator hervorgerufen werden, der der Reihenschaltung die Spannung

(6.3.7) $\quad u_1(t) = \begin{cases} 0 & \text{für } -\infty < t < 0 \\ U & \text{für } 0 < t < t_0 \\ 0 & \text{für } t_0 < t < \infty \end{cases}$

aufdrückt. Somit ergibt sich für alle t die Maschengleichung

(6.3.8) $\quad u_1 = R\,i + u = RC\dfrac{du}{dt} + u$.

Wird auf diese Beziehung die Laplace-Transformation angewendet – die Spannung u_1 wird dabei als Summe von zwei Sprungfunktionen interpretiert, die um t_0 gegeneinander verschoben sind –, so folgt:

$$\mathcal{L}\{u_1\} = \frac{U}{s}(1 - e^{-st_0}) = RC\,[s\,\mathcal{L}\{u\} - u(0)] + \mathcal{L}\{u\}.$$

Mit u(0) = 0 beträgt die Laplace-Transformierte der Kondensatorspannung:

$$\mathcal{L}\{u\} = U\,\frac{1 - e^{-st_0}}{s}\,\frac{1}{1 + RCs}$$

$$= U(1 - e^{st_0})\,\frac{1}{s(1 + Ts)} \quad \text{mit } T = RC.$$

Zur Rücktransformation in den Originalbereich kann aus Kapitel 10.2 das Funktionenpaar

(6.3.9) $\quad \dfrac{1}{s(1 + Ts)} \;\bullet\!\!-\!\!\circ\; 1 - e^{-\tfrac{t}{T}}$

entnommen werden. Unter Berücksichtigung des Verschiebungssatzes ergibt sich schließlich die Spannungsfunktion

(6.3.10) $$u = \begin{cases} U\left(1 - e^{-\frac{t}{T}}\right) & \text{für } 0 < t < t_0 \\ U\left(e^{-\frac{t-t_0}{T}} - e^{-\frac{t}{T}}\right) & \text{für } t_0 < t. \end{cases}$$

Der Verlauf der Kondensatorspannung ist in Bild 6.3.6 als Summe von zwei gestrichelt gezeichneten Kurven dargestellt.

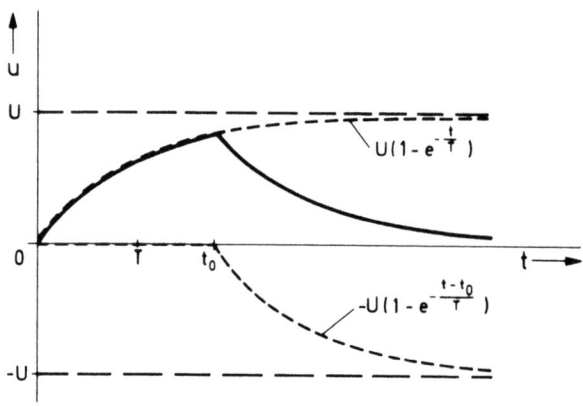

Bild 6.3.6: Verlauf der Kondensatorspannung

Der Vorteil, der sich durch Einführen der Funktion $u_1(t)$ ergibt, liegt darin, daß die Differentialgleichung (6.3.8) nicht für verschiedene Zeitbereiche, nämlich $0 < t < t_0$ und $t > t_0$, gelöst zu werden braucht. Ferner entfällt die Ermittlung der Anfangsbedingung zur Zeit $t = t_0$.

4. Beispiel

Für die in Bild 6.3.7 dargestellte Reihenschaltung, bestehend aus einem Widerstand R und einer Induktivität L, ist der Strom i für $t > 0$ zu berechnen, wenn zur Zeit $t = 0$ eine Gleichspannung U an die Schaltung gelegt wird. Im Schaltaugenblick sei das Netzwerk energielos.

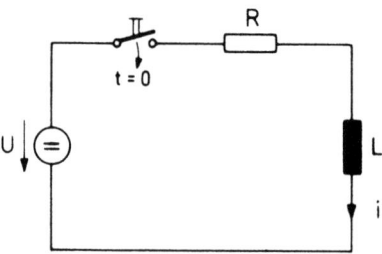

Bild 6.3.7: Anlegen einer Gleichspannung an eine Reihenschaltung aus R und L

6.3 Ausgleichsvorgänge und ihre Behandlung mit Hilfe der Laplace-Transformation

Als Maschengleichung folgt für $t > 0$ die Differentialgleichung

(6.3.11) $\quad R i + L \dfrac{di}{dt} = U$.

Die direkte Anwendung der Laplace-Transformation ergibt:

$$R \mathcal{L}\{i\} + L[s \mathcal{L}\{i\} - i(0)] = \dfrac{U}{s} .$$

Mit $i(0) = 0$ führt die Auflösung nach $\mathcal{L}\{i\}$ auf

$$\mathcal{L}\{i\} = \dfrac{U}{s} \dfrac{1}{R + sL} = \dfrac{U}{R} \dfrac{1}{s\left(1 + \dfrac{L}{R} s\right)} .$$

Mit dem Funktionenpaar (6.3.9) lautet die zugehörige Originalfunktion

(6.3.12) $\quad i = \dfrac{U}{R}\left(1 - e^{-\frac{R}{L} t}\right)$.

Zur Veranschaulichung ist der Verlauf des Stromes i in Bild 6.3.8 graphisch dargestellt.

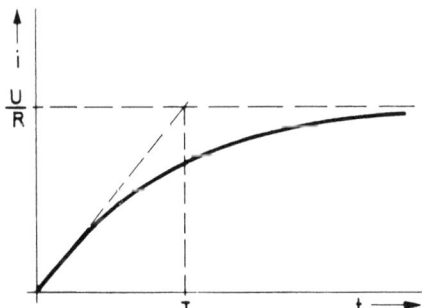

Bild 6.3.8: Verlauf des Spulenstromes

5. Beispiel

An eine verlustbehaftete Spule, die in Bild 6.3.9 durch ihre Ersatzschaltung (Widerstand R und Induktivität L in Reihe) dargestellt ist, soll zur Zeit $t = 0$ eine Wechselspannung $u = \hat{u} \cdot \sin(\omega t + \varphi)$ angeschaltet werden. Der Verlauf des Spulenstromes soll unter der Annahme ermittelt werden, daß die Spule im Schaltaugenblick energielos ist; es gilt also $i(0) = 0$.

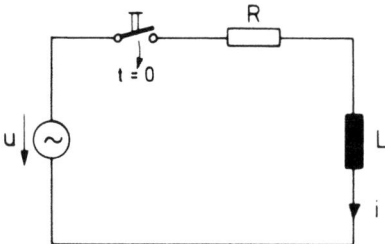

Bild 6.3.9: Anlegen einer Wechselspannung an eine Reihenschaltung aus R und L

Für t > 0 kann das Verhalten der vorgegebenen Schaltung durch die Differentialgleichung

(6.3.13) $R\,i + L\,\dfrac{di}{dt} = u = \hat{u}\sin(\omega t + \varphi)$

beschrieben werden. Nach Transformation dieser Beziehung in den Bildbereich ergibt sich:

$$R\,\mathcal{L}\{i\} + L[s\,\mathcal{L}\{i\} - i(0)] = \mathcal{L}\{u\}.$$

Mit i(0) = 0 folgt:

$$\mathcal{L}\{i\} = \frac{1}{R+sL}\,\mathcal{L}\{u\} = \hat{u}\,\frac{s\sin\varphi + \omega\cos\varphi}{(R+sL)(s^2+\omega^2)} = \frac{G(s)}{N(s)}\,.$$

Dabei wurde die zur Spannungsfunktion u gehörende Bildfunktion der Tabelle in Kapitel 10.2 entnommen. Wie in der obigen Gleichung festgelegt wurde, besteht die Laplace-Transformierte des Stromes i aus einem Zählerpolynom G(s) und einem Nennerpolynom N(s). Die Rücktransformation in den Originalbereich soll mit Hilfe einer Partialbruchzerlegung erfolgen. Hierzu sind zunächst die Nullstellen s_k der Nennerfunktion zu ermitteln:

$$s_1 = j\omega,\quad s_2 = -j\omega,\quad s_3 = -\frac{R}{L}\,.$$

Die Koeffizienten A_k der Partialbrüche berechnen sich mit

$$N'(s) = 3\,L\,s^2 + 2\,R\,s + L\,\omega^2$$

zu:

$$A_1 = \frac{G(s_1)}{N'(s_1)} = \frac{\hat{u}(j\omega\sin\varphi + \omega\cos\varphi)}{2(R\,j\omega - L\,\omega^2)} = -j\,\frac{\hat{u}}{2}\,\frac{e^{j\varphi}}{(R+j\omega L)}$$

$$A_2 = \frac{G(s_2)}{N'(s_2)} = \frac{\hat{u}(-j\omega\sin\varphi + \omega\cos\varphi)}{-2(R\,j\omega + L\,\omega^2)} = j\,\frac{\hat{u}}{2}\,\frac{e^{-j\varphi}}{R-j\omega L}$$

$$A_3 = \frac{G(s_3)}{N'(s_3)} = \frac{\hat{u}\left(-\dfrac{R}{L}\sin\varphi + \omega\cos\varphi\right)}{\dfrac{R^2}{L}+L\,\omega^2} = \hat{u}\,\frac{\omega L\cos\varphi - R\sin\varphi}{R^2+(\omega L)^2}\,.$$

Entsprechend Gl. (3.3.2.1.9) ergibt sich allgemein der Strom i zu:

(6.3.14) $i = A_1\,e^{s_1 t} + A_2\,e^{s_2 t} + A_3\,e^{s_3 t}\,.$

Mit den oben ermittelten Werten für die Wurzeln s_k und die Koeffizienten A_k folgt:

$$i = -j\,\frac{\hat{u}}{2}\,\frac{e^{j\varphi}}{R+j\omega L}\,e^{j\omega t} + j\,\frac{\hat{u}}{2}\,\frac{e^{-j\varphi}}{R-j\omega L}\,e^{-j\omega t}$$

$$+\,\hat{u}\,\frac{\omega L\cos\varphi - R\sin\varphi}{R^2+(\omega L)^2}\,e^{-\frac{R}{L}t}$$

6.3 Ausgleichsvorgänge und ihre Behandlung mit Hilfe der Laplace-Transformation 179

$$= -j\frac{\hat{u}}{2} \frac{1}{\sqrt{R^2 + (\omega L)^2}} \left(\frac{e^{j(\omega t + \varphi)}}{e^{j\psi}} - \frac{e^{-j(\omega t + \varphi)}}{e^{-j\psi}} \right)$$

$$- \hat{u} \frac{e^{-\frac{R}{L}t}}{\sqrt{R^2 + (\omega L)^2}} \left(\frac{R \sin \varphi}{\sqrt{R^2 + (\omega L)^2}} - \frac{\omega L \cos \varphi}{\sqrt{R^2 + (\omega L)^2}} \right)$$

$$\text{mit } \tan \psi = \frac{\omega L}{R} \text{ bzw. } \psi = \arctan \frac{\omega L}{R} \ .$$

Die obige Gleichung vereinfacht sich auf Grund der Beziehungen

$$\cos \psi = \frac{R}{\sqrt{R^2 + (\omega L)^2}} \text{ und } \sin \psi = \frac{\omega L}{\sqrt{R^2 + (\omega L)^2}} \ ,$$

die sich auf einfache Weise ableiten lassen, und mit $(e^{j\alpha} - e^{-j\alpha}) = 2 \cdot j \cdot \sin \alpha$ zu

(6.3.15) $\quad i = \dfrac{\hat{u}}{\sqrt{R^2 + (\omega L)^2}} \sin (\omega t + \varphi - \psi)$

$$- \hat{u} \frac{e^{-\frac{R}{L}t}}{\sqrt{R^2 + (\omega L)^2}} (\cos \psi \sin \varphi - \sin \psi \cos \varphi)$$

$$= \frac{\hat{u}}{\sqrt{R^2 + (\omega L)^2}} [\sin(\omega t + \varphi - \psi) - e^{-\frac{R}{L}t} \sin(\varphi - \psi)] \ .$$

Während der erste Summand den Strom i im eingeschwungenen Zustand angibt, stellt der zweite Summand den erzwungenen Ausgleichsstrom dar. Der Gesamtstrom beträgt, wie sich leicht nachprüfen läßt, im Schaltaugenblick (t = 0) Null, so daß die Anfangsbedingung

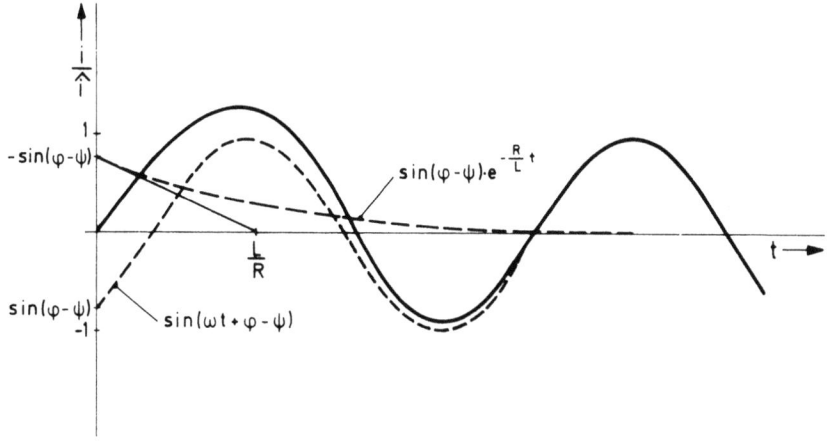

Bild 6.3.10: Verlauf des Spulenstromes ($\varphi < \psi$)

i(0) = 0 erfüllt ist. Der Strom i besteht also aus einem Wechselanteil, dem eine abklingende Exponentialfunktion überlagert ist, und ist für den Fall $\varphi < \psi$ in Bild 6.3.10 graphisch dargestellt. Nach dem Abklingen des Ausgleichsstroms erreicht der Strom i seinen eingeschwungenen Zustand. Für den Fall $\varphi = \psi$ setzt der eingeschwungene Zustand bereits zum Zeitpunkt t = 0 ein.

6. Beispiel

Im folgenden werde die in Bild 6.3.11 dargestellte Transformatorschaltung betrachtet. An die Schaltung soll zur Zeit t = 0 eine Gleichspannung U gelegt werden. Die Ströme i_1 und i_2 in Primär- und Sekundärkreis des Transformators sollen für t > 0 berechnet werden. Im Schaltaugenblick sollen beide Ströme Null sein.

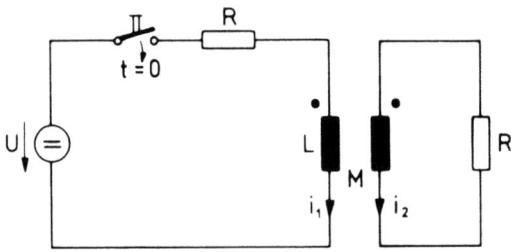

Bild 6.3.11: Anlegen einer Gleichspannung an einen Transformator

Das Aufstellen der Maschengleichungen für t > 0 führt auf ein System von Differentialgleichungen

(6.3.16)
$$R i_1 + L \frac{di_1}{dt} + M \frac{di_2}{dt} = U$$
$$R i_2 + L \frac{di_2}{dt} + M \frac{di_1}{dt} = 0.$$

Diesem Gleichungssystem entspricht im Bildbereich ein System von algebraischen Gleichungen

$$R \mathcal{L}\{i_1\} + L[s \mathcal{L}\{i_1\} - i_1(0)] + M[s\mathcal{L}\{i_2\} - i_2(0)] = \frac{U}{s}$$

$$R \mathcal{L}\{i_2\} + L[s \mathcal{L}\{i_2\} - i_2(0)] + M[s \mathcal{L}\{i_1\} - i_1(0)] = 0.$$

Wegen $i_1(0) = i_2(0) = 0$ sowie mit der Zeitkonstanten $T = \frac{L}{R}$ und dem Kopplungsgrad $k = \frac{M}{L}$ folgt hieraus

$$\mathcal{L}\{i_1\}\left(s + \frac{1}{T}\right) + \mathcal{L}\{i_2\} s k = \frac{U}{sL}$$

$$\mathcal{L}\{i_1\} s k + \mathcal{L}\{i_2\}\left(s + \frac{1}{T}\right) = 0.$$

6.3 Ausgleichsvorgänge und ihre Behandlung mit Hilfe der Laplace-Transformation

Die Lösungen dieses algebraischen Gleichungssystems ergeben sich mit Hilfe der Determinantenrechnung zu:

$$\mathcal{L}\{i_1\} = \frac{\frac{U}{sL}\left(s+\frac{1}{T}\right)}{\left(s+\frac{1}{T}\right)^2 - (sk)^2}$$

$$= \frac{\frac{U}{L}\left(s+\frac{1}{T}\right)}{s\left[s^2(1-k^2)+s\frac{2}{T}+\frac{1}{T^2}\right]} = \frac{G_1(s)}{N_1(s)}$$

$$\mathcal{L}\{i_2\} = \frac{-\frac{U}{sL}sk}{s^2(1-k^2)+s\frac{2}{T}+\frac{1}{T^2}} = \frac{G_2(s)}{N_2(s)} \; .$$

Bei der Rücktransformation in den Originalbereich soll die Methode der Partialbruchzerlegung gemäß Abschnitt 3.3.2.1 angewendet werden. Hierzu sind zunächst die Wurzeln s_{1k} und s_{2k} der Nennerpolynome $N_1(s)$ und $N_2(s)$ zu ermitteln. Die verschiedenen Wurzeln lauten

$$s_{11} = s_{21} = \frac{1}{(1-k^2)T} + \sqrt{\left(\frac{1}{(1-k^2)T}\right)^2 - \frac{1}{(1-k^2)T^2}}$$

$$= \frac{-1+\sqrt{1-(1-k^2)}}{(1-k^2)T} = \frac{-1+k}{(1-k^2)T} = -\frac{1}{(1+k)T}$$

$$= -\frac{R}{L+M} = -\frac{1}{T_1}$$

$$s_{12} = s_{22} = -\frac{-1-\sqrt{1-(1-k^2)}}{(1-k^2)T} = -\frac{1}{(1-k)T} = -\frac{R}{L-M} = -\frac{1}{T_2}$$

$$s_{13} = 0 \; .$$

Mit den Ableitungen der Nennerpolynome

$$N_1'(s) = s^2(1-k^2) + s\frac{2}{T} + \frac{1}{T^2} + 2s^2(1-k^2) + 2\frac{s}{T}$$

$$= 3s^2(1-k^2) + s\frac{4}{T} + \frac{1}{T^2}$$

und

$$N_2'(s) = 2s(1-k^2) + \frac{2}{T}$$

können nun die Koeffizienten A_{1k} und A_{2k} der Partialbruchzerlegung berechnet werden. Beispielsweise ergibt sich für den Koeffizienten A_{11} mit

$$G_1(s_{11}) = \frac{U}{L}\left(-\frac{1}{(1+k)T} + \frac{1}{T}\right) = \frac{U}{L}\frac{k}{(1+k)T}$$

und

$$N_1'(s_{11}) = 3\frac{1-k^2}{(1+k)^2 T^2} - \frac{4}{(1+k)T^2} + \frac{1}{T^2}$$

$$= \frac{3(1-k) - 4 + 1 + k}{(1+k)T^2} = \frac{-2k}{(1+k)T^2}$$

der Wert

$$A_{11} = \frac{G_1(s_{11})}{N_1'(s_{11})} = \frac{U}{L}\frac{kT}{-2k} = -\frac{U}{2R} \; .$$

In analoger Weise lassen sich die Koeffizienten

$$A_{12} = -\frac{U}{2R}, \quad A_{13} = \frac{U}{R}, \quad A_{21} = -\frac{U}{2R}, \quad A_{22} = \frac{U}{2R}$$

bestimmen. Entsprechend Gl. (3.3.2.1.9) ergeben sich somit die Spulenströme

(6.3.17) $\quad i_1 = \sum_{k=1}^{3} A_{1k} e^{s_{1k}t} = -\frac{U}{2R}\left(e^{-\frac{t}{T_1}} + e^{-\frac{t}{T_2}}\right) + \frac{U}{R}$

und

(6.3.18) $\quad i_2 = \sum_{k=1}^{2} A_{2k} e^{s_{2k}t} = -\frac{U}{2R}\left(e^{-\frac{t}{T_1}} - e^{-\frac{t}{T_2}}\right).$

Zur Überprüfung dieser Beziehungen sollen die Ströme in Primär- und Sekundärkreis für $t = 0$ und $t = \infty$ angegeben werden. Durch Einsetzen folgt:

$$i_1(0) = 0, \quad i_1(\infty) = \frac{U}{R},$$

$$i_2(0) = 0, \quad i_2(\infty) = 0.$$

Zur Veranschaulichung ist der Verlauf des Primärstromes i_1 in Bild 6.3.12 und der des Sekundärstromes i_2 in Bild 6.3.13 skizziert. Im stationären Zustand nimmt der Strom i_1 den Wert $\frac{U}{R}$ und der Strom i_2 den Wert 0 an. Dieses Ergebnis läßt sich aber auch unmittelbar der Schaltung in Bild 6.3.11 entnehmen.

Wenn der Ausgleichsvorgang abgeklungen ist, also sämtliche Änderungen der Ströme Null sind, wird die Größe des Primärstromes nur noch durch den Primärwiderstand R bestimmt. Der konstante Primärstrom verursacht seinerseits keinerlei Induktionswirkungen im Sekundärkreis, so daß kein Sekundärstrom mehr fließen kann.

6.3 Ausgleichsvorgänge und ihre Behandlung mit Hilfe der Laplace-Transformation 183

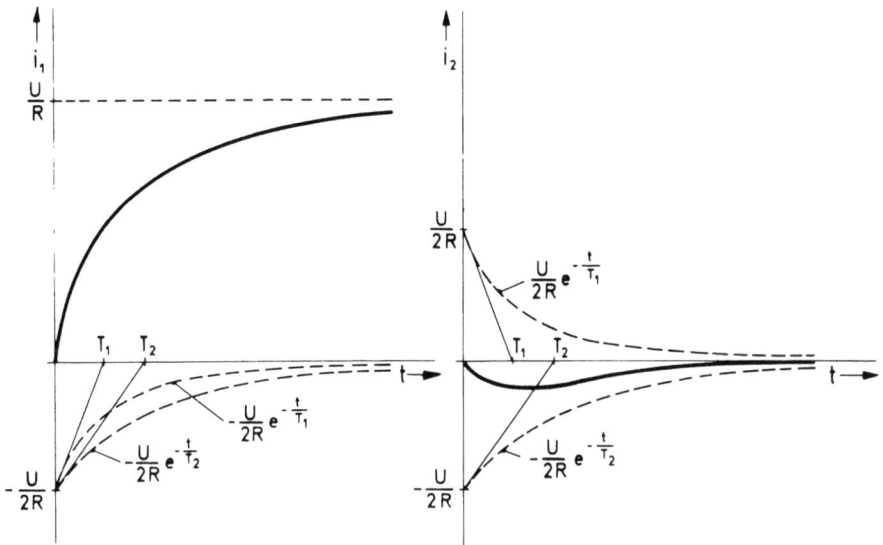

Bild 6.3.12: Verlauf des Primärstromes   Bild 6.3.13: Verlauf des Sekundärstromes

7. Beispiel

Als letztes Beispiel zu den Schaltvorgängen soll ein Abschaltvorgang betrachtet werden. Wie in Bild 6.3.14 dargestellt ist, soll eine verlustbehaftete Spule zur Zeit $t = 0$ von der Gleichspannung U abgetrennt werden. Gesucht sind der Spulenstrom i sowie die Spannungen u_L und u_{Sp} für $t > 0$. Eine derartige Problemstellung liegt beispielsweise beim Abschalten der Erregerwicklung eines Gleichstromgenerators vor. Zur Beschleunigung des Abschaltvorgangs soll gleichzeitig mit dem Öffnen des Schalters S_1 ein Hilfswiderstand R_h durch Schließen des Schalters S_2 parallel zur Spule geschaltet werden. Der Spulenstrom zum Zeitpunkt $t = 0$ betrage $i(0) = \frac{U}{R}$.

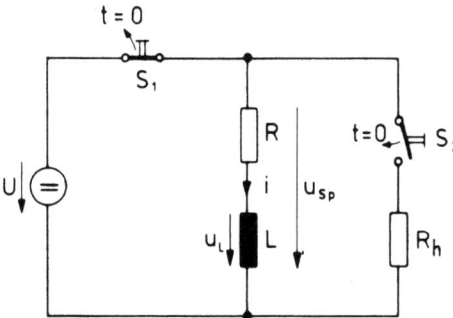

Bild 6.3.14: Abtrennen einer Spule von der Gleichspannung U

Für t > 0 gilt die Maschengleichung

(6.3.19) $\quad R i + L \dfrac{di}{dt} + R_h i = 0$.

Mit Hilfe der Laplace-Transformation wird diese Differentialgleichung in die algebraische Gleichung

$$R \mathcal{L}\{i\} + L[s \mathcal{L}\{i\} - i(0)] + R_h \mathcal{L}\{i\} = 0$$

überführt. Hieraus folgt die Bildfunktion

$$\mathcal{L}\{i\} = \dfrac{L\, i(0)}{R + R_h + sL} = \dfrac{U}{R} \dfrac{1}{s + \dfrac{1}{T}} \quad \text{mit } T = \dfrac{L}{R + R_h}.$$

Durch Rücktransformation ergibt sich der Spulenstrom zu

(6.3.20) $\quad i = \dfrac{U}{R} e^{-\frac{t}{T}} = \dfrac{U}{R} e^{-\frac{R+R_h}{L} t}$.

Damit ist auch die an der Spule abfallende Gesamtspannung u_{Sp} bekannt. Es gilt nämlich:

(6.3.21) $\quad u_{Sp} = - R_h i = - U \dfrac{R_h}{R} e^{-\frac{R+R_h}{L} t}$.

Die Spannung an der Induktivität selbst beträgt

(6.3.22) $\quad u_L = L \dfrac{di}{dt} = U \left(1 + \dfrac{R_h}{R}\right) e^{-\frac{R+R_h}{L} t}$.

Dieser Beziehung ist zu entnehmen, daß die Spannungsspitze an der Induktivität L — sämtliche Verluste sind durch den Widerstand R repräsentiert — im Schaltaugenblick sehr groß werden kann, falls der Widerstand R_h sehr viel größer als R gewählt wird. Insbesondere würde sich für den Fall, daß kein Widerstand R_h zur Zeit t = 0 parallelgeschaltet wird, die Spannung $u_L(0) \to \infty$ ergeben.

6.4 Einschwingvorgänge in allgemeinen elektrischen Netzwerken

Allgemeine Netzwerke werden in der Elektrotechnik nach verschiedenen Verfahren behandelt. Neben der direkten Anwendung der Kirchhoffschen Sätze zur Netzberechnung erweisen sich das Maschenstromverfahren, das Knotenpotentialverfahren und die von Helmholtz angegebenen Methoden der linearen Überlagerung und der Ersatzzweipolquelle als besonders vorteilhaft.
Stellvertretend für die verschiedenen Verfahren soll in diesem Abschnitt das

6.4 Einschwingvorgänge in allgemeinen elektrischen Netzwerken   185

Maschenstromverfahren etwas ausführlicher behandelt werden. Auf die Grundlagen dieses Verfahrens soll an dieser Stelle nicht mehr eingegangen werden.
Besteht ein Netzwerk aus z Zweigen und k Knoten, so werden zur Bestimmung der z unbekannten Zweigströme beispielsweise auch z voneinander unabhängige Gleichungen benötigt. Der Knotenpunktsatz liefert hierzu (k − 1) unabhängige Gleichungen, während die restlichen m = z − (k − 1) Beziehungen durch m unabhängige Maschengleichungen gewonnen werden können. Das Maschenstromverfahren ist nun dadurch charakterisiert, daß durch Einführen von m fiktiven Maschenströmen die (k − 1) Knotengleichungen beim Aufstellen der m Maschengleichungen automatisch erfüllt werden. Die Maschengleichungen stellen dann im allgemeinen ein System von Differentialgleichungen dar, das mit Hilfe der Laplace-Transformation entsprechend Kapitel 6.2 gelöst werden kann.
Zum Auffinden einer notwendigen und hinreichenden Anzahl unabhängiger Maschengleichungen können verschiedene Verfahren angewendet werden. Die Methode des „vollständigen Baums" soll hier an einem einfachen Beispiel näher erläutert werden. Der *vollständige Baum* besteht definitionsgemäß aus (k − 1) Baumzweigen, die alle k Knoten eines vorgegebenen Netzwerks derart verbinden, daß keine geschlossenen Maschen entstehen. Die restlichen z − (k − 1) Zweige des Netzwerks heißen Verbindungszweige. Das gewünschte System von

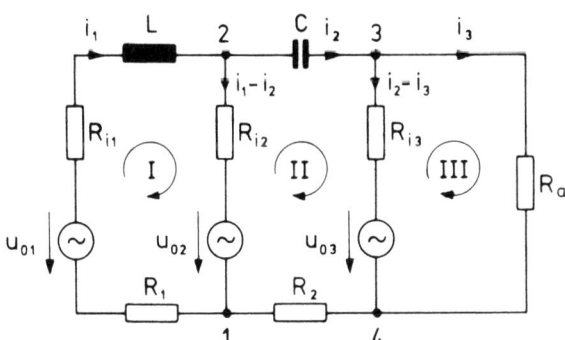

Bild 6.4.1: Allgemeines Netzwerk

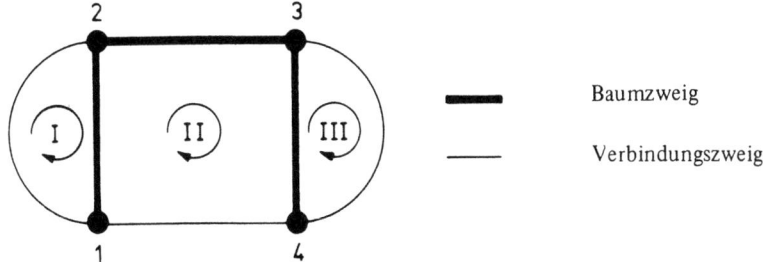

Bild 6.4.2: Vollständiger Baum zum Netzwerk in Bild 6.4.1

unabhängigen Maschengleichungen wird sodann dadurch gewonnen, daß in dem Netzwerk m Maschenumläufe gewählt werden, von denen jeder nur genau einen Verbindungszweig berücksichtigt. Für das vorgegebene Netzwerk nach Bild 6.4.1 ist eine der Möglichkeiten, den vollständigen Baum festzulegen, in Bild 6.4.2 angegeben. Die Baumzweige sind in diesem Bild durch dicke Linien gekennzeichnet.

Um die gesamte Strom- und Spannungsverteilung im Netzwerk berechnen zu können, werden m = 3 Maschengleichungen benötigt:

(6.4.1)
$$\text{(I)} \quad R_{i1}\, i_1 + L\frac{di_1}{dt} + R_{i2}(i_1 - i_2) + R_1\, i_1 = u_{01} - u_{02}$$

$$\text{(II)} -R_{i2}(i_1 - i_2) + \frac{1}{C}\int_{-\infty}^{t} i_2\, dt + R_{i3}(i_2 - i_3) + R_2\, i_2 = u_{02} - u_{03}$$

$$\text{(III)} -R_{i3}(i_2 - i_3) + R_a\, i_3 = u_{03}.$$

Dieses Gleichungssystem wird häufig in einem festen Schema angegeben, in dem die verschiedenen Summanden einer Gleichung bereits nach den fiktiven Kreis- oder Maschenströmen geordnet sind. Ein tatsächlicher Zweigstrom berechnet sich dann durch Summierung sämtlicher im Zweig fließender Maschenströme. Im vorliegenden Fall ergibt sich das folgende Schema:

i_1	i_2	i_3	
$R_1 + R_{i1} + R_{i2} + L\dfrac{d}{dt}\ldots$	$-R_{i2}$	0	$u_{01} - u_{02}$
$-R_{i2}$	$R_2 + R_{i2} + R_{i3} + \dfrac{1}{C}\int_{-\infty}^{t}\ldots dt$	$-R_{i3}$	$u_{02} - u_{03}$
0	$-R_{i3}$	$R_{i3} + R_a$	u_{03}

Wird auf das Gleichungssystem (6.4.1) die Laplace-Transformation angewendet, so führt dies wiederum auf ein lineares algebraisches Gleichungssystem, das wie folgt in Form eines Schemas geschrieben werden kann:

$\mathcal{L}\{i_1\}$	$\mathcal{L}\{i_2\}$	$\mathcal{L}\{i_3\}$	
$R_1 + R_{i1} + R_{i2} + sL$	$-R_{i2}$	0	$\mathcal{L}\{u_{01}\} - \mathcal{L}\{u_{02}\} + L\, i_1(0)$
$-R_{i2}$	$R_2 + R_{i2} + R_{i3} + \dfrac{1}{sC}$	$-R_{i3}$	$\mathcal{L}\{u_{02}\} - \mathcal{L}\{u_{03}\} - \dfrac{1}{s}u_C(0)$
0	$-R_{i3}$	$R_{i3} + R_a$	$\mathcal{L}\{u_{03}\}$

Die Anfangsbedingungen $i_1(0)$ und $u_C(0) = \dfrac{1}{C} \int_{-\infty}^{0} i_2 \cdot dt$ entfallen für den Fall des zur Zeit $t = 0$ energielosen Netzwerks. Das Gleichungssystem hat große Ähnlichkeit mit dem Gleichungssystem für den eingeschwungenen Zustand. Wird s durch $j\omega$ ersetzt, so stellen die verschiedenen Widerstände gerade die komplexen Widerstände der entsprechenden Maschen dar.
Die gesuchten Ströme i_1, i_2 und i_3 werden ermittelt, indem aus dem obigen Schema die Bildfunktionen $\mathcal{L}\{i_1\}$, $\mathcal{L}\{i_2\}$ und $\mathcal{L}\{i_3\}$ hergeleitet und in den Originalbereich zurücktransformiert werden. Damit ist also die Lösung des Einschwingvorgangs bei beliebigen Anfangsbedingungen und beliebigen Spannungsfunktionen u_{01}, u_{02} und u_{03} gegeben.
Die Rücktransformation erfordert bei derartigen Problemstellungen im allgemeinen die Bestimmung der Nullstellen s_ν des Nennerpolynoms und die anschließende Ermittlung der Koeffizienten A_ν der Partialbruchzerlegung. Die Lösungsfunktionen enthalten somit Exponentialfunktionen $A_\nu \cdot e^{s_\nu t}$, die sowohl von den Erregungen des Netzwerks als auch von den Eigenwerten des Systems herrühren.
Bei stabilen elektrischen Netzwerken bleiben für $t \to \infty$ nur diejenigen Lösungsanteile übrig, die sich von den Erregungen ableiten lassen.

6.5 Dynamisches Verhalten von elektrischen Maschinen

Ebenso wie Einschwingvorgänge in allgemeinen elektrischen Netzen können auch Schaltvorgänge an elektrischen Maschinen mit Hilfe der Laplace-Transformation behandelt werden. Um das Verhalten nach dem Schaltaugenblick zu berechnen, werden hier ebenfalls je nach Problemstellung nur die charakteristischen, für das Problem wichtigen Größen zur Beschreibung herangezogen. Als charakteristisches Gleichungssystem ergibt sich wiederum ein System von Differentialgleichungen, auf welches die Laplace-Transformation direkt anwendbar ist. Die Güte und die Genauigkeit der Berechnung hängen natürlich von der Güte der Ersatzschaltung und der Genauigkeit der gemessenen oder geschätzten Konstanten ab. Um nur die Tendenz der Ausgleichsvorgänge zu ermitteln, kommt es allerdings nicht auf übermäßig große Genauigkeit an. Hierbei ist das physikalische Verständnis zur Erkennung der Einflußgrößen vielfach das bestimmende Element der Berechnung.
Das dynamische Verhalten der elektrischen Maschinen wird durch Ausgleichsvorgänge beschrieben. Als stationärer Zustand wird gewöhnlich ein bestehender Dauerzustand bezeichnet. Änderungen der Belastung oder Schaltvorgänge (Kurzschließen oder Öffnen von Schaltern, bewußt oder unbewußt) führen nach Abklingen eines Ausgleichsvorganges in der Regel zu einem neuen stabilen

Arbeits- oder Betriebszustand. Üblicherweise liegt der normale Betriebszustand zwischen dem Leerlauf und Kurzschluß der Maschine, so daß häufig das zeitliche Verhalten wichtiger Größen der Maschine oder der Maschinenanordnung mit Hilfe des sogenannten LKL-Diagramms (Leerlauf-Kurzschluß-Leerlauf-Diagramm) betrachtet wird.

1. Beispiel

Für die im Bild 6.5.1 dargestellte fremderregte Gleichstrommaschine soll der Verlauf des Stromes i_a nach Kurzschließen der Klemmen a – b berechnet werden. Die Maschine wird durch die Spannung U_e fremderregt. Der Erregerstrom beträgt zur Zeit t = 0:

(6.5.1) $$i_e = \frac{U_e}{R_e} .$$

Der Zusammenhang zwischen Erregerstrom i_e und der im Ankerkreis induzierten Spannung U_i wird durch eine Leerlaufkennlinie nach Bild 6.5.2 beschrieben. Im Bereich der ungesättigten Maschine kann dieser Zusammenhang als linear angenommen werden, das heißt, es gilt mit Gl. (6.5.1)

(6.5.2) $$U_i = R_d i_e = U_e \frac{R_d}{R_e} .$$

Der Proportionalitätsfaktor R_d wird als Rotationsreaktanz bezeichnet und ist von den Baugrößen sowie von den elektromagnetischen Größen der Maschine abhängig. Ausführliche Darstellungen über derartige Einflußgrößen können der Literatur entnommen werden.

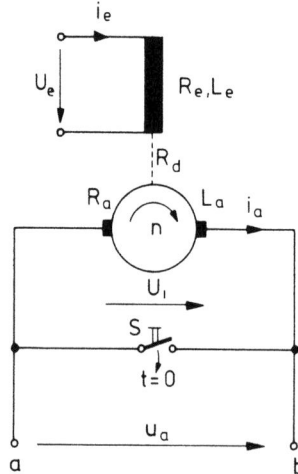

Bild 6.5.1: Kurzschließen einer fremderregten Gleichstrommaschine

6.5 Dynamisches Verhalten von elektrischen Maschinen

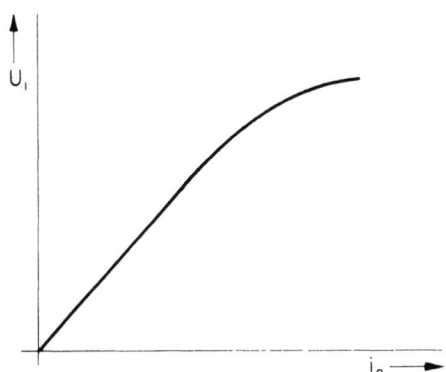

Bild 6.5.2: Leerlaufkennlinie

Da zwischen Erregerwicklung und Ankerwicklung keine induktive Kopplung besteht, bleibt der Erregerstrom und damit auch die induzierte Spannung von einem Schaltvorgang im Ankerkreis unbeeinflußt. Die Spannung U_i bleibt also konstant, falls der Schalter S geschlossen wird. Für $t > 0$ gilt somit:

(6.5.3) $\qquad R_a i_a + L_a \dfrac{di_a}{dt} + U_i = 0$.

Wird hierauf die Laplace-Transformation angewendet, so folgt

$$R_a \mathcal{L}\{i_a\} + L_a[s \mathcal{L}\{i_a\} - i_a(0)] + \frac{U_i}{s} = 0 \ .$$

Durch Auflösen nach $\mathcal{L}\{i_a\}$ ergibt sich mit $i_a(0) = 0$

$$\mathcal{L}\{i_a\} = -\frac{U_i}{s} \ \frac{1}{s L_a + R_a} = -\frac{U_i}{L_a} \ \frac{1}{s\left(s + \dfrac{R_a}{L_a}\right)} \ .$$

Mit der Korrespondenz

$$\frac{1}{s(s+a)} \ \bullet \!\!-\!\!\!\circ \ \frac{1}{a}(1 - e^{-at})$$

lautet die zugehörige Originalfunktion

(6.5.4) $\qquad i_a = -\dfrac{U_i}{R_a} \left(1 - e^{-\frac{R_a}{L_a} t}\right)$.

Mit Gl. (6.5.2) folgt hieraus für $t \to \infty$ der Dauerkurzschlußstrom I_{kd}:

(6.5.5) $\qquad I_{kd} = \dfrac{U_i}{R_a} = \dfrac{R_d}{R_a R_e} U_e$.

Nachdem sich im Ankerkreis der Dauerkurzschlußstrom eingestellt hat, soll der Schalter S wieder geöffnet werden. Die an den Ankerklemmen a – b wiederkehrende Spannung u_a

kann dann auf einfache Weise berechnet werden. Wird der neue Schaltaugenblick als Bezugspunkt mit $t^* = 0$ bezeichnet, so gilt für $t^* > 0$

(6.5.6) $\qquad u_a = U_i + R_a\, i_a + L_a\, \dfrac{di_a}{dt}$.

Die Anwendung der Laplace-Transformation liefert:

$$\mathcal{L}\{u_a\} = \mathcal{L}\{U_i\} + (R_a + s\, L_a)\, \mathcal{L}\{i_a\} - L_a\, i_a(0) .$$

Mit $i_a(0) = -I_{kd}$ und $i_a(t^* > 0) = 0$ ergibt sich sodann

$$\mathcal{L}\{u_a\} = \mathcal{L}\{U_i\} + L_a\, I_{kd} .$$

Durch Rücktransformation folgt die gewünschte wiederkehrende Ankerspannung

(6.5.7) $\qquad u_a = U_i + L_a\, I_{kd}\, \delta(t)$.

Beim Öffnen des gleichstromdurchflossenen Ankerkreises mit der Induktivität L_a tritt also zusätzlich ein Spannungsimpuls, die sogenannte Induktivitätszacke, von der Größe $L_a \cdot I_{kd}$ auf, der sich der im Anker induzierten Spannung U_i überlagert.

2. Beispiel

Für die im Bild 6.5.3 dargestellte Kaskadenschaltung zweier Gleichstromgeneratoren ist die Ausgangsspannung u_3 bei sprunghafter Änderung der Eingangsspannung zur Zeit $t = 0$ zu berechnen. Beide Generatoren sind gekoppelt und werden mit konstanter Drehzahl betrieben.

Für $t > 0$ gilt unter der Annahme der Rückwirkungsfreiheit

(6.5.8) $\qquad R_1\, i_1 + L_1\, \dfrac{di_1}{dt} = U_1$

oder nach Anwendung der Laplace-Transformation:

$$\mathcal{L}\{i_1\} = \dfrac{U_1}{s}\, \dfrac{1}{R_1 + s\, L_1} = \dfrac{U_1}{L_1}\, \dfrac{1}{s\left(s + \dfrac{R_1}{L_1}\right)} .$$

Entsprechend Gl. (6.5.2) gilt auch hier für den Ankerstrom i_2

$$R_2\, i_2 + L_2\, \dfrac{di_2}{dt} = R_{d1}\, i_1$$

bzw.

6.5 Dynamisches Verhalten von elektrischen Maschinen

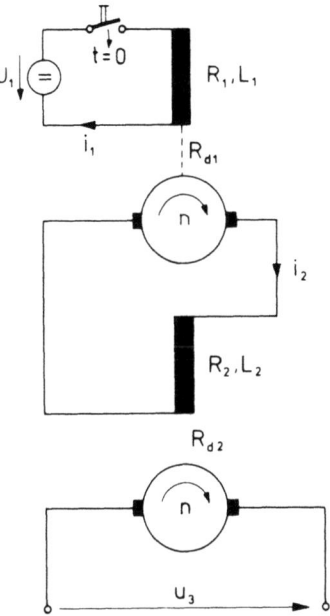

Bild 6.5.3: Kaskadenschaltung

$$\mathcal{L}\{i_2\} = R_{d1}\,\mathcal{L}\{i_1\}\,\frac{1}{R_2 + s L_2} = U_1\,\frac{R_{d1}}{L_1 L_2}\,\frac{1}{s\left(s + \dfrac{R_1}{L_1}\right)}\,\frac{1}{\left(s + \dfrac{R_2}{L_2}\right)}.$$

Die im Ankerkreis der zweiten Maschine induzierte Spannung u_3 ergibt sich als Produkt des Erregerstroms i_2 und der Rotationsreaktanz R_{d2}. Demzufolge lautet die Laplace-Transformierte von u_3:

$$\mathcal{L}\{u_3\} = R_{d2}\,\mathcal{L}\{i_2\} = U_1\,\frac{R_{d1}\,R_{d2}}{L_1 L_2}\,\frac{1}{s\left(s + \dfrac{R_1}{L_1}\right)}\,\frac{1}{\left(s + \dfrac{R_2}{L_2}\right)}.$$

Mit dem Funktionenpaar

$$\frac{1}{s(s+a)(s+b)} \;\multimap\; \frac{1}{ab}\left[1 + \frac{1}{a-b}\left(b\,e^{-at} - a\,e^{-bt}\right)\right]$$

sowie den Zeitkonstanten $T_1 = \dfrac{L_1}{R_1}$ und $T_2 = \dfrac{L_2}{R_2}$ folgt hieraus die induzierte Spannung

(6.5.9) $\quad u_3 = U_1 \dfrac{R_{d1}\,R_{d2}}{R_1\,R_2} \left[1 + \dfrac{1}{\dfrac{T_2}{T_1} - 1} e^{-\frac{t}{T_1}} + \dfrac{1}{\dfrac{T_1}{T_2} - 1} e^{-\frac{t}{T_2}} \right].$

Der prinzipielle Verlauf dieser Lösungsfunktion ist in Bild 6.5.4 skizziert.

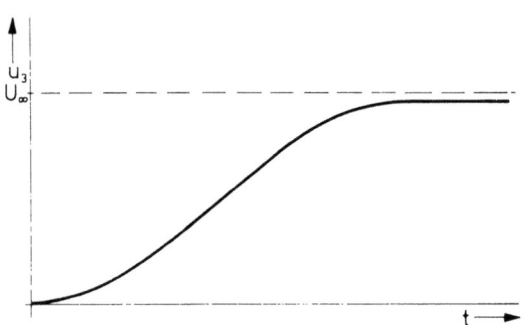

Bild 6.5.4: Prinzipieller Verlauf der Ausgangsspannung u_3 mit $U_\infty = U_1 \dfrac{R_{d1}\,R_{d2}}{R_1\,R_2}$.

Wird Gl. (6.5.9) in der Form

(6.5.10) $\quad u_3(t) = U_1\, h(t)$

dargestellt, so entspricht — wie bereits in Abschnitt 5.2 definiert wurde — der Quotient aus Antwortfunktion $u_3(t)$ und Sprungerregung U_1 der Übergangsfunktion der Kaskadenschaltung.

6.6 Die Anwendung von Übertragungsfunktion und Übergangsfunktion

Schaltelemente in Netzwerken, bestehend aus Widerständen, Induktivitäten und Kapazitäten, oder die Übertragungseigenschaften von Netzwerken können mit Hilfe der in Abschnitt 5 dargestellten Übergangs- und Übertragungsfunktionen ermittelt werden. Die Anwendung dieser beiden Kenngrößen ist ebenfalls bei der Ermittlung von Frequenzgängen oder bei der Voraussage von Antwortfunktionen auf beliebige Eingangsfunktionen von großem Vorteil. Soll ein unbekanntes Netzwerk analysiert oder eine Ersatzschaltung angegeben werden, so müssen Aussagen über die Ausgangsfunktion — z. B. in Form eines Oszillogramms — vorliegen. In einem anderen Anwendungsfall, beim Entwurf von Funktionsgeneratoren in der Analogrechentechnik, wird die gewünschte Ausgangszeitfunktion mathematisch definiert vorgegeben und bei bekannter Eingangszeitfunktion die Beschaltung der Verstärker bestimmt.

6.6 Die Anwendung von Übertragungsfunktion und Übergangsfunktion

1. Beispiel

An einen Vierpol gemäß Bild 6.6.1 werde zur Zeit t = 0 die Gleichspannung U angeschaltet. Die Ausgangsklemmen a – b sind kurzgeschlossen, so daß der im rechten Diagramm skizzierte, exponentiell abnehmende Kurzschlußstrom i mit dem Anfangswert I zur Zeit t = 0 nach Schließen des Schalters gemessen werden kann. Gesucht ist eine mögliche Schaltung zur Realisierung dieser Vierpoleigenschaften.

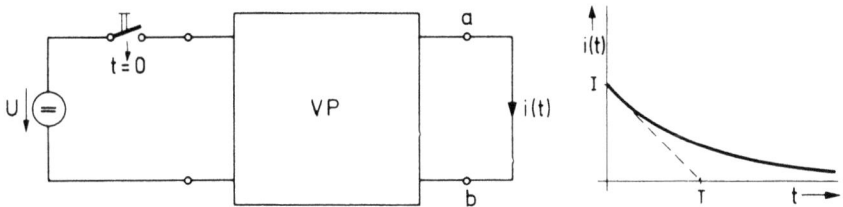

Bild 6.6.1: Schaltverhalten eines Vierpols

Der skizzierte Strom i(t) läßt sich mathematisch durch die Beziehung

(6.6.1) $\quad i(t) = I \, e^{-\frac{t}{T}}$

beschreiben und führt per definitionem nach Division durch die auslösende Erregung U auf die Übergangsfunktion

$$h(t) = \frac{I}{U} e^{-\frac{t}{T}} .$$

Entsprechend Gl. (5.2.4) folgen hieraus die Übertragungsfunktion

$$G(s) = s \, \mathcal{L}\{h(t)\} = s \, \frac{I}{U} \, \frac{1}{s + \frac{1}{T}}$$

bzw. deren Kehrwert

$$Z(s) = \frac{1}{G(s)} = \frac{U}{I} + \frac{U}{I \, T} \, \frac{1}{s} .$$

Der Quotient $\frac{U}{I}$ hat die Dimension eines Widerstandes und wird daher mit R bezeichnet; die Größe $\frac{I \cdot T}{U}$ hat die Dimension $\frac{A \cdot s}{V}$, also die Dimension einer Kapazität, und wird mit C bezeichnet. Es gilt somit:

(6.6.2) $\quad Z(s) = R + \frac{1}{s \, C} .$

Aus dieser Darstellung läßt sich sofort die in Bild 6.6.2 gezeigte Realisierungsmöglichkeit, eine Reihenschaltung aus R und C, ableiten. Die Zeitkonstante des Schaltvorgangs bestimmt sich zu T = R · C.

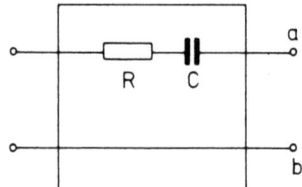

Bild 6.6.2:
Realisierungsmöglichkeit
des Vierpols nach Bild 6.6.1

Das Verhalten des Vierpols im eingeschwungenen Zustand bei Anliegen einer Wechselspannung der Frequenz ω an den Eingangsklemmen kann nun ohne weiteres gefolgert werden. Da sich aus Gl. (6.6.2) durch die Substitution $s = j\omega$ der komplexe Wechselstromwiderstand $\underline{Z}(j\omega)$ des Vierpols ergibt, gilt für den Strom $\underline{I}$

(6.6.3) $$\underline{I} = \frac{\underline{U}}{\underline{Z}} = \frac{\underline{U}}{R + \dfrac{1}{j\omega C}} \ .$$

2. Beispiel

Für den Vierpol nach Bild 6.6.1 ergab sich ausgangsseitig bei Anschalten einer Gleichspannung U zur Zeit $t = 0$ der Strom

(6.6.4) $$i(t) = I \left(1 - e^{-\frac{t}{T}}\right).$$

Eine mögliche Ersatzschaltung und das Wechselstromverhalten des Vierpols sind zu bestimmen.
Wird der vorgegebene Strom i(t) auf seine Ursache U bezogen, so folgt daraus die Übergangsfunktion

$$h(t) = \frac{i(t)}{U} = \frac{I}{U}\left(1 - e^{-\frac{t}{T}}\right).$$

Gemäß Gl. (5.3.7) ergibt sich die zugehörige Kennzeitfunktion zweiter Art zu

$$g(t) = \frac{d}{dt} h(t) = \frac{I}{UT} e^{-\frac{t}{T}} .$$

Der Funktion g(t) entspricht im Bildbereich die Übertragungsfunktion

$$G(s) = \frac{I}{UT} \frac{1}{s + \dfrac{1}{T}} \ .$$

Der Kehrwert dieser Übertragungsfunktion beträgt

$$Z(s) = \frac{1}{G(s)} = \frac{U}{I} + s\,\frac{UT}{I} \ .$$

6.6 Die Anwendung von Übertragungsfunktion und Übergangsfunktion

In dieser Beziehung hat der erste Summand die Dimension eines Widerstandes, während die Größe $\dfrac{U \cdot T}{I}$ die Dimension Ohm · Sekunde, also die Dimension einer Induktivität, besitzt. Demzufolge läßt sich Z(s) auch wie folgt schreiben:

(6.6.5) $\qquad Z(s) = R + sL \quad \text{mit} \quad T = \dfrac{L}{R}$.

Der vorgegebene Vierpol kann somit, wie in Bild 6.6.3 dargestellt ist, durch eine Reihenschaltung mit dem Widerstand R und der Induktivität L realisiert werden.

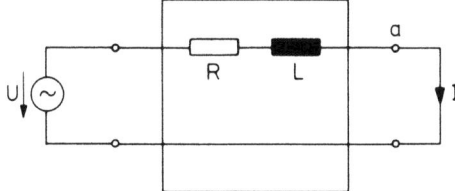

Bild 6.6.3:
Wechselstrom-Ersatzschaltbild des Vierpols

Zur Ermittlung des Wechselstromverhaltens wird an den Vierpol eingangsseitig die Spannung $\underline{U}$ mit der Frequenz ω gelegt. Aus Gl. (6.6.5) folgt mit $s = j\omega$ der Wechselstromwiderstand.

$$\underline{Z}(j\omega) = R + j\omega L \, .$$

Damit beträgt der Strom $\underline{I}$ zwischen den kurzgeschlossenen Ausgangsklemmen

(6.6.6) $\qquad \underline{I} = \dfrac{\underline{U}}{\underline{Z}} = \dfrac{\underline{U}}{R + j\omega L}$.

An dieser Stelle sei noch kurz auf die Antwortfunktion $i_D(t)$ des Vierpols eingegangen, die bei Erregung durch einen Dirac-Stoß

$$u_D(t) = U_D \, \delta(t)$$

auftritt. Gemäß Abschnitt 5.3 stellt die Kennzeitfunktion erster Art die Antwortfunktion auf einen Dirac-Stoß mit der Impulsfläche 1 dar. Im vorliegenden Falle beträgt der Strom:

$$i_D(t) = U_D \, g(t) = U_D \, \dfrac{I}{U\,T} \, e^{-\tfrac{t}{T}} = \dfrac{U_D}{L} \, e^{-\tfrac{R}{L} t} \, .$$

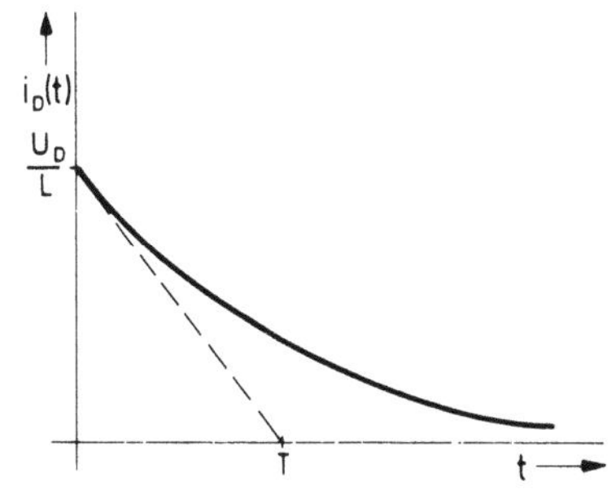

Bild 6.6.4:
Stromverlauf bei stoßförmiger Erregung

Dieses Ergebnis ist in Bild 6.6.4 graphisch dargestellt und steht in Widerspruch zu der Aussage, daß sich der Strom durch eine Induktivität nicht sprunghaft ändern kann. Der hier ermittelte Stromverlauf liegt jedoch darin begründet, daß eine Eingangsspannung $u_D(t)$ mit unendlich großer Amplitude zur Zeit $t = 0$ vorausgesetzt wurde, also ein Idealfall vorliegt.

3. Beispiel

Für die in Bild 6.6.5 angegebene Verstärkerschaltung sollen die Übertragungsfunktion $G(s)$ und die Übergangsfunktion $h(t)$ berechnet werden. Als Verstärker sei ein Gleichspannungsverstärker mit $V \gg 10^4$ und $i_g \approx 0$ gegeben. Zur Zeit $t = 0$ werde an die Schaltung die Gleichspannung U gelegt.

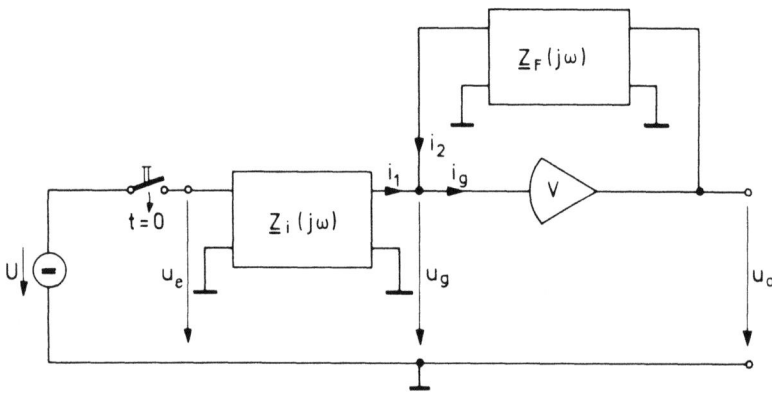

Bild 6.6.5: Allgemeine Verstärkerschaltung

Da $i_1(t) = - i_2(t)$ ist und ferner die Verstärkereingangsspannung $u_g = - \dfrac{u_a}{V}$ gegenüber u_a vernachlässigt bzw. Null gesetzt werden kann, ergibt sich zwischen Ausgangs- und Eingangsspannung in komplexer Schreibweise der Zusammenhang

$$\underline{I}_1 = \frac{\underline{U}_e}{\underline{Z}_i(j\omega)} = -\underline{I}_2 = -\frac{\underline{U}_a}{\underline{Z}_F(j\omega)}$$

bzw.

$$\underline{U}_a = -\frac{\underline{Z}_F(j\omega)}{\underline{Z}_i(j\omega)} \underline{U}_e.$$

Hierin stellen die Größen $\underline{Z}_i(j\omega)$ und $\underline{Z}_F(j\omega)$ Kurzschlußkernimpedanzen dar, die für eine Anzahl von Vierpolen in Abschnitt 10.3 angegeben sind.

Da die Übertragungsfunktion als Quotient der Laplace-Transformierten von Ausgangs- und Eingangsfunktion definiert ist, gilt für den betrachteten Gleichspannungsverstärker allgemein:

(6.6.8) $$G(s) = \frac{\mathcal{L}\{u_a(t)\}}{\mathcal{L}\{u_e(t)\}} = -\frac{Z_F(s)}{Z_i(s)}.$$

6.6 Die Anwendung von Übertragungsfunktion und Übergangsfunktion

Wird an den Eingang zur Zeit t = 0 eine Gleichspannung U gelegt, so ergibt sich aus

$$G(s) = \frac{\mathcal{L}\{u_a(t)\}}{\frac{U}{s}} = -\frac{Z_F(s)}{Z_i(s)}$$

die Bildfunktion der Übergangsfunktion h(t) definitionsgemäß zu

(6.6.9) $\qquad \mathcal{L}\{h(t)\} = \mathcal{L}\left\{\frac{u_a(t)}{U}\right\} = \frac{1}{s} G(s) = -\frac{1}{s}\frac{Z_F(s)}{Z_i(s)}$.

Die Übergangsfunktion selbst kann hieraus durch Rücktransformation bestimmt werden. Die drei in Bild 6.6.6 angegebenen Beispiele zur Beschaltung des Verstärkers sollen abschließend kurz behandelt werden.

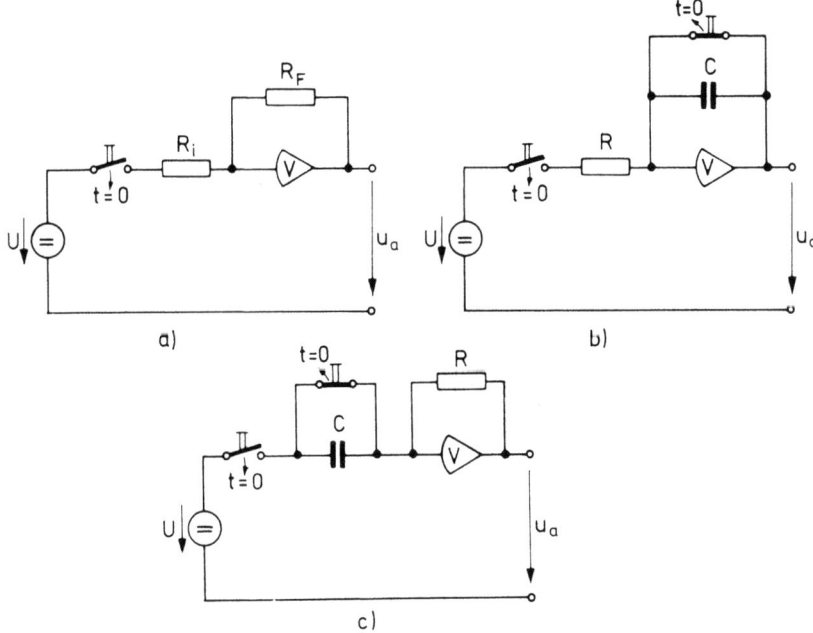

Bild 6.6.6: Beschaltungsbeispiele des Verstärkers

Für die Schaltung a folgen mit $\underline{Z}_i = R_i$ und $\underline{Z}_F = R_F$ die Übertragungsfunktion

(6.6.10) $\qquad G_1(s) = -\frac{R_F}{R_i}$

und aus

$$\mathcal{L}\{h_1(t)\} = \frac{1}{s} G_1(s) = -\frac{1}{s}\frac{R_F}{R_i}$$

die Übergangsfunktion

(6.6.11) $\quad h_1(t) = -\dfrac{R_F}{R_i}$.

Hieraus folgt die Ausgangsspannung

(6.6.12) $\quad u_{a1}(t) = U\, h_1(t) = -\dfrac{R_F}{R_i} U = -k\, U$.

Dieser Zusammenhang beschreibt den in der Analogrechnertechnik verwendeten Koeffizientenverstärker mit dem Verstärkungsfaktor $k = \dfrac{R_F}{R_i}$. Im Sonderfall $R_F = R_i$ handelt es sich um einen einfachen Umkehrverstärker.

Der Rückkopplungszweig des Verstärkers in Bild 6.6.6b enthält einen Kondensator, der über einen zweiten Schalter bis zum Zeitpunkt t = 0 kurzgeschlossen und somit im Schaltaugenblick energielos ist. Mit $Z_F(s) = \dfrac{1}{s \cdot C}$ ergibt sich gemäß Gl. (6.6.8) die Übertragungsfunktion

(6.6.13) $\quad G_2(s) = -\dfrac{1}{RC}\dfrac{1}{s}$.

Hieraus folgt entsprechend Gl. (6.6.9) die Bildfunktion

$$\mathcal{L}\{h_2(t)\} = \frac{1}{s}\, G_2(s) = -\frac{1}{RC}\frac{1}{s^2}$$

sowie durch Rücktransformation die Übergangsfunktion

(6.6.14) $\quad h_2(t) = -\dfrac{1}{RC}\, t$.

Damit lautet die Ausgangsspannung bei Anschalten einer Gleichspannung:

(6.6.15) $\quad u_{a2}(t) = -\dfrac{U}{RC}\, t$.

Die Spannung $u_{a2}(t)$ ist direkt proportional zur Zeit t und gibt die Ausgangsspannung der in Rechenschaltungen häufig vorkommenden Integrationsschaltung an.

Ganz entsprechend ergeben sich für die Schaltung nach Bild 6.6.6c die Übertragungsfunktion

(6.6.16) $\quad G_3(s) = -RC\, s$,

die Übergangsfunktion

(6.6.17) $\quad h_3(t) = -RC\, \delta(t)$

und die Ausgangsspannung

(6.6.18) $\quad u_{a3}(t) = -U R C\, \delta(t)$.

Die hier behandelte Schaltung stellt also den Idealfall einer Differentiationsschaltung dar.

6.6 Die Anwendung von Übertragungsfunktion und Übergangsfunktion

4. Beispiel

An die in Bild 6.6.7 skizzierte Verstärkerschaltung werde zur Zeit t = 0 eine Gleichspannung U gelegt. Im Schaltaugenblick sei das Netzwerk energielos. Die Ausgangsspannung $u_a(t)$ soll berechnet werden.

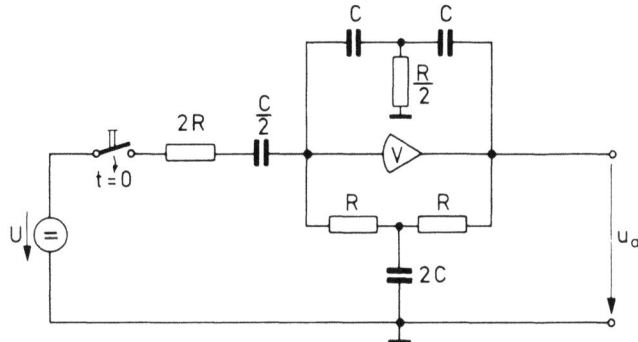

Bild 6.6.7:
Verstärkerschaltung

Mit den in Kapitel 10.3 angeführten Kurzschlußkernimpedanzen läßt sich im vorliegenden Fall die Übertragungsfunktion

$$(6.6.19) \quad G(s) = -\frac{Z_F(s)}{Z_i(s)} = -\frac{\frac{1}{RC}}{s^2 + \left(\frac{1}{RC}\right)^2} s$$

ableiten. Als Bildfunktion der Übergangsfunktion ergibt sich gemäß Gl. (6.6.9)

$$\mathcal{L}\{h(t)\} = \frac{1}{s} G(s) = -\frac{\frac{1}{RC}}{s^2 + \left(\frac{1}{RC}\right)^2} \;.$$

Hieraus folgt

$$(6.6.20) \quad h(t) = -\sin\frac{1}{RC}t = -\sin\omega t$$

mit $\omega = \frac{1}{R \cdot C}$. Die zugehörige Ausgangszeitfunktion lautet:

$$(6.6.21) \quad u_a(t) = -U \sin\omega t.$$

Da sich mit der vorgegebenen Schaltung Sinusfunktionen generieren lassen, hat diese Schaltung insbesondere bei der Fourier-Synthese große Bedeutung erlangt.

5. Beispiel

Gesucht ist die Übertragungsfunktion G(s) von n in Reihe geschalteten Verstärkerschaltungen gemäß Bild 6.6.8. Jede Einzelschaltung soll einen Gleichspannungsverstärker darstellen und kann daher als rückwirkungsfrei angenommen werden.

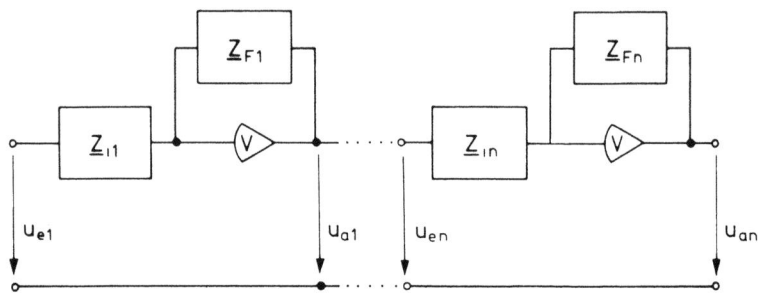

Bild 6.6.8: Reihenschaltung von n Verstärkern

Die Übertragungsfunktion eines einzelnen Verstärkers k ergibt sich gemäß Gl. (6.6.8) zu

(6.6.22) $\quad G_k(s) = \dfrac{\mathcal{L}\{u_{ak}\}}{\mathcal{L}\{u_{ek}\}} = -\dfrac{Z_{Fk}(s)}{Z_{ik}(s)}$.

Die Multiplikation aller Übertragungsfunktionen $G_k(s)$ miteinander führt auf die Übertragungsfunktion der Reihenschaltung. Es gilt:

$$G_1(s)\, G_2(s) \cdots G_n(s) = \dfrac{\mathcal{L}\{u_{a1}\}}{\mathcal{L}\{u_{e1}\}} \dfrac{\mathcal{L}\{u_{a2}\}}{\mathcal{L}\{u_{e2}\}} \cdots \dfrac{\mathcal{L}\{u_{an}\}}{\mathcal{L}\{u_{en}\}}$$

oder mit $u_{ak} = u_{e(k-1)}$ für $k = 1(1)n$

$$\prod_{\nu=1}^{n} G_\nu(s) = \dfrac{\mathcal{L}\{u_{an}\}}{\mathcal{L}\{u_{e1}\}} .$$

Da aber allgemein der Quotient aus Ausgangszeitfunktion und Eingangszeitfunktion als Übertragungsfunktion definiert ist, ergibt sich für die Reihenschaltung rückwirkungsfreier Einzelverstärker die Übertragungsfunktion

(6.6.23) $\quad G(s) = \displaystyle\prod_{\nu=1}^{n} G_\nu(s) = (-1)^n \prod_{\nu=1}^{n} \dfrac{Z_{F\nu}(s)}{Z_{i\nu}(s)}$.

6.7 Regelungstechnische Anwendungen

In zunehmendem Maße hat die Regelungstechnik wegen der von einem Prozeß geforderten Güte und Produktkonstanz in der Verfahrenstechnik, der chemischen Industrie und der Elektroindustrie an Bedeutung gewonnen. Regelkreise werden immer häufiger verwendet, um bestimmte Größen eines Prozesses auf gewünschte Werte zu bringen und für die Dauer der Produktionszeit konstant

6.7 Regelungstechnische Anwendungen

zu halten. Die Größen, die geregelt werden sollen, werden allgemein als „Regelgrößen" bezeichnet. Die gewünschten vorgegebenen Werte heißen „Sollgrößen" und werden häufig durch von außen eingestellte Größen, die „Anfangsgrößen", bestimmt. Das Ziel einer Regelung ist, die Einwirkung zusätzlicher Größen, sogenannter „Störgrößen", auf den Prozeß nach Möglichkeit vollkommen zu unterbinden. Heutzutage ist es üblich, komplizierte Regelanlagen dadurch übersichtlicher und in ihrer Wirkungsweise durchsichtiger zu gestalten, daß zunächst Einzelbausteine dieses Gesamtsystems in ihrem Verhalten klar beschrieben werden. Wegen der geforderten und auch angenähert vorhandenen Rückwirkungsfreiheit der Einzelbausteine läßt sich sodann das Verhalten einer Größe des Gesamtsystems unter allen Randbedingungen oder für wichtige Sonderfälle beschreiben und berechnen.

Die Analyse komplizierter Anlagen ist theoretisch sehr gut möglich, wenn eine einwandfreie mathematische Beschreibung der einzelnen Bausteine des Systems vorliegt. Häufig wird in der Praxis jedoch schon dazu übergegangen, vor Aufbau eines Systems Untersuchungen an einem modellmäßigen System vorzunehmen. Dieses wichtige Gebiet der sogenannten Simulation erlaubt es, das Verhalten der interessierenden Systemgrößen durch Variation einer Vielzahl von Parametern auf einfache Weise an einem Modell zu ermitteln. Einfache und sehr flexible Modelle lassen sich aus den gleichen Recheneinheiten aufbauen, die beim elektronischen Analogrechner zur Lösung rein mathematisch vorgegebener Aufgaben eingesetzt werden. Häufig setzt auch die mathematische Behandlung physikalischer, biologischer oder medizinischer Erscheinungen eine gewisse Vorstellung des Wirkungsablaufs in dem betrachteten System voraus. Bei der Herleitung eines Modells werden im allgemeinen alle untergeordneten Nebenerscheinungen fallengelassen, da sie das System nur komplizieren und keinen wesentlichen Beitrag liefern. Die notwendigen Mechanismen müssen hingegen besonders gut beschrieben werden. Ein Modell ist dann als gut anzusehen, wenn an ihm bei möglichst geringem Aufwand alle Haupterscheinungen des gegebenen physikalischen Systems zu klären sind.

Die bausteinartige Darstellung des Gesamtmodells erlaubt darüber hinaus bei Echtzeitbetrieb (d. h., der Vorgang läuft bei der Simulation in der gleichen Zeit ab wie im physikalischen System), Einheiten des tatsächlichen physikalischen Systems in das Modell mit einzubeziehen.

Als Darstellungsart für die Verkettung verschiedener Bausteine des physikalischen Systems ist die Verbindung verschiedener Blocksymbole zu einem Blockschaltplan üblich. Ganz allgemein wird das Rechtecksymbol für die verschiedensten Gebilde verwendet; nur für den Summationspunkt (Mischstelle) wird häufig das mit einem Kreis versehene Plus- oder Minuszeichen gewählt.

Die Kennzeichnung jedes einzelnen Gebildes kann auf verschiedene Arten geschehen. Da das Verhalten der Ausgangsgröße bei Änderung der Eingangsgröße interessiert, wird in das Blocksymbol eine charakteristische Größe des Übertragungssystems eingetragen. Zur Kennzeichnung müssen also charakteristische

Größen definiert werden, die nur vom Übertragungssystem, nicht aber von den Eingangs- und Ausgangsgrößen abhängen. Die wichtigsten Größen seien hier kurz angegeben:

1. Frequenzgang (oder Übertragungsfaktor) $\mathscr{F}(j\omega)$ bzw. $G(j\omega)$,
2. Übertragungsfunktion $G(s)$,
3. Übergangsfunktion $h(t)$.

Im Abschnitt 5 wurden ausführlich die Begriffe Übertragungsfunktion und Übergangsfunktion sowie deren Zusammenhang mit dem Frequenzgang dargestellt. Als gleichwertige Darstellung können somit die in Bild 6.7.1 skizzierten Symbole verwendet werden.

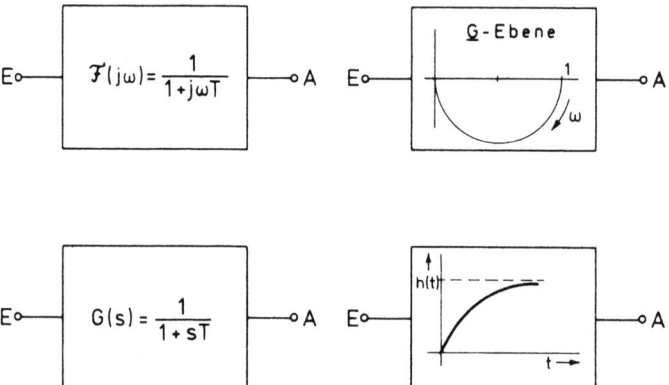

Bild 6.7.1: Möglichkeiten der Kennzeichnung eines Systembausteins

Mit Hilfe der Übertragungsfunktion

(6.7.1) $\qquad G(s) = \dfrac{\mathscr{L}\{\text{Ausgangsgröße}\}}{\mathscr{L}\{\text{Eingangsgröße}\}} = \dfrac{\mathscr{L}\{A\}}{\mathscr{L}\{E\}}$

und der Übergangsfunktion

(6.7.2) $\qquad h(t) = \mathscr{L}^{-1}\left\{\dfrac{1}{s} G(s)\right\}$

lassen sich die Ausgangsgrößen bei beliebigen Eingangsgrößen berechnen.
Die gegenseitige Beeinflussung der verschiedenen Größen einer Regelanlage wird üblicherweise durch ein Blockdiagramm dargestellt. Aus dem in Bild 6.7.2 skizzierten Beispiel sind die wichtigsten Größen eines Regelkreises zu entnehmen: die Regelgröße X, die Stellgröße Y, die Führungsgröße W und die Störgröße Z.

6.7 Regelungstechnische Anwendungen

Im allgemeinen interessieren jedoch nur die Abweichungen der Kenngrößen des Regelkreises vom normalen Betriebszustand, der durch die Normalwerte X_0, Y_0, W_0 und Z_0 charakterisiert ist. Diese Abweichungen werden mit kleinen Buchstaben x, y, w und z bezeichnet. Da ferner die einzelnen Bausteine des Gesamtsystems grundsätzlich nur aus gerichteten Gliedern bestehen (die Bausteine haben also nur eine Wirkungsrichtung und werden als rückwirkungsfrei angenommen), bildet die Gesamtheit aller Bausteine einen geschlossenen Wirkungskreislauf, den sogenannten Regelkreis.

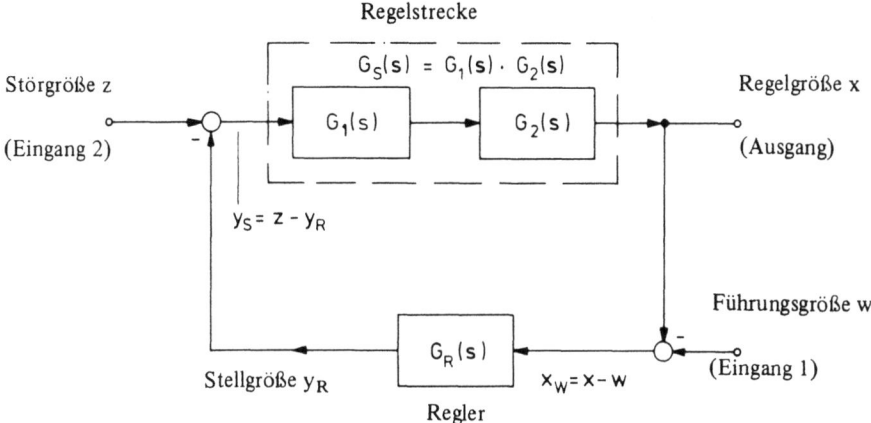

Bild 6.7.2: Blockschaltbild einer Regelanlage

Der geschlossene Regelkreis in der einfachen Version des Bildes 6.7.2 stellt natürlich in vielen Fällen nur eine grobe Vereinfachung dar. Der jeweilige Wert der Regelgröße x am Ausgang der Regelstrecke wird mit dem Sollwert der Führungsgröße w verglichen. Die Differenz

(6.7.3) $\quad x_w = x - w$

wird als Eingangsgröße des nächsten Gliedes im Regelkreis zur Änderung der Stellgröße y verwendet. Die Stellgröße y wirkt über andere Bausteine wieder auf die Regelgröße x derart zurück, daß der Sollwert eingehalten wird. Der Soll-Istwertvergleich und die Verstellung der Stellgröße werden im sogenannten *Regler* vorgenommen. Jeder einzelne Baustein des Systems wird in der Regel durch Differentialgleichungen beschrieben, so daß sich die Anwendung der Laplace-Transformation bzw. die Beschreibung des Systems durch Übertragungs- und Übergangsfunktionen anbietet. Der Einfluß der Störgrößen bei unterschiedlichen Reglerbausteinen oder der Einfluß des Reglers bei verschiedenartigen Störgrößen sind auf diese Weise relativ einfach zu untersuchen.
An Hand des vorliegenden Beispiels sollen einige grundlegende Zusammenhänge zur Beschreibung eines Regelkreises aufgezeigt werden. Zunächst soll der geöff-

nete Regelkreis betrachtet werden. Wird dieser Kreis an irgendeiner Stelle unterbrochen, so ergibt sich als Übertragungsfunktion für Ausgangs- und Eingangsgröße an dieser Stelle das Produkt der Übertragungsfunktionen sämtlicher Regelkreisbausteine. Es gilt dann beispielsweise:

(6.7.4) $\qquad \dfrac{\mathcal{L}\{y_R\}}{\mathcal{L}\{z\}} = G_1(s)\, G_2(s)\, G_R(s) = G_S(s)\, G_R(s)$

oder

(6.7.5) $\qquad \dfrac{\mathcal{L}\{x\}}{\mathcal{L}\{w\}} = G_R(s)\, G_1(s)\, G_2(s) = G_R(s)\, G_S(s)\,.$

Als Übertragungsfunktion des offenen Regelkreises kann daher die Funktion

(6.7.6) $\qquad G_0(s) = -\, G_R(s)\, G_S(s)$

eingeführt werden, die von der Wahl der Unterbrechungsstelle unabhängig ist. Da bei Schließen des Regelkreises ein Regelsignal nach Durchlaufen des Kreises mit umgekehrtem Vorzeichen an der Ausgangsstelle ankommen soll, wurde in der obigen Definition ein Minuszeichen gewählt.

Für den Fall des geschlossenen Regelkreises gilt

(6.7.7) $\qquad \dfrac{\mathcal{L}\{x\}}{\mathcal{L}\{y_S\}} = \dfrac{\mathcal{L}\{x\}}{\mathcal{L}\{z - y_R\}} = G_S(s)$

bzw.

(6.7.8) $\qquad \dfrac{\mathcal{L}\{y_R\}}{\mathcal{L}\{x - w\}} = G_R(s)\,.$

Gl. (6.7.7) wird zunächst nach $\mathcal{L}\{x\}$ aufgelöst:

(6.7.9) $\qquad \mathcal{L}\{x\} = G_S(s)\, \mathcal{L}\{z\} - G_S(s)\, \mathcal{L}\{y_R\}\,.$

Wird in diese Beziehung $\mathcal{L}\{y_R\}$ aus Gl. (6.7.8) eingesetzt, so folgt

$$\mathcal{L}\{x\} = G_S(s)\, \mathcal{L}\{z\} - G_S(s)\, G_R(s)\, (\mathcal{L}\{x\} - \mathcal{L}\{w\})$$

bzw. mit Gl. (6.7.6)

(6.7.10) $\qquad [1 - G_0(s)]\, \mathcal{L}\{x\} = -\, G_0(s)\, \mathcal{L}\{w\} + G_S(s)\, \mathcal{L}\{z\}\,.$

Dieser Zusammenhang stellt die bekannte *Grundgleichung des Regelkreises* dar und führt auf die Führungsübertragungsfunktion

(6.7.11) $\qquad G_w(s) = \dfrac{\mathcal{L}\{x\}}{\mathcal{L}\{w\}} = -\, \dfrac{G_0(s)}{1 - G_0(s)}$

bei nicht vorhandener Störgröße (z = 0) und auf die Störübertragungsfunktion

6.7 Regelungstechnische Anwendungen

(6.7.12) $\quad G_z(s) = \dfrac{\mathcal{L}\{x\}}{\mathcal{L}\{z\}} = \dfrac{G_S(s)}{1 - G_0(s)}$

für $w = 0$.

Mit Hilfe der Grundgleichung des Regelkreises kann für jede beliebige Störgröße oder Führungsgröße der Einfluß des Reglers auf die Ausgangsgröße, d. h. die Regelgröße, berechnet werden. Beispiele der verschiedenen Reglertypen sind zusammen mit den Übertragungsfunktionen $G_R(s)$ oder den Übergangsfunktionen $h(t)$ in der Literatur aufgeführt. Da die Rücktransformation von Gl. (6.7.10) keine besonderen Schwierigkeiten bereitet, sollen hier nur noch kurz zwei Beispiele angeführt werden. In vielen Fällen interessiert nicht einmal der genaue Zeitverlauf der Regelgröße, sondern lediglich der Verlauf für $t \to \infty$. Hier kann der in Abschnitt 4.6 abgeleitete Satz über das asymptotische Verhalten der Originalfunktion vorteilhaft angewendet werden.

1. Beispiel

Für das im Bild 6.7.3 dargestellte Regelungssystem soll die Änderung der Regelgröße x für den Fall einer sprunghaften Änderung der Führungsgröße w ermittelt werden. Die Regelstrecke sei durch die Übertragungsfunktion

$$G_S(s) = V_0 \, \dfrac{1}{1 + T_1 s}$$

charakterisiert. Als Regler soll ein proportional wirkender Regler mit $G_R(s) = K$ eingesetzt werden. Die Änderung der Führungsgröße sei gleich A.

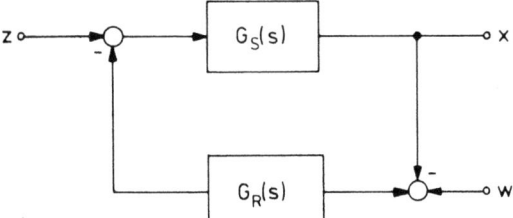

Bild 6.7.3: Regelkreis

Aus der Führungsübertragungsfunktion gemäß Gl. (6.7.11) ergibt sich die Laplace-Transformierte der Regelgröße zu

$$\mathcal{L}\{x\} = -\dfrac{G_0(s)}{1 - G_0(s)} \mathcal{L}\{w\} = \dfrac{G_R(s) \, G_S(s)}{1 + G_R(s) \, G_S(s)} \mathcal{L}\{w\}$$

$$= \dfrac{K V_0 \dfrac{1}{1 + T_1 s}}{1 + K V_0 \dfrac{1}{1 + T_1 s}} \dfrac{A}{s} = \dfrac{K V_0 A}{T_1} \dfrac{1}{s \left(s + \dfrac{1 + K V_0}{T_1} \right)} \, .$$

Mit dem Funktionenpaar $\dfrac{1}{s(s+a)} \;\bullet\!\!-\!\!\circ\; \dfrac{1}{a}(1-e^{-at})$ kann durch Rücktransformation die Originalfunktion

(6.7.12) $\qquad x(t) = \dfrac{K\,V_0\,A}{1+K\,V_0}\left(1 - e^{-\tfrac{1+K V_0}{T_1}\,t}\right)$

gewonnen werden, die für $t \to \infty$ den Wert $\dfrac{K\,V_0\,A}{1+K\,V_0}$ annimmt. Gemäß Abschnitt 4.6 kann das asymptotische Verhalten der Originalfunktion auch direkt aus der Bildfunktion hergeleitet werden. Im vorliegenden Fall gilt nämlich:

$$\lim_{t\to\infty} x(t) = \lim_{s\to 0} s\,\mathcal{L}\{x\}$$

$$= \lim_{s\to 0} s\,\dfrac{K\,V_0\,A}{T_1}\,\dfrac{1}{s\left(s+\dfrac{1+K\,V_0}{T_1}\right)} = \dfrac{K\,V_0\,A}{1+K\,V_0}\;.$$

Mit Hilfe des Satzes über das asymptotische Verhalten läßt sich somit der Rechenaufwand immer dann verringern, falls nicht die vollständige Lösung, sondern beispielsweise nur der Endwert der Regelgröße gesucht ist.

2. Beispiel

Anstelle eines proportional wirkenden Reglers soll im Regelkreis des vorangegangenen Beispiels ein integrierend wirkender Regler mit $G_R(s) = K_1 \cdot \dfrac{1}{s}$ verwendet werden. Wiederum ist die Änderung der Regelgröße bei sprunghafter Änderung der Führungsgröße zu ermitteln. Aus Gl. (6.7.11) folgt mit den vorgegebenen Übertragungsfunktionen die Bildfunktion

$$\mathcal{L}\{x\} = \dfrac{G_R(s)\,G_S(s)}{1+G_R(s)\,G_S(s)}\,\mathcal{L}\{w\} = \dfrac{K_1\,\dfrac{1}{s}\,V_0\,\dfrac{1}{1+T_1 s}}{1+K_1\,\dfrac{1}{s}\,V_0\,\dfrac{1}{1+T_1 s}}\,\dfrac{A}{s}$$

$$= \dfrac{K_1\,V_0\,A}{T_1}\,\dfrac{1}{s\left(s^2 + s\,\dfrac{1}{T_1} + \dfrac{K_1\,V_0}{T_1}\right)}\;.$$

Unter Verwendung der Korrespondenz

$$\dfrac{1}{s[s^2 + 2\delta s + \delta^2 + \omega^2]} \;\bullet\!\!-\!\!\circ\; \dfrac{1}{\delta^2+\omega^2}\left[1 - \left(\cos\omega t + \dfrac{\delta}{\omega}\sin\omega t\right)e^{-\delta t}\right]$$

ergibt sich die zugehörige Regelgröße zu

6.7 Regelungstechnische Anwendungen

(6.7.13) $\quad x(t) = A[1 - (\cos \omega t + \dfrac{\delta}{\omega} \sin \omega t)\, e^{-\delta t}]$

$$\text{mit } \delta = -\frac{1}{2T_1} \text{ und } \omega = \sqrt{\frac{K_1 V_0}{T_1} - \left(\frac{1}{2T_1}\right)^2}\,.$$

Für $t \to \infty$ ist der Endwert der Regelgröße gerade gleich der Abweichung A der Führungsgröße. Dieser Endwert folgt ebenfalls aus der Anwendung des Satzes über das asymptotische Verhalten, es gilt nämlich:

$$\lim_{t \to \infty} x(t) = \lim_{s \to 0} s\, \frac{K_1 V_0 A}{T_1} \, \frac{1}{s\left(s^2 + s\dfrac{1}{T_1} + \dfrac{K_1 V_0}{T_1}\right)} = A\,.$$

7. Die Lösung partieller Differentialgleichungen

Gewöhnliche lineare Differentialgleichungen oder Differentialgleichungssysteme werden durch die Laplace-Transformation in algebraische Gleichungen oder Gleichungssysteme überführt, wie bereits in Abschnitt 6 ausführlich beschrieben wurde. Derartige Differentialgleichungen enthalten nur Ableitungen nach einer unabhängigen Variablen.

Kommen in einer Differentialgleichung oder in einem Differentialgleichungssystem Ableitungen nach mehr als einer unabhängigen Veränderlichen vor, d. h., ist die Lösungsfunktion von mehreren Variablen abhängig, so wird von einer partiellen Differentialgleichung oder einem System partieller Differentialgleichungen gesprochen. Bei technischen und physikalischen Problemen liegen häufig die Variablen x, y, z als unabhängige Veränderliche des Ortes und die Variable t als unabhängige Veränderliche der Zeit vor. Als Beispiele für partielle Differentialgleichungen mit zwei unabhängigen Veränderlichen seien hier nur die eindimensionale Wärmeleitungsgleichung und die Telegraphengleichung angeführt. Die Wärmeleitungsgleichung lautet:

$$(7.1) \qquad \frac{\partial^2 U}{\partial x^2} = K \frac{\partial U}{\partial t},$$

während die Telegraphengleichung allgemein durch die Beziehung

$$(7.2) \qquad \frac{\partial^2 U}{\partial x^2} = K_1 \frac{\partial^2 U}{\partial t^2} + K_2 \frac{\partial U}{\partial t} + K_3 U$$

beschrieben wird. Die Telegraphengleichung geht im Falle der verlustlosen Leitung in die Beziehung

$$(7.3) \qquad \frac{\partial^2 U}{\partial x^2} = K_1 \frac{\partial^2 U}{\partial t^2},$$

die sogenannte Wellengleichung, über.

Das generelle Verfahren zur Lösung partieller Differentialgleichungen wird nicht durch die Anzahl der unabhängigen Veränderlichen beeinflußt. Der Anschaulichkeit halber sollen hier nur partielle Differentialgleichungen mit zwei unabhängigen Veränderlichen betrachtet werden. Diese beiden Veränderlichen sollen die Ortsveränderliche x und die Zeitveränderliche t sein. Mit dieser Fest-

7. Die Lösung partieller Differentialgleichungen

legung ist die gewünschte Lösungsfunktion, allgemein mit U(x, t) bezeichnet in einem Lösungsgebiet der x-t-Ebene, dem sogenannten Grundgebiet, zu berechnen. Da sich verabredungsgemäß die Zeitvariable t in einem einseitig unendlichen Intervall $0 \leq t < \infty$ erstrecken soll, hängt das Lösungsgebiet vom Bereich der Ortsveränderlichen x ab. Wie in Bild 7.1 dargestellt ist, können als Grenzgebiete Halbstreifen, Viertelebenen und Halbebenen vorkommen. In den meisten technischen Anwendungsfällen liegen jedoch Lösungsgebiete mit endlicher Begrenzung vor.

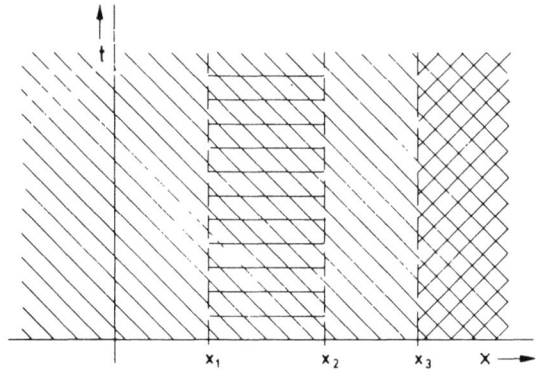

Bild 7.1: Grundgebiete in der x-t-Ebene

$x_1 \leq x \leq x_2$; x variiert in einem endlichen Intervall. Das Grundgebiet ist ein Halbstreifen in der x-t-Ebene.

$x_3 \leq x < \infty$; x variiert in einem einseitig unendlichen Intervall. Das Grundgebiet ist eine Viertelebene.

$-\infty < x < \infty$; x variiert in einem zweiseitig unendlichen Intervall. Das Grundgebiet ist eine Halbebene.

Die Lösung einer gewöhnlichen Differentialgleichung ergibt sich als partikuläre Lösung aus einer allgemeinen bzw. homogenen Lösung durch Einsetzen der Anfangsbedingungen. Um eine eindeutige Problemlösung bei partiellen Differentialgleichungen zu gewinnen, wird üblicherweise ebenfalls von einer allgemeinen Lösung ausgegangen. An die Stelle der Anfangsbedingungen treten jedoch bei der Ermittlung der partikulären Lösung sogenannte Randbedingungen. Es handelt sich dabei um Bedingungen, die von der Lösungsfunktion auf der Randkurve eines vorgegebenen Grundgebiets in der x-t-Ebene zu erfüllen sind. Die mathematischen Forderungen, die somit an die Lösungsfunktion gestellt werden, sind, daß die Lösung U(x, t) im Innern des Grundgebiets der Differentialgleichung genügt und an die vorgegebenen Randwerte stetig anschließt, d. h. gegen sie konvergiert. Die Anfangsbedingungen stellen in gewissem Sinne auch

Randbedingungen in der x-t-Ebene dar, nämlich für den Fall, daß t = 0 ist. Ihre gesonderte Bezeichnung nimmt nur Bezug auf die besondere Bedeutung der Veränderlichen t und auf die Festlegung, daß t im Intervall $0 \leq t < \infty$ variiert, eine Tatsache, der bei der Anwendung der Laplace-Transformation noch eine wichtige Bedeutung zukommt. Die Randbedingungen oder deren Beziehungen sind häufig vom Problem her vorgegeben oder können auf einfache Weise hergeleitet werden.

Zur Lösung von partiellen Differentialgleichungen wird die Laplace-Transformation — entsprechend der Anzahl der unabhängigen Veränderlichen — mehrmals auf die Differentialgleichungen unter Berücksichtigung der Randbedingungen angewendet. Bei diesem Verfahren werden nach der Transformation hinsichtlich der Zeit t für jede weitere Transformation anders benannte Bildvariable eingeführt. Liegen z.B. nur zwei unabhängige Veränderliche t und x vor, so ergibt sich nach einmaliger Laplace-Transformation eine gewöhnliche Differentialgleichung, die jetzt allerdings nicht nur von der unabhängigen Veränderlichen x abhängt, sondern auch von der komplexen Variablen s als Parameter. Entsprechend der Definitionsgleichung der Laplace-Transformation gilt:

$$(7.4) \qquad \mathcal{L}\{U(x,t)\} = \int_0^\infty U(x,\tau) e^{-s\tau}\, d\tau = u(x,s).$$

Wird der Ableitungssatz für die Originalfunktion gemäß Gl. (3.2.2.4) auf die Funktion U(x, t) angewendet, so folgt als Bildfunktion der partiellen Ableitung von U(x, t) nach t:

$$(7.5) \qquad \mathcal{L}\left\{\frac{\partial U(x,t)}{\partial t}\right\} = s\,\mathcal{L}\{U(x,t)\} - U(x,0) = s\,u(x,s) - U(x,0).$$

Entsprechend ergibt sich für die zweite Ableitung:

$$(7.6) \qquad \mathcal{L}\left\{\frac{\partial^2 U(x,t)}{\partial t^2}\right\} = s^2 u(x,s) - s\,U(x,0) - \left.\frac{\partial U(x,t)}{\partial t}\right|_{t=0}.$$

Allgemein gilt für die n-te Ableitung von U(x, t) nach der Zeit:

$$(7.7) \qquad \mathcal{L}\left\{\frac{\partial^n U(x,t)}{\partial t^n}\right\} = s^n u(x,s) - s^{n-1} U(x,0)$$

$$- s^{n-2} \left.\frac{\partial U(x,t)}{\partial t}\right|_{t=0} - s^{n-3} \left.\frac{\partial^2 U(x,t)}{\partial t^2}\right|_{t=0}$$

$$- \ldots - s \left.\frac{\partial^{n-2} U(x,t)}{\partial t^{n-2}}\right|_{t=0} - \left.\frac{\partial^{n-1} U(x,t)}{\partial t^{n-1}}\right|_{t=0}.$$

7. Die Lösung partieller Differentialgleichungen

Die Werte

$$U(x, 0), \left.\frac{\partial U(x, t)}{\partial t}\right|_{t=0}, \ldots, \left.\frac{\partial^{n-1} U(x, t)}{\partial t^{n-1}}\right|_{t=0}$$

stellen Anfangsbedingungen dar. Es handelt sich dabei im allgemeinen um Grenzwerte, die die jeweilige Funktion annimmt, wenn der Parameter t von positiven t-Werten kommend gegen Null strebt.

Für die Anwendung der Laplace-Transformation hinsichtlich der räumlichen Variablen muß vorausgesetzt werden, daß die Laplace-Transformation mit der Differentiation nach den nichttransformierten Variablen vertauschbar ist. Es gilt dann

(7.8) $\quad \mathcal{L}\left\{\dfrac{\partial U(x, t)}{\partial x}\right\} = \dfrac{\partial}{\partial x} \mathcal{L}\{U(x, t)\} = \dfrac{\partial}{\partial x} u(x, s)$

und entsprechend

(7.9) $\quad \mathcal{L}\left\{\dfrac{\partial^2 U(x, t)}{\partial x^2}\right\} = \dfrac{\partial}{\partial x} \mathcal{L}\left\{\dfrac{\partial U(x, t)}{\partial x}\right\} = \dfrac{\partial^2}{\partial x^2} u(x, s)$.

Unter Berücksichtigung von Gl. (7.5) folgt ferner:

(7.10) $\quad \mathcal{L}\left\{\dfrac{\partial^2 U(x, t)}{\partial x \, \partial t}\right\} = \dfrac{\partial}{\partial x} \mathcal{L}\left\{\dfrac{\partial U(x, t)}{\partial t}\right\} = \dfrac{\partial}{\partial x} [s \, u(x, s) - U(x, 0)]$.

Auch hier werden die Anfangsbedingungen und Randwerte bei der Transformation direkt berücksichtigt. Die einmalige Anwendung der Laplace-Transformation auf eine partielle Differentialgleichung mit zwei unabhängigen Veränderlichen führt somit im allgemeinen auf eine gewöhnliche Differentialgleichung. Selbst wenn diese Differentialgleichung bereits auf direktem Wege gelöst würde, ergäbe sich schon eine erhebliche Minderung des Schwierigkeitsgrades und Rechenaufwandes bei der Lösung.

Im Bild 7.2 ist die Anwendung der Laplace-Transformation auf eine partielle Differentialgleichung mit zwei unabhängigen Veränderlichen (x und t) übersichtlich in einem Schema dargestellt. Eine Erweiterung des Lösungsverfahrens auf Differentialgleichungen mit mehr als zwei unabhängigen Variablen schlägt sich in diesem Schema in der Ergänzung weiterer Transformationsebenen nieder.

Im Hinblick auf weitere Herleitungen dieses Kapitels sollen abschließend einige abkürzende Schreibweisen für Anfangs- und Randwerte eingeführt werden. Die Anfangswerte sollen dabei grundsätzlich als Grenzwerte aufgefaßt werden.

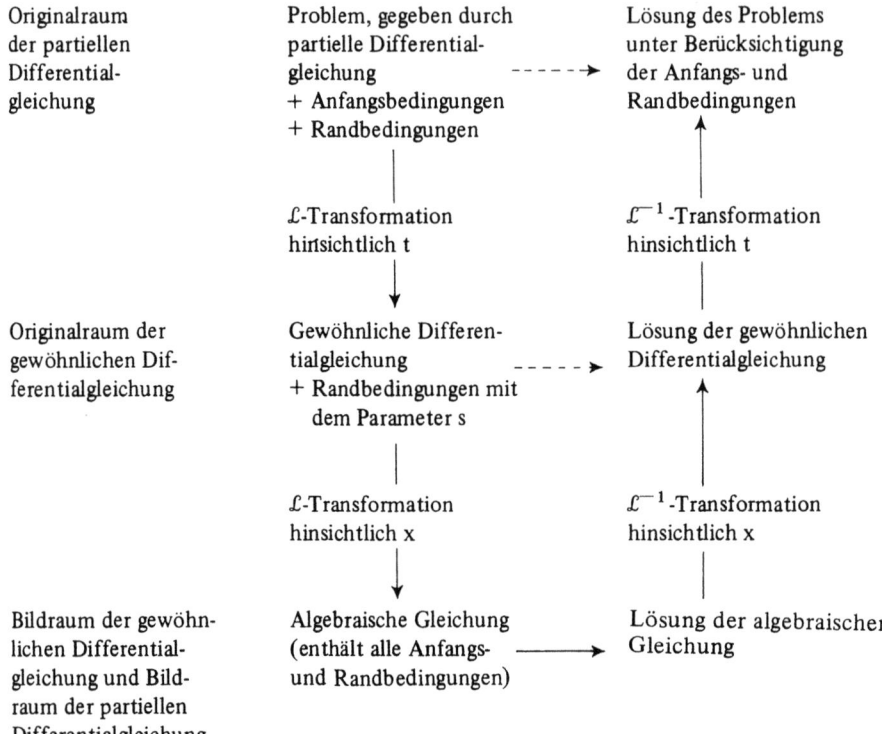

Bild 7.2: Schema der Anwendung der Laplace-Transformation auf eine partielle Differentialgleichung mit zwei unabhängigen Veränderlichen.

$$\lim_{t \to +0} U(x, t) = U_0(x)$$

(7.11) $$\lim_{t \to +0} \frac{\partial U(x, t)}{\partial t} = U_0'(x)$$

$$\lim_{t \to +0} \frac{\partial U(x, t)}{\partial x} = \lim_{t \to +0} U_x(x, t) = U_{x0}(x)$$

Diese Beziehungen sind gültig für alle Werte von x aus dem vorgegebenen Lösungsbereich.
Unter der Voraussetzung, daß bei der Anwendung der Laplace-Transformation auf Randwerte die Transformation mit der Grenzwertbildung vertauschbar ist, gilt allgemein für die Randwerte:

(7.12) $\quad \mathcal{L}\{\lim_{x \to x_0 \pm 0} U(x, t)\} = \lim_{x \to x_0 \pm 0} \mathcal{L}\{U(x, t)\}$

$\qquad\qquad\qquad\qquad\quad = \mathcal{L}\{A_0(t)\} = a_{x_0}(s)$.

Für den Sonderfall $0 \leqslant x \leqslant l$ ergeben sich die Grenzwerte

(7.13) $\quad \mathcal{L}\{\lim_{x \to +0} U(x, t)\} = \lim_{x \to +0} \mathcal{L}\{U(x, t)\} = \mathcal{L}\{A_0(t)\} = a_0(s)$

und

(7.14) $\quad \mathcal{L}\{\lim_{x \to l-0} U(x, t)\} = \lim_{x \to l-0} \mathcal{L}\{U(x, t)\} = \mathcal{L}\{A_l(t)\} = a_l(s)$.

Die Vertauschbarkeit von Laplace-Transformation und Grenzwertbildung bzw. Differentiation nach einer nichttransformierten Variablen wird häufig stillschweigend vorausgesetzt. Jedoch sollte immer nachgeprüft werden, ob diese Rechenoperationen vertauscht werden dürfen.

7.1 Die Lösung der Wärmeleitungs- oder Diffusionsgleichung

Bei Ausgleichsvorgängen der Wärmeleitung oder Diffusion tritt eine partielle Differentialgleichung der folgenden Form auf:

(7.1.1) $\quad \dfrac{\partial^2 U(x, t)}{\partial x^2} = \dfrac{\partial U(x, t)}{\partial t}$.

Mit der Funktion $U(x, t)$ läßt sich z. B. die Abhängigkeit der Temperatur eines eindimensionalen Wärmeleiters von den Parametern x und t beschreiben. In Bild 7.1.1 ist das Lösungsgebiet dargestellt unter der Annahme, daß sich die Ortskoordinate im Intervall $0 \leqslant x \leqslant l$ und die Koordinate der Zeit wie üblich im Intervall $0 \leqslant t < \infty$ ändern können. Hat der Wärmeleiter zu Beginn des Experimentes (t = 0) eine bestimmte Temperatur, die natürlich von x abhängen darf, so stellt die Anfangstemperatur im Sinne der früher gemachten Voraussetzungen den Anfangswert dar, d. h., es sei $U(x, 0) = U_0(x)$. Da die partielle Differentialgleichung hinsichtlich t von erster Ordnung ist, reicht ein Anfangswert aus. Als Transformierte der Randwerte für x = 0 und x = l ergeben sich die Bildfunktionen $a_0(s)$ und $a_l(s)$ gemäß Gl. (7.13) und Gl. (7.14).
Wird im ersten Schritt die Laplace-Transformation hinsichtlich der Variablen t auf Gl. (7.1.1) angewendet, so folgt mit Gl. (7.5) und Gl. (7.9):

(7.1.2) $\quad \dfrac{\partial^2 u(x, s)}{\partial x^2} = s\, u(x, s) - U_0(x)$.

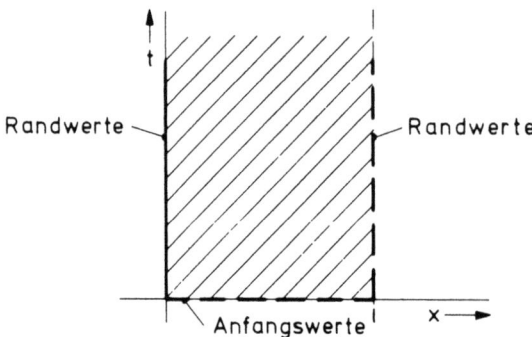

Bild 7.1.1: Lösungsgebiet für den Temperaturverlauf eines eindimensionalen Wärmeleiters

Diese Beziehung stellt eine gewöhnliche Differentialgleichung dar. Die Lösungsfunktion u(x, s) hängt von der Ortsvariablen x und einem zusätzlichen Parameter s ab.

Um die Vorteile der Laplace-Transformation aufzuzeigen, werden im folgenden zwei verschiedene Lösungswege beschrieben. Bevor eine allgemeine Lösung durch nochmalige Transformation von Gl. (7.1.2) hergeleitet wird, soll zunächst die direkte Lösung der Differentialgleichung vorgenommen werden. Hierzu soll zuerst die homogene Differentialgleichung gelöst und anschließend unter Berücksichtigung der Randbedingungen eine partikuläre Lösung herbeigeführt werden. Da dieses Verfahren sehr ausführlich in der Literatur behandelt wird, braucht hier nur auf die wesentlichen Schritte bei der Lösung eingegangen zu werden. Die Herleitungen sollen außerdem auf den Sonderfall einer beliebigen Randtemperatur und einer verschwindenden Anfangstemperatur, d. h. $U_0(x) = 0$, beschränkt bleiben. Auf Grund dieser Vereinfachung ist also die Differentialgleichung

(7.1.3) $$\frac{\partial^2 u(x, s)}{\partial x^2} - s\, u(x, s) = 0$$

zu lösen. Der übliche Ansatz $u = e^{\lambda x}$ führt auf die Eigenwerte λ_ν dieser Differentialgleichung, so daß die Bildfunktion u(x, s) entsprechend dem allgemeinen Ansatz

(7.1.4) $$u(x, s) = \sum_{\nu=1}^{2} K_\nu e^{\lambda_\nu x} = K_1\, e^{\sqrt{s}\, x} + K_2\, e^{-\sqrt{s}\, x}$$

bis auf die Konstanten K_1 und K_2 bekannt ist. Diese Koeffizienten lassen sich mit Hilfe der Randbedingungen ermitteln. Für $x \to +0$ bzw. $x \to l - 0$ ergeben sich die beiden Bestimmungsgleichungen

7.1 Die Lösung der Wärmeleitungs- oder Diffusionsgleichung

$$a_0(s) = K_1 + K_2$$

(7.1.5)

$$a_l(s) = K_1 e^{\sqrt{s'}l} + K_2 e^{-\sqrt{s'}l},$$

aus denen sich K_1 und K_2 wie folgt berechnen lassen:

$$K_1 = \frac{a_0(s) e^{-\sqrt{s'}l} - a_l(s)}{e^{-\sqrt{s'}l} - e^{\sqrt{s'}l}}$$

(7.1.6)

$$K_2 = \frac{a_l(s) - a_0(s) e^{\sqrt{s'}l}}{e^{-\sqrt{s'}l} - e^{\sqrt{s'}l}}.$$

Mit diesen Koeffizienten lautet die Funktion $u(x, s)$ gemäß Gl. (7.1.4):

(7.1.7) $$u(x, s) = a_0(s) \frac{e^{\sqrt{s'}(l-x)} - e^{-\sqrt{s'}(l-x)}}{e^{\sqrt{s'}l} - e^{-\sqrt{s'}l}} + a_l(s) \frac{e^{\sqrt{s'}x} - e^{-\sqrt{s'}x}}{e^{\sqrt{s'}l} - e^{-\sqrt{s'}l}}$$

$$= a_0(s) \frac{\sinh\sqrt{s'}(l-x)}{\sinh\sqrt{s'}l} + a_l(s) \frac{\sinh\sqrt{s'}x}{\sinh\sqrt{s'}l}$$

oder in Kurzform

(7.1.8) $$u(x, s) = a_0(s) u_0(x, s) + a_l(s) u_l(x, s).$$

Die Rücktransformation mit Hilfe des Faltungssatzes führt schließlich auf die allgemeine Lösung im Falle verschwindender Anfangstemperatur und beliebiger Randtemperatur. Mit den Korrespondenzen

$$A_0(t) \circ\!\!-\!\!\bullet a_0(s), \qquad A_l(t) \circ\!\!-\!\!\bullet a_l(s),$$

$$U_0(x, t) \circ\!\!-\!\!\bullet u_0(x, s), \quad U_l(x, t) \circ\!\!-\!\!\bullet u_l(x, s)$$

gilt also

(7.1.9) $$U(x, t) = A_0(t) * U_0(x, t) + A_l(t) * U_l(x, t).$$

Für den Sonderfall $l \to \infty$ folgt aus dem allgemeinen Ansatz in Gl. (7.1.4), daß die Konstante K_1 gleich Null sein muß, falls eine endliche Lösung existieren soll. Mit $K_2 = a_0(s)$ entsprechend Gleichungssystem (7.1.5) ergibt sich somit für den Grenzfall $l \to \infty$ die Bildfunktion

(7.1.10) $$u(x, s) = a_0(s) e^{-\sqrt{s'}x}.$$

Unter Berücksichtigung der Korrespondenz $A_0(t)$ ⊶ $a_0(s)$ und des in Abschnitt 10.2 angegebenen Funktionenpaares

$$e^{-\sqrt{s}\,x} \circ\!\!-\!\!\bullet \frac{x}{2\sqrt{\pi}\,t^{\frac{3}{2}}} e^{-\frac{x^2}{4t}} = \psi(x,t) \quad \text{für } x > 0$$

folgt hieraus die Originalfunktion

(7.1.11) $\quad U(x,t) = A_0(t) * \psi(x,t)$

$$= \int_0^t A_0(t-v) \frac{x}{2\sqrt{\pi}\,v^{\frac{3}{2}}} e^{-\frac{x^2}{4v}} \, dv \, .$$

Die hier eingeführte Funktion $\psi(x,t)$ stellt die Doppelquellenfunktion der Wärmeleitung dar. Der Temperaturverlauf soll nun noch für zwei spezielle Randbedingungen $A_0(t)$ angegeben werden.

a) Ist als Randbedingung eine Stoßfunktion mit der Impulsfläche K vorgegeben, d. h. $A_0(t) = K \cdot \delta(t)$, so ergibt sich mit $a_0(s) = K$ die Bildfunktion

$$u(x,s) = K\, e^{-\sqrt{s}\,x} \, .$$

Die zugehörige Originalfunktion lautet mit der oben angeführten Korrespondenz

$$U(x,t) = K \frac{x}{2\sqrt{\pi}\,t^{\frac{3}{2}}} e^{-\frac{x^2}{4t}} = K\, \psi(x,t) \, .$$

b) Ist ein konstanter Randwert $A_0(t) = K$ vorgegeben, dann folgt mit $a_0(s) = \dfrac{K}{s}$ die Bildfunktion

$$u(x,s) = K \frac{1}{s} e^{-\sqrt{s}\,x} \, .$$

Unter Berücksichtigung des Funktionenpaares

$$\frac{1}{s} e^{-\sqrt{s}\,x} \circ\!\!-\!\!\bullet\, 1 - \frac{2}{\sqrt{\pi}} \int_0^{\frac{x}{2\sqrt{t}}} e^{-u^2} \, du$$

ergibt sich durch Rücktransformation

7.1 Die Lösung der Wärmeleitungs- oder Diffusionsgleichung

$$U(x, t) = K\left(1 - \frac{2}{\sqrt{\pi}} \int_0^{\frac{x}{2\sqrt{t}}} e^{-u^2} du\right).$$

Für $x \geq 0$ und $t > 0$ ist das obige Integral gerade gleich dem Gaußschen Fehlerintegral mit dem Argument $\frac{x}{2 \cdot \sqrt{t}}$.

Nach der direkten Lösung der Differentialgleichung (7.1.2) soll nun die Wärmeleitungsgleichung bei verschwindenden Anfangs- und beliebigen Randbedingungen durch zweimalige Laplace-Transformation gelöst werden. Die erste Transformation von Gl. (7.1.1) hinsichtlich der Veränderlichen t führte auf die gewöhnliche Differentialgleichung

$$\frac{\partial^2 u(x, s)}{\partial x^2} - s\, u(x, s) = -U_0(x) = 0$$

mit den Randwerten $a_0(s)$ und $a_l(s)$. Wird auf diese Beziehung die Laplace-Transformation hinsichtlich der zweiten Veränderlichen x angewendet und die zugehörige Variable im Bildbereich mit p bezeichnet, so folgt:

$$p^2 \mathcal{L}\{u(x,s)\} - p\, u(0,s) - u_x(0,s) - s\, \mathcal{L}\{u(x,s)\} = 0$$

bzw.

(7.1.12) $\quad \mathcal{L}\{u(x,s)\} = u(0,s) \dfrac{p}{p^2 - s} + u_x(0,s) \dfrac{1}{p^2 - s},$

wobei unter $u(0, s)$ und $u_x(0, s)$ die Anfangswerte der Bildfunktionen $u(x, s)$ und $\frac{d}{dx} u(x, s)$ zu verstehen sind. Gemäß Gl. (7.13) ist $u(0, s)$ identisch mit dem transformierten Randwert $a_0(s)$.

Unter Anwendung des Faltungssatzes führt die erste Rücktransformation hinsichtlich der Variablen p auf die Lösung der gewöhnlichen Differentialgleichung im x-s-Bereich. Mit den Korrespondenzen

$$\frac{p}{p^2 - a^2} \circ\!\!-\!\!\bullet \cosh a x \quad \text{und} \quad \frac{a}{p^2 - a^2} \circ\!\!-\!\!\bullet \sinh a x$$

gilt:

(7.1.13) $\quad u(x, s) = u(0, s)\, \cosh\sqrt{s}\, x + u_x(0, s)\, \dfrac{1}{\sqrt{s}} \sinh\sqrt{s}\, x.$

Die Größe $u_x(0, s)$ läßt sich durch die transformierten Randwerte der Originalfunktion $U(x, t)$ gemäß den Gln. (7.13) und (7.14) ausdrücken, indem in der obigen Beziehung der Parameter $x = l$ gesetzt wird. Wegen $u(l, s) = a_l(s)$ folgt:

(7.1.14) $\quad u_x(0, s) = \dfrac{a_l(s) - a_0(s) \cosh\sqrt{s}\,l}{\sinh\sqrt{s}\,l} \sqrt{s}$.

Als Bildfunktion ergibt sich somit

(7.1.15) $\quad u(x, s) = a_0(s) \cosh\sqrt{s}\,x + \dfrac{a_l(s) - a_0(s) \cosh\sqrt{s}\,l}{\sinh\sqrt{s}\,l} \sinh\sqrt{s}\,x$

bzw. nach Anwendung des Additionstheorems $\sinh(\alpha - \beta) = \sinh\alpha \cdot \cosh\beta - \cosh\alpha \cdot \sinh\beta$

(7.1.16) $\quad u(x, s) = a_0(s) \dfrac{\sinh\sqrt{s}\,(l - x)}{\sinh\sqrt{s}\,l} + a_l(s) \dfrac{\sinh\sqrt{s}\,x}{\sinh\sqrt{s}\,l}$

$\qquad\qquad\quad = a_0(s)\, u_0(x, s) + a_l(s)\, u_l(x, s)$.

Diese Bildfunktion entspricht dem Ergebnis der Gl. (7.1.8), welches durch direkte Lösung der gewöhnlichen Differentialgleichung im x-s-Bereich gewonnen wurde. Die zweite Rücktransformation hinsichtlich der Variablen s führt schließlich auf die allgemeine Lösungsfunktion $U(x, t)$ in Gl. (7.1.9).
Um den prinzipiellen Lösungsweg bei der Anwendung der Laplace-Transformation auf partielle Differentialgleichungen, d. h. bei mehrmaliger Laplace-Transformation, aufzuzeigen, wurde am Beispiel der Wärmeleitungsgleichung ein vereinfachender Sonderfall diskutiert. Da der Temperaturverlauf von nur einer Ortskoordinate abhängen sollte, war lediglich eine zweimalige Transformation hinsichtlich der Variablen t und x erforderlich. Außerdem sollte nur die Lösung $U(x, t)$ bei verschwindender Anfangs- und beliebiger Randtemperatur ermittelt werden.
Schon durch Hinzunahme einer beliebigen Anfangstemperatur $U_0(x) \neq 0$ erhöht sich der Rechenaufwand zur Bestimmung einer allgemeinen Lösung beträchtlich. Bei der Herleitung treten neben Doppelquellenfunktionen Greensche Funktionen und Gammafunktionen auf, so daß die Angabe der Gesamtlösung ohne einen Exkurs in die Funktionentheorie nicht sinnvoll ist. Da das Verfahren der mehrmaligen Laplace-Transformation in diesem Falle in den Hintergrund treten würde, sei an dieser Stelle auf einschlägige Literatur verwiesen.
Die Gl. (7.1.8) stellt die allgemeine Lösung $U(x, t)$ der Wärmeleitungsgleichung dar. Sonderfälle, wie z. B. die unendliche Ausdehnung in x-Richtung ($l \to \infty$), ergeben natürlich wesentlich vereinfachte Ausdrücke.

7.2 Die Lösung der Telegraphengleichung

Die elektromagnetischen Erscheinungen lassen sich mit Hilfe der Feldtheorie beschreiben. Das elektrische Feld, verursacht durch die Anwesenheit von Ladungen, und das magnetische Feld, hervorgerufen durch bewegte Ladungen, breiten sich mit endlicher Geschwindigkeit aus. Eine Spannung, die ein Generator z. B. einer Doppelleitung aufdrückt, erreicht den Verbraucher erst entsprechend der Ausbreitungsgeschwindigkeit v etwas später. Hierbei hängt v von dem die Leitung umgebenden Medium ab.

Bei Übertragungsvorgängen auf Leitungen sind im wesentlichen zwei Frequenzbereiche zu unterscheiden. Bei Frequenzen, deren Wellenlänge groß gegenüber der Leitungslänge ist, kann die Ausbreitungsgeschwindigkeit vernachlässigt werden. Spannungen und Ströme auf der Leitung hängen dann nur von der Zeit t, nicht aber vom Ort x ab, d. h., sie haben zu einer bestimmten Zeit an allen Punkten der Leitung denselben Wert. Sind dagegen Leitungslänge und Wellenlänge von der gleichen Größenordnung, so ist die endliche Ausbreitungsgeschwindigkeit zu berücksichtigen. Die Spannungen und Ströme sind dann sowohl von der Zeit t als auch vom Ort x abhängig und können somit nur durch ein System partieller Differentialgleichungen exakt beschrieben werden.

Zur Erläuterung der Leitungsgleichungen werde der in Bild 7.2.1 skizzierte Ausschnitt Δx einer Doppelleitung der Länge l betrachtet. Die Leitung wird als homogen vorausgesetzt, so daß die elektrischen Konstanten der Leitung als über die gesamte Leitung kontinuierlich verteilt und somit vom Ort x und der Zeit t unabhängig angenommen werden können. Ein Leitungselement der Länge Δx besitze den Widerstand $R_{\Delta x}$, die Induktivität $L_{\Delta x}$ und die Kapazität $C_{\Delta x}$. Die Ableitungsverluste werden durch den Leitwert $G_{\Delta x}$ berücksichtigt. Werden diese Leitungskonstanten auf die Länge Δx bezogen, wo ergeben sich die folgenden Leitungsgrößen:

Widerstandsbelag $\qquad R' = \dfrac{R_{\Delta x}}{\Delta x}$,

Ableitungsbelag $\qquad G' = \dfrac{G_{\Delta x}}{\Delta x}$,

Induktivitätsbelag $\qquad L' = \dfrac{L_{\Delta x}}{\Delta x}$,

Kapazitätsbelag $\qquad C' = \dfrac{C_{\Delta x}}{\Delta x}$.

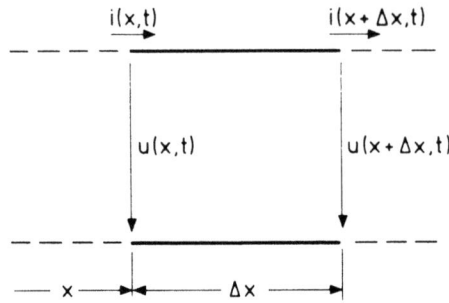

Bild 7.2.1: Ausschnitt aus einer Doppelleitung

Mit dem Taylor-Reihen-Ansatz

(7.2.1) $\quad u(x + \Delta x, t) = u(x, t) + \dfrac{\partial u(x, t)}{\partial x} \Delta x$

und

(7.2.2) $\quad i(x + \Delta x, t) = i(x, t) + \dfrac{\partial i(x, t)}{\partial x} \Delta x$

stellen die Maschen- und die Knotenpunktsgleichung für das skizzierte Leiterelement ein System partieller Differentialgleichungen dar:

(7.2.3)
$$\dfrac{\partial u(x, t)}{\partial x} + L' \dfrac{\partial i(x, t)}{\partial t} + R' i(x, t) = 0$$

$$\dfrac{\partial i(x, t)}{\partial x} + C' \dfrac{\partial u(x, t)}{\partial t} + G' u(x, t) = 0 \; .$$

Wird eine dieser *Leitungsgleichungen* partiell nach x und die andere partiell nach t abgeleitet und anschließend entsprechend substituiert, so folgt:

(7.2.4)
$$\dfrac{\partial^2 u(x, t)}{\partial x^2} - R' G' u(x, t) - (R' C' + G' L') \dfrac{\partial u(x, t)}{\partial t} - L' C' \dfrac{\partial^2 u(x, t)}{\partial t^2} = 0$$

$$\dfrac{\partial^2 i(x, t)}{\partial x^2} - R' G' i(x, t) - (R' C' + G' L') \dfrac{\partial i(x, t)}{\partial t} - L' C' \dfrac{\partial^2 i(x, t)}{\partial t^2} = 0 \; .$$

7.2 Die Lösung der Telegraphengleichung

Beide Differentialgleichungen stimmen in ihrem Aufbau überein und sind mit den Abkürzungen $C' \cdot L' = a$, $R' \cdot C' + G' \cdot L' = b$ und $R' \cdot G' = c$ von der Form

(7.2.5) $\quad \dfrac{\partial^2 U(x, t)}{\partial x^2} = a \, \dfrac{\partial^2 U(x, t)}{\partial t^2} + b \, \dfrac{\partial U(x, t)}{\partial t} + c \, U(x, t)$.

Diese sogenannte *Telegraphengleichung* geht für den Fall $R' = G' = 0$, d.h. $b = c = 0$, in die *Wellengleichung* über:

(7.2.6) $\quad \dfrac{\partial^2 U(x, t)}{\partial x^2} = a \, \dfrac{\partial^2 U(x, t)}{\partial t^2}$.

Im Fall $L' = G' = 0$, d.h. $a = c = 0$, folgt aus Gl. (7.2.5) eine Gleichung von der Form der *Wärmeleitungsgleichung*

(7.2.7) $\quad \dfrac{\partial^2 U(x, t)}{\partial x^2} = b \, \dfrac{\partial U(x, t)}{\partial t}$,

die ausführlich in Abschnitt 7.1 behandelt wurde.
Die partiellen Differentialgleichungen des Gleichungssystems (7.2.4) werden in der Elektrotechnik häufig mit Hilfe des Produktansatzes $f(x) \cdot g(t)$ gelöst. Wird angenommen, daß der Generator der Leitung eine sinusförmige Spannung aufdrückt, so kann $g(t) = e^{j\omega t}$ gesetzt werden. Mit den Lösungsansätzen $u(x, t) = \underline{U}(x) \cdot e^{j\omega t}$ und $i(x, t) = \underline{I}(x) \cdot e^{j\omega t}$ ergibt sich dann ein System gewöhnlicher Differentialgleichungen.

(7.2.8)
$$\dfrac{d^2 \underline{U}(x)}{dx^2} - (R' + j\omega L')(G' + j\omega C') \, \underline{U}(x) = 0$$
$$\dfrac{d^2 \underline{I}(x)}{dx^2} - (R' + j\omega L')(G' + j\omega C') \, \underline{I}(x) = 0 .$$

Durch Einführen der Übertragungs- oder Fortpflanzungskonstanten

(7.2.9) $\quad \gamma = \sqrt{(R' + j\omega L')(G' + j\omega C')}$

vereinfacht sich dieses Gleichungssystem zu

(7.2.10)
$$\dfrac{d^2 \underline{U}(x)}{dx^2} - \gamma^2 \, \underline{U}(x) = 0$$
$$\dfrac{d^2 \underline{I}(x)}{dx^2} - \gamma^2 \, \underline{I}(x) = 0 .$$

Die allgemeinen Lösungen dieser Beziehungen sind durch

(7.2.11) $\underline{U}(x) = \underline{U}' e^{-\gamma x} + \underline{U}'' e^{\gamma x}$

und

(7.2.12) $\underline{I}(x) = \underline{I}' e^{-\gamma x} + \underline{I}'' e^{\gamma x}$

gegeben. Die Konstanten der Lösungen lassen sich auf einfache Weise bestimmen, indem die Randbedingungen berücksichtigt werden. Weitere charakteristische Leitungsgrößen wie der Leitungswellenwiderstand, die Dämpfungs- und die Phasenkonstante, die Phasengeschwindigkeit und der Reflexionsfaktor sind leicht zu ermitteln und geben für den Sonderfall der rein sinusförmigen Vorgänge ein anschauliches Bild des Verhaltens der Leitung.

Eine allgemeine Lösung der Leitungsgleichungen bei beliebiger Eingangsspannung soll nun mit Hilfe der Laplace-Transformation hergeleitet werden. Zur Zeit $t = 0$ soll die Doppelleitung strom- und spannungslos sein; es gilt also $u(x, 0) = 0$ und $i(x, 0) = 0$. Die Randbedingungen am Anfang und am Ende der Leitung seien durch $u(0, t) = U(0, t) = A_0(t)$ und $u(l, t) = A_l(t)$ vorgegeben.

Unter der Annahme, daß eine Vertauschung von Differentiation und Laplace-Transformation zulässig ist, folgt aus dem Gleichungssystem (7.2.3) nach Transformation hinsichtlich der Variablen t ein System gewöhnlicher Differentialgleichungen.

(7.2.13)
$$\frac{d}{dx} u(x, s) + L'[s\, i(x, s) - i(x, 0)] + R'\, i(x, s) = 0$$
$$\frac{d}{dx} i(x, s) + C'[s\, u(x, s) - u(x, 0)] + G'\, u(x, s) = 0.$$

Die zu $u(x, t)$ und $i(x, t)$ gehörenden Bildfunktionen wurden hierbei mit $u(x, s)$ und $i(x, s)$ bezeichnet. Gemäß Gl. (7.13) und Gl. (7.14) werden die Randwerte in die Funktionen $a_0(s)$ und $a_l(s)$ transformiert. Mit $u(x, 0) = i(x, 0) = 0$ geht das obige Gleichungssystem über in

(7.2.14)
$$\frac{d}{dx} u(x, s) + (R' + s\, L')\, i(x, s) = 0$$
$$\frac{d}{dx} i(x, s) + (G' + s\, C')\, u(x, s) = 0.$$

Auf dieses System gewöhnlicher Differentialgleichungen wird nun die Laplace-Transformation hinsichtlich der Variablen x angewendet und p als Variable des Bildbereichs eingeführt. Mit den Bildfunktionen

7.2 Die Lösung der Telegraphengleichung

$$(7.2.15) \quad \mathcal{L}\{u(x, s)\} = \int_0^\infty u(x, s)\, e^{-px}\, dx = u(p, s)$$

und

$$(7.2.16) \quad \mathcal{L}\{i(x, s)\} = \int_0^\infty i(x, s)\, e^{-px}\, dx = i(p, s)$$

ergibt sich das folgende System algebraischer Gleichungen:

$$(7.2.17) \quad \begin{aligned} p\, u(p, s) + (R' + s\, L')\, i(p, s) &= u(0, s) \\ (G' + s\, C')\, u(p, s) + p\, i(p, s) &= i(0, s), \end{aligned}$$

wobei unter u(0, s) und i(0, s) die hinsichtlich t transformierten Randwerte der Funktionen u(x, t) und i(x, t) für x = 0 zu verstehen sind. Aus dem Gleichungssystem (7.2.17) folgen mit Hilfe der Determinantenrechnung die Funktionen

$$(7.2.18) \quad u(p, s) = \frac{p\, u(0, s) - (R' + s\, L')\, i(0, s)}{p^2 - (G' + s\, C')(R' + s\, L')}$$

und

$$(7.2.19) \quad i(p, s) = \frac{p\, i(0, s) - (G' + s\, C')\, u(0, s)}{p^2 - (G' + s\, C')(R' + s\, L')}.$$

Mit der abkürzenden Schreibweise

$$(7.2.20) \quad (G' + s\, C')(R' + s\, L') = [h(s)]^2$$

sowie den Korrespondenzen

$$\frac{p}{p^2 - a^2} \;\bullet\!\!-\!\!\circ\; \cosh ax \quad \text{und} \quad \frac{a}{p^2 - a^2} \;\bullet\!\!-\!\!\circ\; \sinh ax$$

führt die Rücktransformation der Gln. (7.2.18) und (7.2.19) auf die zugehörigen Funktionen

$$(7.2.21) \quad u(x, s) = u(0, s) \cosh[h(s)\, x] - i(0, s)\, \frac{R' + s\, L'}{h(s)} \sinh[h(s)\, x]$$

bzw.

$$(7.2.22) \quad i(x, s) = i(0, s) \cosh[h(s)\, x] - u(0, s)\, \frac{G' + s\, C'}{h(s)} \sinh[h(s)\, x].$$

Die allgemeinen Lösungsfunktionen u(x, t) und i(x, t) werden aus diesen Beziehungen durch eine weitere Rücktransformation hinsichtlich t ermittelt.

Da die Spannungswerte am Anfang und am Ende der Leitung gegeben sind, muß die Größe i(0, s) noch substituiert werden. Wird in Gl. (7.2.21) der Parameter $x = l$ gesetzt, so folgt daraus mit $u(0, s) = a_0(s)$ und $u(l, s) = a_l(s)$

$$(7.2.23) \quad i(0, s) = a_0(s) \frac{h(s)}{R' + sL'} \frac{\cosh[h(s)\,l]}{\sinh[h(s)\,l]}$$

$$- a_l(s) \frac{h(s)}{R' + sL'} \frac{1}{\sinh[h(s)\,l]}.$$

Als weitere Vereinfachung sollen an dieser Stelle nur die Lösungen für die am Leitungsende kurzgeschlossene Leitung bestimmt werden. Wegen $u(l, t) = 0$ und $a_l(s) = 0$ entfällt in diesem Falle der zweite Summand von i(0, s). Die Bildfunktion u(x, s) gemäß Gl. (7.2.21) lautet dann:

$$(7.2.24) \quad u(x, s) = \frac{a_0(s)}{\sinh[h(s)\,l]} \langle \sinh[h(s)\,l] \cosh[h(s)\,x]$$

$$- \cosh[h(s)\,l] \sinh[h(s)\,x]\rangle$$

$$= a_0(s) \frac{\sinh[h(s)\,(l - x)]}{\sinh[h(s)\,l]}$$

$$= a_0(s)\, v_u(x, s).$$

In Analogie hierzu kann aus Gl. (7.2.22) durch Substitution von i(0, s) und anschließender Zusammenfassung die Beziehung

$$(7.2.25) \quad i(x, s) = a_0(s) \sqrt{\frac{G' + sC'}{R' + sL'}} \frac{\cosh[h(s)\,(l - x)]}{\sinh[h(s)\,l]} = a_0(s)\, v_i(x, s)$$

gewonnen werden. Die Bildfunktionen der Gln. (7.2.24) und (7.2.25) werden unter Anwendung des Faltungssatzes in den Originalbereich zurücktransformiert. Während zur Ermittlung von u(x, t) eine einfache Faltung erforderlich ist, wird bei der Berechnung von i(x, t) unter Umständen eine zweifache Faltung notwendig sein. Die allgemeine Lösung der Leitungsgleichungen für den Fall der kurzgeschlossenen und zur Zeit t = 0 energielosen Leitung lautet somit:

$$(7.2.26) \quad u(x, t) = u(0, t) * V_u(x, t)$$

bzw.

$$(7.2.27) \quad i(x, t) = u(0, t) * V_i(x, t).$$

7.2 Die Lösung der Telegraphengleichung

Die Faltung soll hier nicht mehr durchgeführt werden. Da das Prinzip des Lösungsverfahrens auch an konkreten Beispielen erläutert werden kann, sollen in den folgenden Abschnitten einige Sonderfälle betrachtet werden.

7.2.1 Die verzerrungsfreie Leitung unendlicher Länge

Eine Leitung gilt dann als verzerrungsfrei, wenn zwischen den Leitungsbelägen der Zusammenhang

(7.2.1.1) $\quad R' C' = L' G'$

erfüllt ist. Unter dieser Voraussetzung vereinfacht sich der Ausdruck für h(s) gemäß Gl. (7.2.20) wie folgt:

(7.2.1.2) $\quad h(s) = \sqrt{(R' + s L')\left(\dfrac{R' C'}{L'} + s C'\right)} = \sqrt{\dfrac{C'}{L'}}\,(R' + s L')$.

Für den Faktor $\sqrt{\dfrac{G' + s C'}{R' + s L'}}$ in Gl. (7.2.25) ergibt sich mit Gl. (7.2.1.1)

(7.2.1.3) $\quad \sqrt{\dfrac{G' + s C'}{R' + s L'}} = \sqrt{\dfrac{G'}{R'}}$.

Zur Berücksichtigung der unendlichen Leitungslänge werden die hyperbolischen Funktionen in den Ausdrücken für $v_u(x, s)$ und $v_i(x, s)$ (siehe Gln. (7.2.24) und (7.2.25)) durch Exponentialfunktionen ersetzt und sodann der Grenzübergang $l \to \infty$ durchgeführt. Mit den obigen Vereinfachungen folgt somit aus Gl. (7.2.24)

(7.2.1.4) $\quad v_{ul}(x, s) = \lim\limits_{l \to \infty} v_u(x, s)$

$$= \lim_{l \to \infty} \dfrac{e^{h(s)(l-x)} - e^{-h(s)(l-x)}}{e^{h(s)l} - e^{-h(s)l}}$$

$$= \lim_{l \to \infty} \dfrac{e^{-h(s)x} - e^{-h(s)(2l-x)}}{1 - e^{-2h(s)l}}$$

$$= e^{-h(s)x} = e^{-\sqrt{\tfrac{C'}{L'}}\,(R' + s L')\,x}$$

bzw. aus Gl. (7.2.25)

$$(7.2.1.5) \quad v_{i1}(x,s) = \lim_{l \to \infty} v_i(x,s)$$

$$= \sqrt{\frac{G'}{R'}} \lim_{l \to \infty} \frac{e^{h(s)(l-x)} + e^{-h(s)(l-x)}}{e^{h(s)l} - e^{-h(s)l}}$$

$$= \sqrt{\frac{G'}{R'}} \, e^{-\sqrt{\frac{C'}{L'}}(R' + sL')x} \, .$$

Damit lauten die Bildfunktionen $u_1(x,s)$ und $i_1(x,s)$:

$$(7.2.1.6) \quad u_1(x,s) = a_0(s) \, e^{-\sqrt{\frac{C'}{L'}}(R' + sL')x}$$

und

$$(7.2.1.7) \quad i_1(x,s) = a_0(s)\sqrt{\frac{G'}{R'}} \, e^{-\sqrt{\frac{C'}{L'}}(R' + sL')x} = \sqrt{\frac{G'}{R'}} \, u_1(x,s) \, .$$

Die Rücktransformation mit Hilfe des Verschiebungssatzes führt schließlich auf die Spannungsfunktion

$$(7.2.1.8) \quad u_1(x,t) = \begin{cases} 0 & \text{für } 0 < t < \sqrt{L'C'}\,x \\ U(0, t - \sqrt{L'C'}\,x) \, e^{-R'\sqrt{\frac{C'}{L'}}\,x} & \text{für } t \geq \sqrt{L'C'}\,x \end{cases}$$

und die Stromfunktion

$$(7.2.1.9) \quad i_1(x,t) = \sqrt{\frac{G'}{R'}} \, u_1(x,t) \, .$$

Die Spannung $u_1(0,t)$ am Anfang der Leitung tritt an der Stelle x um den Faktor $e^{-R'\sqrt{\frac{C'}{L'}}\,x}$ gedämpft in Erscheinung, da R', L' und C' positive reelle Konstanten sind. Die Größe $\sqrt{L'C'} \cdot x$ hat die Dimension einer Zeit, so daß der Kehrwert $\dfrac{1}{\sqrt{L'C'}}$ als die Geschwindigkeit v interpretiert werden kann, mit der sich ein bestimmter Spannungswert in positiver x-Richtung ausbreitet. Nach Anlegen einer Eingangsspannung U(0, t) an die kurzgeschlossene und zur Zeit t = 0 energielose Leitung vergeht somit die Zeit $t_0 = \sqrt{L'C'} \cdot x_0$, bevor die Erregung am Ort x_0 bemerkt wird. Die Geschwindigkeit v kann also als Fortpflanzungsgeschwindigkeit bezeichnet werden und hängt nur von den Leitungskonstanten ab. Da die Eingangsspannung nur an einer Stelle x gedämpft mit der gleichen Zeitabhängigkeit erscheint, wurde der Begriff der verzerrungsfreien Leitung eingeführt.

7.2 Die Lösung der Telegraphengleichung

Wird die Beschränkung auf eine Leitung unendlicher Länge fallengelassen, so sind die Bildfunktionen $v_u(x, s)$ und $v_i(x, s)$ in eine unendliche Reihe zu entwickeln. Nach Multiplikation der Reihe mit dem transformierten Randwert $u(0, s)$ kann sodann gliedweise die Rücktransformation erfolgen. Die Originalfunktionen $u(x, t)$ und $i(x, t)$ ergeben sich in diesem Falle als eine Summe von Teilfunktionen. Bei diesen Teilfunktionen handelt es sich um Exponentialfunktionen, wie sie durch Gl. (7.2.1.8) gegeben sind; ihre Anzahl ist dabei jeweils von dem Wertepaar (x, t) abhängig. Die Eingangsspannung $U(0, t)$ pflanzt sich mit der Geschwindigkeit $v = \dfrac{1}{\sqrt{L' C'}}$ bis zum Ende der Leitung (x = l) fort, wird dort reflektiert, gelangt mit entgegengesetztem Vorzeichen und gedämpft zum Ausgangspunkt (x = 0) zurück und wird dort wiederum reflektiert. Dieser Vorgang wiederholt sich immer wieder, so daß sich die Gesamtspannung an einem Ort der Leitung als Überlagerung des von $U(0, t)$ herrührenden Spannungsanteils und einer Vielzahl von reflektierten, gedämpften Teilspannungen ergibt.

7.2.2 Die verlustfreie Leitung unendlicher Länge

Die verlustfreie Leitung ($R' = G' = 0$) ist in der Meßtechnik, insbesondere in der Hochfrequenz-Technik, von großer Bedeutung. Die Funktion $h(s)$ nach Gl. (7.2.20) beträgt im vorliegenden Falle:

(7.2.2.1) $h(s) = s\sqrt{L' C'}$,

so daß für $l \to \infty$ in Analogie zu den Herleitungen des vorangegangenen Abschnitts aus den Gln. (7.2.24) und (7.2.25) die Bildfunktionen

(7.2.2.2) $u_2(x, s) = a_0(s)\, e^{-s\sqrt{L' C'}\, x}$

und

(7.2.2.3) $i_2(x, s) = a_0(s)\, \sqrt{\dfrac{C'}{L'}}\, e^{-s\sqrt{L' C'}\, x}$

$\qquad\qquad\quad = \sqrt{\dfrac{C'}{L'}}\, u_2(x, s)$

ermittelt werden können. Die Anwendung des Verschiebungssatzes bei der Rücktransformation führt mit $a_0(s) \,\bullet\!\!-\!\!\circ\, A_0(t) = U(0, t)$ auf die Originalfunktionen

(7.2.2.4) $u_2(x, t) = \begin{cases} 0 & \text{für } 0 < t < \sqrt{L' C'}\, x \\ U(0, t - \sqrt{L' C'}\, x) & \text{für } t \geqslant \sqrt{L' C'}\, x \end{cases}$

und

(7.2.2.5) $\quad i_2(x, t) = \sqrt{\dfrac{C'}{L'}}\ u_2(x, t)$.

Die Spannung U(0, t) am Leitungsanfang tritt also ungedämpft an der Stelle x_0 um eine Zeit $t_0 = \sqrt{L'C'} \cdot x_0$ verzögert in Erscheinung.
Im Gegensatz hierzu läßt sich für den Fall einer verlustfreien, am Leitungsende kurzgeschlossenen Leitung endlicher Länge herleiten, daß die Spannung entlang der gesamten Leitung Null sein muß. Durch Schaltungszwang ist nämlich die Spannung u(l, t) und damit auch die Spannung u(x, t) für alle x gleich Null; denn wegen $R' = G' = 0$ kann entlang der Leitung kein Spannungsabfall auftreten.

8. Die Behandlung von Differenzengleichungen

Die Behandlung von Differenzengleichungen hat in den letzten Jahren vor allem auf den Gebieten der Impuls-, Radar- und Rechenmaschinentechnik eine besondere Bedeutung erlangt. Auch in der Meß- und Regelungstechnik treten mit fortschreitender Automatisierung immer häufiger impulsförmige Größen als Eingangsgrößen eines Systems auf. Systeme, bei denen sich die Eingangsgröße aus einer Folge von Impulsen mit gleichem zeitlichen Abstand zusammensetzt, werden allgemein als *Abtastsysteme* bezeichnet. Auch hier können die bereits in den früheren Abschnitten abgeleiteten Begriffe der Übertragungsfunktion, der Übergangsfunktion und des Frequenzganges angewendet werden. Lineare Abtastsysteme lassen sich, nachdem die das System beschreibende Differentialgleichung ermittelt worden ist, vorteilhaft mit Hilfe der Laplace-Transformation behandeln. Jeder, der sich mit diesem Aufgabengebiet näher auseinandersetzen will oder muß, sollte sehr sorgfältig bei Veröffentlichungen die Begriffe und Definitionen erfassen. Da es sich hier um einen relativ neuen Themenkreis handelt, werden nämlich die verschiedenen Begriffe erfahrungsgemäß noch sehr uneinheitlich definiert.

Wie in Bild 8.1 dargestellt ist, lassen sich aus einer kontinuierlichen Funktion f(t) durch Abtastung unterschiedliche Impulsfolgen $f_k(t)$ gewinnen. Der zeitliche Abstand zwischen zwei Abtastungen wird bei Abtastsystemen als konstant vorausgesetzt und mit T bezeichnet. Die Amplitude (Diagramm b) oder die Dauer der Impulse (Diagramm c) hängen von der Größe der jeweiligen Eingangssignale zu den diskreten Zeitpunkten k · T mit k = 0(1) . . . ab. Eine andere Möglichkeit der Erzeugung einer Impulsfolge besteht darin, sowohl die Amplitude als auch die Dauer eines Impulses konstant zu halten, den Impuls selbst jedoch innerhalb eines Zeitabschnitts T in Abhängigkeit vom Eingangssignal zu verzögern (Diagramm d).

Bei Abtastsystemen kann als Sonderfall auch eine konstante Amplitude für die gesamte Zeitdauer T jedes Zeitintervalls auf das System einwirken. Neben den zuvor beschriebenen Impulsfolgen, die aus der Zeitfunktion f(t) durch Abtastung in äquidistanten Zeitabständen T gewonnen wurden und durch eine Impulsdauer kleiner als T charakterisiert sind, kann in diesem Falle dem Steuersignal f(t) gemäß Bild 8.1 (Diagramm e) eine Treppenfunktion $f_4(t)$ zugeordnet werden. Die in einem Zeitintervall der Breite T konstante Amplitude dieser Funktion ist gleich dem jeweiligen Wert der Eingangsgröße zu den diskreten Zeitpunkten k · T.

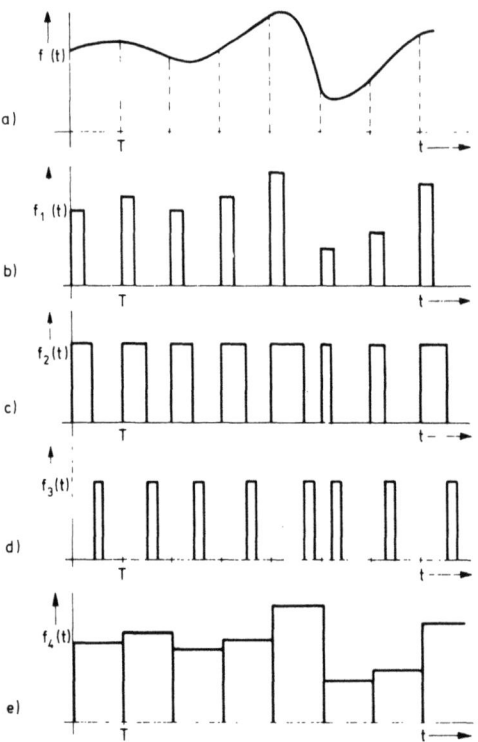

Bild 8.1: Generieren von Impulsfolgen durch Abtastung
    a) Zeitfunktion f(t)
    b) Impulsfolge mit veränderlicher Impulsamplitude bei konstanter Impulsdauer
    c) Impulsfolge mit veränderlicher Impulsdauer bei konstanter Impulsamplitude
    d) Impulsfolge mit konstanter Impulsdauer und konstanter Impulsamplitude, jedoch veränderlicher zeitlicher Verzögerung
    e) Treppenfunktion

Im Gegensatz zu den Abtastsystemen sind unter dem Begriff *Relaissysteme* in der Regelungstechnik Systeme mit impulsförmigen Eingangsgrößen zu verstehen, bei denen aus kontinuierlichen Zeitfunktionen Impulse konstanter Amplitude nur für die Dauer des Überschreitens bzw. Unterschreitens vorgegebener Schwellwerte generiert werden. Eine derartige schwellwertabhängige Impulserzeugung ist in Bild 8.2 dargestellt. Wie dieses Diagramm zeigt, ist das Zeitintervall zwischen zwei Impulsen nicht mehr wie bei den Abtastsystemen konstant, sondern von der Wahl der Schwellwerte abhängig und somit in der Regel variabel.

Die verschiedenen Möglichkeiten der Erzeugung von impulsförmigen Eingangsgrößen werden mehr oder weniger bevorzugt in den verschiedensten Bereichen der Technik angewendet. Demzufolge haben sich zur mathematischen Behand-

8.1 Schreibweisen für Differenzengleichungen

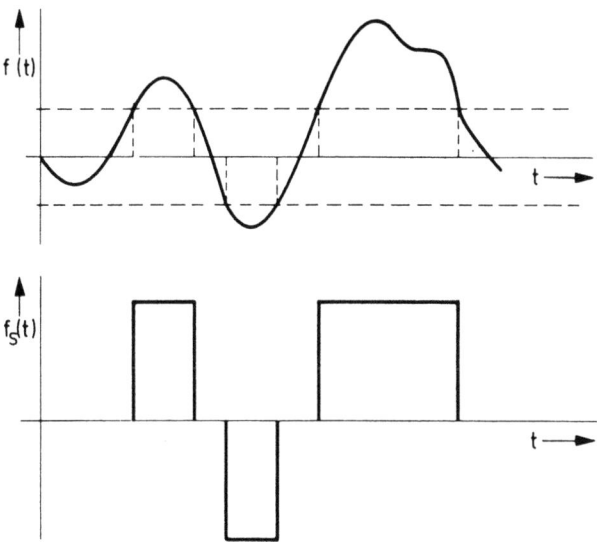

Bild 8.2: Steuersignal f(t) und Steuergröße $f_S(t)$ bei Relaissystemen

lung von Abtastsystemen auch unterschiedliche, jedoch miteinander verwandte Transformationen eingebürgert. Als Beispiele seien hier die diskrete Laplace-Transformation (ϑ-Transformation) und die Z-Transformation angeführt. Wegen der zunehmenden Bedeutung von Abtastsystemen werden in den folgenden Abschnitten die Grundlagen zur Berechnung derartiger Systeme vermittelt. Hierzu werden die Schreibweise und die Lösung von Differenzengleichungen behandelt sowie ein Vergleich zwischen Laplace-, ϑ- und Z-Transformation durchgeführt.

8.1 Schreibweisen für Differenzengleichungen

Zunächst sollen die Begriffe der Differenz erster Ordnung und der Differenzen höherer Ordnung erläutert werden. Zu einer vorgegebenen Funktion f(x) ist die *Differenz erster Ordnung* durch die Beziehung

(8.1.1) $\quad f(x + h) - f(x) = \Delta f(x)$

bestimmt. Diese Differenz ist in der Regel eine Funktion von x, d.h.

(8.1.2) $\quad \Delta f(x) = \varphi(x),$

während die Schrittweite h nahezu immer konstant gehalten wird.

Für die Funktion $\varphi(x)$ läßt sich wiederum eine Differenz erster Ordnung angeben:

(8.1.3) $\quad \Delta\varphi(x) = \varphi(x + h) - \varphi(x)$.

Wird $\varphi(x)$ entsprechend Gl. (8.1.2) substituiert, so folgt mit Gl. (8.1.1) hieraus in bezug auf die Funktion f(x) eine *Differenz zweiter Ordnung*

(8.1.4) $\quad \Delta\varphi(x) = \Delta^2 f(x) = \Delta f(x + h) - \Delta f(x)$
$\qquad = [f(x + 2h) - f(x + h)] - [f(x + h) - f(x)]$
$\qquad = f(x + 2h) - 2 f(x + h) + f(x)$.

In gleicher Weise lassen sich die *Differenz dritter Ordnung*

(8.1.5) $\quad \Delta^3 f(x) = \Delta^2 f(x + h) - \Delta^2 f(x)$
$\qquad = f(x + 3h) - 3 f(x + 2h) + 3 f(x + h) - f(x)$

und die *Differenz vierter Ordnung*

(8.1.6) $\quad \Delta^4 f(x) = \Delta^3 f(x + h) - \Delta^3 f(x)$
$\qquad = f(x + 4h) - 4 f(x + 3h) + 6 f(x + 2h) - 4 f(x + h) + f(x)$

herleiten. Die *Differenz n-ter Ordnung* ergibt sich schließlich für $n \geq 1$ allgemein zu:

(8.1.7) $\quad \Delta^n f(x) = f(x + nh) - n\, f[x + (n - 1)h]$
$\qquad + \dfrac{n(n - 1)}{1 \cdot 2}\, f[x + (n - 2) h] + \ldots + (- 1)^n f(x)$.

In der Differenz n-ter Ordnung sind somit alle Funktionswerte des Intervalls [x, x + nh] mit dem Parameter $x + \nu \cdot h (\nu = 0, 1, \ldots, n)$ enthalten. Diese Funktionswerte ergeben, multipliziert mit den ihnen zugeordneten Gewichtsfaktoren, die Größe $\Delta^n f(x)$.

Für eine Differenzengleichung n-ter Ordnung mit konstanten Koeffizienten sind verschiedene Schreibweisen üblich. Die erste Darstellungsform ist durch die Beziehung

(8.1.8) $\quad \phi[x, f(x), \Delta f(x), \Delta^2 f(x), \ldots, \Delta^n f(x)] = 0$

gegeben. Hierin ist die Funktion ϕ als Funktion mehrerer Veränderlicher vorgegeben, während die Funktion f(x) eine der Unbekannten darstellt. Werden auf die obige Gleichung die Gln. (8.1.1) bis (8.1.7) angewendet, so folgt eine zweite Darstellungsform:

(8.1.9) $\quad \psi[x, f(x), f(x + h), f(x + 2h), \ldots, f(x + nh)] = 0$

8.2 Anfangswertprobleme bei Differenzengleichungen

Die beiden obigen Schreibweisen sind gleichwertig; jedoch läßt sich eine Lösung der Differenzengleichung nach Gl. (8.1.9) in den meisten Fällen auf einfachere Weise herbeiführen.

Eine Differenzengleichung, in der außer f(x) die Unbekannte f(x + nh) mit n · h größer als jedes andere auftretende k · h, d. h. n > k, vorkommt, wird als *Differenzengleichung n-ter Ordnung* bezeichnet. Wie das folgende Beispiel zeigt, kann der Grad einer Differenzengleichung nicht immer direkt aus einer Differenzengleichung in der Form von Gl. (8.1.8) gefolgert werden. Vielmehr muß versucht werden, die Differenzengleichung durch Substitution der Differenzen erster und höherer Ordnung umzuformen, um dadurch möglicherweise zu einer Differenzengleichung niedrigeren Grades zu gelangen.

Jede Funktion f(x), die eine vorgegebene Differenzengleichung erfüllt, wird *partikuläre Lösung* der Differenzengleichung genannt. Die *allgemeine Lösung* einer Differenzengleichung n-ter Ordnung stellt im Gegensatz hierzu eine Lösungsfunktion dar, die noch n variable Faktoren k_ν enthält, welche mit Hilfe von Anfangs- oder Randbedingungen ermittelt werden können.

Beispiel

Gesucht sei der Grad der Differenzengleichung

(8.1.10) $\quad \Delta^3 f(x) + \Delta^2 f(x) - \Delta f(x) - f(x) = 0$.

Werden die Differenzen erster, zweiter und dritter Ordnung entsprechend den Beziehungen (8.1.1), (8.1.4) und (8.1.5) substituiert, so folgt aus der vorgegebenen Differenzengleichung:

(8.1.11) $\quad f(x + 3h) - 2 f(x + 2h) = 0$.

Mit Hilfe der Transformation x + 2h = v ergibt sich hieraus die einfache Beziehung

(8.1.12) $\quad f(v + h) - 2 f(v) = 0$.

Hier liegt also eine Differenzengleichung erster Ordnung und nicht, wie Gl. (8.1.10) vermuten ließ, eine Differenzengleichung dritter Ordnung vor.

8.2 Anfangswertprobleme bei Differenzengleichungen

Da auf den zuvor angeführten Anwendungsgebieten fast nur Funktionen der Zeit vorkommen, sollen Differenzengleichungen der Form

(8.2.1) $\quad G(t) = a_0 f(t) + a_1 f(t + T) + a_2 f(t + 2T) + \ldots + a_n f(t + nT)$

Ausgangspunkt für die weiteren Herleitungen sein. Zur Lösung dieser Differenzengleichung n-ter Ordnung wird hier vorausgesetzt, daß die Funktionen f(t)

und G(t) in einem rechtsseitig unendlichen Intervall, d. h. für $t \geq 0$, vorgegeben sind. Ähnlich wie bei der Lösung von Differentialgleichungen, bei der n Anfangswerte gegeben sein müssen, müssen hier die Funktionen in n Anfangsintervallen, d. h. im Bereich $0 \leq t < n \cdot T$ bekannt sein. Die Intervallbreite jedes Teilintervalls sei T. Aus Gl. (8.2.1) folgt der Funktionswert $f(t + nT)$ zu

$$(8.2.2) \qquad f(t + nT) = \frac{1}{a_n}\left[G(t) - \sum_{k=0}^{n-1} a_k\, f(t + kT)\right],$$

so daß sich die Funktion f(t) im Bereich $k \cdot T \leq t < (k + 1) \cdot T$ für jedes beliebige $k \geq n$ sukzessiv ermitteln läßt.

Eine elegantere Methode zur Berechnung von f(t) stellt auch hier die Anwendung der Laplace-Transformation dar. Bei diesem Lösungsverfahren wird vor allem auf den in Abschnitt 3.2.8 abgeleiteten Verschiebungssatz zurückgegriffen. Entsprechend Gl. (3.2.8.4) ergibt sich die Bildfunktion einer Funktion g(t), die aus einer Verschiebung von f(t) um t_L nach links resultiert, zu

$$(8.2.3) \qquad \mathcal{L}\{g(t)\} = g_b(s) = e^{st_L}\left[f_b(s) - \int_0^{t_L} f(\tau)\, e^{-s\tau}\, d\tau\right].$$

In dieser Beziehung ist unter $f_b(s)$ die zu f(t) gehörende Bildfunktion zu verstehen. Das Anfangsstück der Funktion f(t) im Bereich $0 \leq t < t_L$ blieb bei der Berechnung von $g_b(s)$ unberücksichtigt.

Wird der oben angegebene Verschiebungssatz auf die Differenzengleichung (8.2.1) angewendet, so folgt:

$$(8.2.4) \qquad \mathcal{L}\{G(t)\} = a_0\, f_b(s) + a_1\, e^{sT}\left[f_b(s) - \int_0^T f(\tau)\, e^{-s\tau}\, d\tau\right]$$

$$+ a_2\, e^{s2T}\left[f_b(s) - \int_0^{2T} f(\tau)\, e^{-s\tau}\, d\tau\right] + \ldots$$

$$+ a_n\, e^{snT}\left[f_b(s) - \int_0^{nT} f(\tau)\, e^{-s\tau}\, d\tau\right].$$

Durch Umformung ergibt sich die Bildfunktion $f_b(s)$ zu:

$$(8.2.6) \qquad f_b(s) = \frac{\mathcal{L}\{G(t)\} - \sum_{k=1}^{n} a_k\, e^{skT} \int_0^{kT} f(\tau)\, e^{-s\tau}\, d\tau}{\sum_{k=0}^{n} a_k\, e^{skT}}.$$

Diese Beziehung stellt die Lösung im Bildbereich dar.
Für den Sonderfall verschwindender „Anfangsbedingungen" geht Gl. (8.2.6) in den einfacheren Ausdruck

$$(8.2.7) \quad f_b(s) = \frac{\mathcal{L}\{G(t)\}}{\sum_{k=0}^{n} a_k e^{skT}}$$

über. Die Rücktransformation in den Originalbereich kann zweckmäßigerweise wieder mit Hilfe der Partialbruchzerlegung erfolgen.

8.3 Die Laplace-Transformation für Treppenfunktionen

Zu der Impulsfunktion

$$(8.3.1) \quad f(t) = \begin{cases} 0 & -\infty < t < 0 \\ A & 0 < t < T \\ 0 & T < t < \infty \end{cases}$$

wurde in Abschnitt 3.2.8 unter Gl. (3.2.8.7) die Bildfunktion

$$(8.3.2) \quad f_b(s) = \frac{A}{s} - \frac{A}{s} e^{-sT} = A T \frac{1 - e^{-sT}}{sT}$$

ermittelt. Die obige Impulsfunktion kann in zwei um T gegeneinander verschobene Sprungfunktionen zerlegt werden; es gilt also

$$(8.3.3) \quad f(t) = f_0(t) - f_0(t - T) = A[u(t) - u(t - T)]$$

mit

$$(8.3.4) \quad u(t) = \begin{cases} 0 & \text{für } t < 0 \\ 1 & \text{für } t > 0 \end{cases}.$$

Wird die Impulsfunktion gemäß Gl. (8.3.1) um eine unendliche Folge von Impulsen ergänzt, die alle die gleiche Impulsbreite T und eine unterschiedliche, aber im Zeitbereich $k \cdot T < t < (k+1) \cdot T$ konstante Amplitude A_{kT} besitzen, so ergibt sich eine als Treppenfunktion bezeichnete Zeitfunktion (Bild 8.3.1) der folgenden Form:

$$(8.3.5) \quad f_T(t) = \sum_{k=0}^{\infty} A_{kT} \langle u(t - kT) - u[t - (k+1)T] \rangle .$$

Bild 8.3.1:
Treppenfunktion

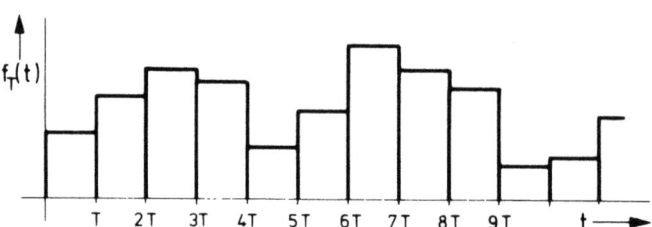

Unter Berücksichtigung von

$$(8.3.6) \qquad \int_0^\infty u(\tau - kT)\, e^{-s\tau}\, d\tau = \int_{kT}^\infty 1 \cdot e^{-s\tau}\, d\tau$$

lautet die zu $f_T(t)$ gehörende Laplace-Transformierte:

$$(8.3.7) \qquad \mathcal{L}\{f_T(t)\} = \sum_{k=0}^\infty A_{kT} \int_0^\infty \langle u(\tau - kT) - u[\tau - (k+1)T]\rangle e^{-s\tau}\, d\tau$$

$$= \sum_{k=0}^\infty A_{kT} \int_{kT}^{(k+1)T} e^{-s\tau}\, d\tau = \sum_{k=0}^\infty A_{kT} \frac{e^{-(k+1)Ts} - e^{kTs}}{-s}$$

$$= \frac{1 - e^{-sT}}{s} \sum_{k=0}^\infty A_{kT}\, e^{-skT}.$$

Für den Fall, daß die obere Grenze der unendlichen Summe gleich Null gesetzt wird, ergibt sich aus der obigen Gleichung die Laplace-Transformierte der Impulsfunktion nach Gl. (8.3.2). Besitzt eine Zeitfunktion die Form einer Treppenfunktion, so daß sie also für die Zeitbereiche $k \cdot T < t < (k+1) \cdot T$ mit $k = 0, 1, 2, \ldots$ jeweils eine konstante Amplitude A_{kT} aufweist, so gilt die Transformationsvorschrift nach Gl. (8.3.7).

8.4 Die diskrete Laplace-Transformation (ϑ-Transformation)

Mit der Definition

$$(8.4.1) \qquad A_{kT} = f(kT)$$

wird die vorgegebene Zeitfunktion nun nicht mehr als Treppenfunktion mit einer kontinuierlichen Veränderlichen t vorausgesetzt, sondern als Funktion einer diskretwertigen Veränderlichen, die nur die Werte $k \cdot T$ mit $k = 0, 1,$

8.4 Die diskrete Laplace-Transformation (ϑ-Transformation)

2,...annimmt. In diesem Falle kann die ϑ-Transformation als eine spezielle Laplace-Transformation interpretiert werden, die auf Stoßfunktionen (δ-Funktionen) angewendet wird. Die Funktion $\delta(t)$ wurde im Abschnitt 4.5 als Grenzwert einer Impulsfunktion, bezogen auf die Impulsfläche, für $T \to 0$ abgeleitet. Die Laplace-Transformierte von $\delta(t)$ ergab sich gemäß Gl. (4.5.3) zu $\mathcal{L}\{\delta(t)\} = 1$.

Eine Folge von Dirac-Stößen, die zu den Zeitpunkten $k \cdot T$ auftreten, läßt sich durch einen Summenausdruck der Form

$$\sum_{k=0}^{\infty} \delta(t-kT)$$

darstellen. Die Abtastwerte einer beliebigen Zeitfunktion $f(t)$ zu den Zeitpunkten $k \cdot T$ können somit durch Multiplikation von $f(t)$ mit der obigen Folge gewonnen werden. Die auf diese Weise ermittelte Funktion $\tilde{f}(t)$ wird allgemein als Pseudofunktion bezeichnet. Es gilt also

(8.4.2) $\qquad \tilde{f}(t) = f(t) \sum_{k=0}^{\infty} \delta(t-kT) .$

Die Pseudofunktion nimmt zu den Zeitpunkten $t_k = k \cdot T$ den Wert der Funktion $f(t)$ an und ist für alle übrigen $t \neq t_k$ gleich Null.
Wird die zu $\tilde{f}(t)$ gehörende Laplace-Transformierte ermittelt, so folgt:

(8.4.3) $\qquad \mathcal{L}\{\tilde{f}(t)\} = \int_0^{\infty} \left[f(\tau) \sum_{k=0}^{\infty} \delta(\tau - kT) \right] e^{-s\tau} d\tau$

$\qquad\qquad\quad = \sum_{k=0}^{\infty} \int_0^{\infty} f(\tau) \delta(\tau - kT) e^{-s\tau} d\tau$

$\qquad\qquad\quad = \sum_{k=0}^{\infty} e^{-skT} f(kT) .$

Diese Funktion wird als ϑ-Transformierte der diskretwertigen Funktion $f(kT)$ bezeichnet. Damit gilt

(8.4.4) $\qquad \vartheta\{f(kT)\} = \mathcal{L}\{\tilde{f}(t)\}$

Durch Vergleich von Gl. (8.4.3) mit Gl. (8.3.7) folgt, daß die Laplace-Transformierte der Folge $f(kT)$ auch ohne den Umweg über die Treppenfunktion angegeben werden kann, wenn der Faktor $\dfrac{1 - e^{-sT}}{s}$ in Gl. (8.3.7) weggelassen wird.

Von Gl. (8.3.7) bleibt dann nur noch die unendliche Reihe $\sum_{k=0}^{\infty} f(kT) \cdot e^{-skT}$ übrig, deren Summanden sich aus der diskretwertigen Funktion f(kT) und dem Faktor e^{-skT} zusammensetzen.

In der folgenden Tabelle 8.4.1 sind einige Korrespondenzen der ϑ-Transformation angegeben.

Tabelle 8.4.1: Funktionenpaare zur ϑ-Transformation

$\tilde{f}(t)$	$\mathcal{L}\{\tilde{f}(t)\} = \vartheta\{f(kT)\}$
1	$\dfrac{e^s}{e^s - 1}$
e^{kT}	$\dfrac{e^s}{e^s - e^T}$
$\sin kT$	$\dfrac{e^s \sin T}{e^{2s} - 2 e^s \cos T + 1}$
$\cos kT$	$\dfrac{e^s(e^s - \cos T)}{e^{2s} - 2 e^s \cos T + 1}$
α^k	$\dfrac{e^s}{e^s - \alpha}$

8.5 Die Laurent- oder Z-Transformation

Die diskrete Laplace-Transformation nach Gl. (8.4.3) stellt einen Sonderfall der Dirichletschen Reihe $\sum_{k=0}^{\infty} c_k \cdot e^{-\lambda_k s}$ mit $\lambda_k = k \cdot T$ dar. Wird in Gl. (8.4.3) der Faktor e^s nun noch durch z substituiert, so führt dies auf die sogenannte Z-Transformation. Es gilt:

(8.5.1) $\qquad Z\{f(kT)\} = \sum_{k=0}^{\infty} f(kT)\, z^{-kT}$

Die obige Reihe ist ein Sonderfall der Laurent-Reihe

(8.5.2) $\qquad \sum_{k=-\infty}^{\infty} a_k\, z^{kT} = \sum_{k=0}^{\infty} a_{-k}\, z^{-kT} + \sum_{k=1}^{\infty} a_k\, z^{kT}\,.$

Bei der Z-Transformation fehlt die zweite Teilsumme; die Koeffizienten a_{-k} entsprechen den diskreten Funktionswerten f(kT).
Die Z-Transformation wurde in der Literatur etwa um 1950 bekanntgemacht und hängt im Prinzip mit der Laplace-Transformation über die gleichen Beziehungen zusammen wie die ϑ-Transformation. Bezüglich der Konvergenz und der Periodizität müssen jedoch getrennte Betrachtungen angestellt werden, auf die hier jedoch verzichtet werden soll. An dieser Stelle soll lediglich auf die enge Verwandtschaft der Transformationen hingewiesen werden. Zu den in Tabelle 8.4.1 angegebenen Zeitfunktionen ergeben sich durch die Substitution $e^s = z$ die entsprechenden Korrespondenzen der Z-Transformation.

8.6 Vergleich von $\mathcal{L}$-, ϑ- und Z-Transformation

Nachdem in den vorangehenden Abschnitten der Zusammenhang zwischen den einzelnen Transformationen beschrieben wurde, kann nun auf die Vorzüge von ϑ- und Z-Transformation hingewiesen werden. Bei einem Vergleich muß jedoch stets berücksichtigt werden, daß die Laplace-Transformation eine überragende Bedeutung bei stetig veränderlichen Funktionen besitzt und daß damit eine abgeschlossene Theorie für die Behandlung derartiger Problemstellungen vorliegt. Die Laplace-Transformation kann, wie gezeigt wurde, auch auf Treppenfunktionen angewendet werden. Der große Vorteil des weiteren Gebrauchs der Laplace-Transformation besteht in diesem Falle darin, daß keine neuen Definitionen und Regeln erforderlich sind und sofort von der Transformation stetiger Funktionen auf die Transformation von Treppenfunktionen und Pseudofunktionen übergegangen werden kann. Für die Anwendung der ϑ- und der Z-Transformation ist von Vorteil, daß erstens auf den Faktor $\dfrac{1 - e^{-s}}{s}$ bei der Rechnung verzichtet und in einem weiteren Schritt zweitens durch die abkürzende Schreibweise $e^s = z$ eine größere Übersichtlichkeit gewonnen wird.

In der Tabelle 8.6.1 sind abschließend an einigen Beispielen die Bildfunktionen der $\mathcal{L}$-, ϑ- und Z-Transformation gegenübergestellt. Auf eine Behandlung der Konvergenzprobleme und auf die Anwendung der Transformationen auf Problemstellungen mit Differenzengleichungen wird hier nicht näher eingegangen.

Tabelle 8.6.1: Zusammenstellung von $\mathcal{L}$-, ϑ- und Z-Transformierten

	Funktion	Laplace-Transformierte	ϑ-Transformierte	Z-Transformierte
1	1^n	$\dfrac{e^s-1}{s\,e^s}\cdot\dfrac{e^s}{e^s-1}=\dfrac{1}{s}$	$\dfrac{e^s}{e^s-1}$	$\dfrac{z}{z-1}$
2	1^{n-1} für $n \geq 1$	$\dfrac{e^s-1}{s\,e^s}\cdot\dfrac{1}{e^s-1}=\dfrac{1}{s\,e^s}$	$\dfrac{1}{e^s-1}$	$\dfrac{1}{z-1}$
3	$(-1)^n = \cos n\pi$	$\dfrac{e^s-1}{s}\cdot\dfrac{1}{e^s+1}$	$\dfrac{e^s}{e^s+1}$	$\dfrac{z}{z+1}$
4	n^2	$\dfrac{e^s+1}{s(e^s-1)^2}$	$\dfrac{e^s}{(e^s-1)^3}(e^s+1)$	$\dfrac{z}{(z-1)^3}(z+1)$
5	$e^{\alpha n}$	$\dfrac{e^s-1}{s}\cdot\dfrac{1}{e^s-e^\alpha}$	$\dfrac{e^s}{e^s-e^\alpha}$	$\dfrac{z}{z-e^\alpha}$
6	$\dfrac{e^{\alpha n}-e^{\beta n}}{e^\alpha - e^\beta}$	$\dfrac{e^s-1}{s}\cdot\dfrac{1}{(e^s-e^\alpha)(e^s-e^\beta)}$	$\dfrac{e^s}{(e^s-e^\alpha)(e^s-e^\beta)}$	$\dfrac{z}{(z-e^\alpha)(z-e^\beta)}$
7	$e^{\alpha n} \sin \tau n$	$\dfrac{e^s-1}{s}\cdot\dfrac{e^\alpha \sin \tau}{e^{2s}-2e^s e^\alpha \cos \tau + e^{2\alpha}}$	$\dfrac{e^s\, e^\alpha \sin \tau}{e^{2s}-2e^s e^\alpha \cos \tau + e^{2\alpha}}$	$\dfrac{z\, e^\alpha \sin \tau}{z^2 - 2z\, e^\alpha \cos \tau + e^{2\alpha}}$

9. Operatorenrechnung und verwandte Transformationen

In den bisherigen Abschnitten wurde die Laplace-Transformation ausführlich behandelt. Neben der Herleitung der verschiedenen Hilfssätze wurden die Methoden der Rücktransformation dargestellt sowie eine Vielzahl von Anwendungsmöglichkeiten angegeben. In einem abschließenden Kapitel soll nun die Verbindung zu der von Heaviside[1] entwickelten Methode der Operatorenrechnung hergestellt und auf eine verwandte Transformation, die Laplace-Carson-Transformation, eingegangen werden.

9.1 Zusammenhang zwischen Laplace-Transformation und Operatorenrechnung

Bereits 1899 hat Heaviside in seinem Buch „Elektromagnetic Theory" Probleme, die auf gewöhnliche Integro-Differentialgleichungen mit konstanten Koeffizienten bei gegebenen Anfangsbedingungen führen, mit Hilfe der Operatorenrechnung behandelt und dabei das Verfahren entsprechend vervollkommnet. Differentialoperatoren wurden schon seit Leibniz[2] von Mathematikern untersucht, ohne daß jedoch einer breiteren Anwendung dieser Operatoren vor Heaviside der Durchbruch gelungen ist. Heaviside führte bei der Behandlung der Integro-Differentialgleichungen für das Symbol der Differentiation $\frac{d}{dt}$ den Differentiationsoperator p und entsprechend für das Symbol der Integration $\int_0^x \ldots dt$ den Integrationsoperator $\frac{1}{p}$ ein. In Analogie zur Logarithmenrechnung, durch die die Multiplikation von zwei Faktoren auf die Addition der zugehörigen Logarithmenwerte zurückgeführt wird, sollten die Operationen des Differenzierens und Integrierens bei der Operatorenrechnung durch die einfacheren algebraischen Operationen der Multiplikation und der Division ersetzt werden.

---

[1] Heaviside, Oliver; 1850–1925.
[2] Leibniz, Gottfried Wilhelm; 1646–1716.

Heaviside wendete den Operator p auf viele Beispiele der Elektrotechnik an und rechnete mit diesem Operator wie mit einem multiplikativen Faktor. Für die n-te Ableitung einer Funktion y(t) wird beispielsweise geschrieben:

$$(9.1.1) \qquad \frac{d^n}{dt^n} y(t) = p^n \, y(t) \,.$$

Das Anliegen von Heaviside war eine grundsätzliche Vereinfachung der Lösungsmethode von Differentialgleichungen oder Systemen von Differentialgleichungen unter gleichzeitiger Berücksichtigung der Anfangs- und Randbedingungen. Jedoch konnte sich die Heavisidesche Operatorenrechnung ebenfalls nicht durchsetzen, da einerseits die Rechenregeln und die angeführten Sätze nicht mathematisch sauber begründet waren und andererseits auch die Darstellungsform keinen Anklang fand. Das Verfahren versagte recht oft bei allgemeiner Anwendung; demzufolge war das Vertrauen in die Zuverlässigkeit dieser Methode nicht sehr groß. Erst durch Arbeiten von K. W. Wagner, Carson, van der Pol, Schouten und Doetsch wurde die Operatorenrechnung und der Zusammenhang zur Laplace-Transformation mathematisch fundiert dargestellt und viele von Heaviside angegebene Regeln wie z. B. der Entwicklungssatz mathematisch bewiesen.

Wie nachfolgend an einem Beispiel gezeigt wird, ermöglicht die Operatorenrechnung nach Heaviside auf den ersten Blick eine recht einfache Behandlung der Probleme und führt auch auf richtige Ergebnisse, wenn entweder alle Anfangswerte verschwinden oder sich die Lösungsanteile, bedingt durch die Anfangswerte der gesuchten Funktion y(t), und die sogenannte Störfunktion x(t) gerade gegenseitig aufheben. Diese Voraussetzung ist bei vielen Überlegungen Heavisides und auch bei vielen technischen Problemen, insbesondere bei Systemuntersuchungen mit verschwindender Anfangsenergie, erfüllt.

Zum Vergleich der Methode der Operatorenrechnung nach Heaviside und der Laplace-Transformation wird nun ein einfaches Beispiel behandelt. Bei gegebener Anfangsbedingung y(0) = 0 soll die Lösungsfunktion y(t) der Differentialgleichung

$$(9.1.2) \qquad \frac{d}{dt} y(t) + a \, y(t) = A$$

ermittelt werden.

Nach Einführen des Heavisideschen Differentialoperators in diese Gleichung ergibt sich, aufgelöst nach y(t):

$$(9.1.3) \qquad y(t) = \frac{A}{p+a} = \frac{A}{a} \frac{1}{1 + \frac{p}{a}} = \frac{A}{a} \frac{1}{1-x} \,,$$

wobei der Quotient $-\frac{p}{a}$ gleich x gesetzt wurde.

9.1 Zusammenhang zwischen Laplace-Transformation und Operatorenrechnung

An dieser Stelle beginnt das Verfahren der Rücktransformation.
Mit

(9.1.4) $$\frac{1}{1-x} = 1 + x + x^2 + x^3 + \ldots \quad \text{für } |x| < 1$$

folgt aus Gleichung (9.1.3):

(9.1.5) $$y(t) = \frac{A}{a}\left(1 - \frac{p}{a} + \frac{p^2}{a^2} - \frac{p^3}{a^3} \pm \ldots\right).$$

Wird die Multiplikation mit p^n als Vorschrift zur n-maligen Differentiation interpretiert und wird von möglichen Konvergenzschwierigkeiten abgesehen, so stellt die Funktion

(9.1.6) $$y_1(t) = \frac{A}{a}(1 - 0 + 0 - 0 \pm \ldots) = \frac{A}{a}$$

sicherlich eine mögliche Lösung der Differentialgleichung (9.1.2) dar. Wird die Gl. (9.1.3) auf andere Art umgeformt, beispielsweise mit Hilfe der Beziehung

(9.1.7) $$\frac{1}{1-x} = -\frac{1}{x} \cdot \frac{1}{\left(1 - \frac{1}{x}\right)} = -\frac{1}{x}\left(1 + \frac{1}{x} + \frac{1}{x^2} + \frac{1}{x^3} + \ldots\right)$$

$$= -\sum_{k=1}^{\infty} \frac{1}{x^k} \quad \text{für } |x| > 1,$$

so folgt mit $x = -\frac{p}{a}$:

(9.1.8) $$y(t) = -\frac{A}{a}\sum_{k=1}^{\infty}\left(-\frac{a}{p}\right)^k = \frac{A}{a}\left(\frac{1}{p}a - \frac{1}{p^2}a^2 + \frac{1}{p^3}a^3 - \frac{1}{p^4}a^4 \pm \ldots\right).$$

Der Faktor $\frac{1}{p}$ stellt den zur Differentiation inversen Operator dar; die Multiplikation mit $\frac{1}{p^n}$ entspricht also einer n-maligen Integration. Nach einer Integration von 0 bis t ergibt sich eine weitere Lösung

(9.1.9) $\quad y_2(t) = \dfrac{A}{a}\left(at - a^2 \dfrac{t^2}{2!} + a^3 \dfrac{t^3}{3!} - a^4 \dfrac{t^4}{4!} \pm \ldots\right)$

$$= \dfrac{A}{a}\left[1 - \left(1 - at + \dfrac{(at)^2}{2!} - \dfrac{(at)^3}{3!} + \dfrac{(at)^4}{4!} \pm \ldots\right)\right]$$

$$= \dfrac{A}{a}(1 - e^{-at}).$$

Wie sich leicht nachweisen läßt, erfüllt diese Lösungsfunktion ebenfalls die Differentialgleichung.
Die Anwendung der Laplace-Transformation auf die vorgegebene Differentialgleichung führt auf die Beziehung

(9.1.10) $\quad s\mathcal{L}\{y\} - y(0) + a\mathcal{L}\{y\} = A\dfrac{1}{s}.$

Mit $y(0) = 0$ folgt hieraus die Bildfunktion

(9.1.11) $\quad \mathcal{L}\{y\} = a\dfrac{1}{s(s + a)}.$

Die zugehörige Originalfunktion ergibt sich auf Grund der Korrespondenz

$\dfrac{1}{s(s + a)} \;\bullet\!\!\!-\!\!\!\circ\; \dfrac{1}{a} \cdot (1 - e^{-at})$ zu:

(9.1.12) $\quad y(t) = A\dfrac{1}{a}(1 - e^{-at}).$

Dies ist die allgemeine Lösung der Differentialgleichung (9.1.1) und stimmt mit der Lösung $y_2(t)$ gemäß Gl. (9.1.9) überein.
Daß je nach Umformung bei der Operatorenmethode unterschiedliche Lösungen, im ersten Fall nur eine partikuläre Lösung, gewonnen werden, deckt die Unsicherheit und Fragwürdigkeit der angewendeten Methode auf. Außerdem ist auch zu bedenken, daß Reihenentwicklungen grundsätzlich nur dann einen Sinn haben, wenn sie konvergieren; sie gelten zunächst nur für algebraische Zahlen. Bei der Reihe

$$\dfrac{1}{1 - x} = 1 + x + x^2 + x^3 + \ldots$$

ist die Konvergenz nur für $|x| < 1$ gewährleistet. Da aber $x = -p \cdot \dfrac{1}{a}$ gesetzt wurde, ist wegen $p = \dfrac{d}{dt}$, also $x = -\dfrac{1}{a} \cdot \dfrac{d}{dt}$, eine Aussage über die Konver-

9.1 Zusammenhang zwischen Laplace-Transformation und Operatorenrechnung

genz der Reihe nur mit großen Schwierigkeiten zu gewinnen.
Sowohl der enge Zusammenhang als auch der generelle Unterschied zwischen Operatorenmethode und Laplace-Transformationen lassen sich an dem folgenden Vergleich aufzeigen. Eine formale Übereinstimmung der Gleichungen

(9.1.13) $$\frac{d}{dt} y(t) = p\, y(t)$$

und

(9.1.14) $$\frac{d^n}{dt^n} y(t) = p^n\, y(t)$$

mit den Gleichungen

(9.1.15) $$\mathcal{L}\left\{\frac{d}{dt} y(t)\right\} = s\, \mathcal{L}\{y(t)\} - y(0)$$

und

(9.1.16) $$\mathcal{L}\left\{\frac{d^n}{dt^n} y(t)\right\} = s^n\, \mathcal{L}\{y(t)\} - \sum_{k=0}^{n-1} s^{n-k-1}\, y^{(k)}(0)$$

ist nur unter der Annahme gegeben, daß in den beiden letzten Beziehungen sämtliche Anfangswerte Null sind. Ansonsten gelten auch in der Operatorenrechnung Hilfssätze, die den früher abgeleiteten Hilfssätzen der Laplace-Transformation entsprechen. Einige Sätze seien hier angeführt:

(9.1.17) $$\frac{d}{dt}[k\, y(t)] = k\, \frac{d}{dt} y(t) = k\, p\, y,$$

(9.1.18) $$\frac{d}{dt}[k_1\, y_1(t) + k_2\, y_2(t)] = k_1\, \frac{d}{dt} y_1(t) + k_2\, \frac{d}{dt} y_2(t)$$

$$= k_1\, p\, y_1 + k_2\, p\, y_2$$

und

(9.1.19) $$\frac{d^n}{dt^n}\left[\frac{d^m}{dt^m} y(t)\right] = \frac{d^{n+m}}{dt^{n+m}} y(t) = p^{(n+m)}\, y(t).$$

Der bekannte Heavisidesche Entwicklungssatz wird im folgenden Abschnitt noch ausführlich behandelt.
Da die Operatorenrechnung bei der Behandlung allgemeiner Probleme mit beliebigen Anfangs- und Randbedingungen einen zu großen Unsicherheitsfaktor in sich birgt, ist dem Anwender immer zu empfehlen, die Laplace-Transformation bei der Lösung vorzuziehen.

9.2 Der Heavisidesche Entwicklungssatz

Neben den im Abschnitt 9.1 angegebenen Sätzen und Rechenregeln der Operatorenrechnung ist für die Aufgaben der Rücktransformation insbesondere der Heavisidesche Entwicklungssatz von großer Bedeutung. Der Entwicklungssatz wurde von Heaviside 1899 ohne Beweis angegeben und erst 1916 von K. W. Wagner in einer Veröffentlichung im Archiv für Elektrotechnik bewiesen und anhand von Anwendungsbeispielen aus der Elektrotechnik erläutert.
Der mit Hilfe der Operatorenrechnung ermittelten Bildfunktion

$$(9.2.1) \qquad f_b(p) = \frac{1}{p} \frac{G(p)}{N(p)}$$

ist nach Heaviside die Originalfunktion

$$(9.2.2) \qquad f(t) = \frac{G(0)}{N(0)} + \sum_{k=1}^{n} \frac{1}{p_k} \frac{G(p_k)}{N'(p_k)} e^{p_k t}$$

zugeordnet.

Da die Methode der Partialbruchzerlegung bereits in Abschnitt 3.3.2 ausführlich behandelt worden ist, kann der Beweis des obigen Satzes an dieser Stelle sehr knapp gehalten werden. Voraussetzung für die Partialbruchzerlegung der Bildfunktion $f_b(s) = \frac{G(s)}{N(s)}$ war, daß die Polynome $G(s)$ und $N(s)$ als ganze rationale Funktionen vorlagen, wobei der Grad des Zählerpolynoms kleiner als der Grad des Nennerpolynoms sein mußte. Ferner durften $G(s)$ und $N(s)$ keine gemeinsamen Nullstellen besitzen; die Nullstellen des Nennerpolynoms mußten einfach sein.
Unter diesen Voraussetzungen kann auch hier der Beweis des Entwicklungssatzes mit Hilfe der Laplace-Transformation geführt werden. Aus der Partialbruchzerlegung von $f_b(s)$ gemäß Gl. (3.3.2.1.8) folgt für $s = 0$:

$$(9.2.3) \qquad \frac{G(0)}{N(0)} = - \sum_{k=1}^{n} \frac{1}{s_k} \frac{G(s_k)}{N'(s_k)} \; .$$

Als Originalfunktion der mit $\frac{1}{s}$ multiplizierten Bildfunktion $f_b(s)$ ergibt sich die Funktion

$$(9.2.4) \qquad f(t) = \mathcal{L}^{-1}\left\{\frac{1}{s} f_b(s)\right\} = \mathcal{L}^{-1}\left\{\frac{1}{s} \frac{G(s)}{N(s)}\right\}$$

$$= \mathcal{L}^{-1}\left\{\sum_{k=1}^{n} \frac{1}{s(s - s_k)} \frac{G(s_k)}{N'(s_k)}\right\} \; .$$

9.3 Die Laplace-Carson-Transformation

Mit Hilfe der Korrespondenz

$$\frac{1}{s(s+a)} \bullet\!\!-\!\!\circ \frac{1}{a}(1-e^{-at})$$

kann die Rücktransformation sofort durchgeführt werden:

$$(9.2.5) \quad f(t) = -\sum_{k=1}^{n} \frac{1}{s_k} \frac{G(s_k)}{N'(s_k)} (1-e^{s_k t})$$

$$= -\sum_{k=1}^{n} \frac{1}{s_k} \frac{G(s_k)}{N'(s_k)} + \sum_{k=1}^{n} \frac{1}{s_k} \frac{G(s_k)}{N'(s_k)} e^{s_k t} .$$

Wird die erste Summe dieser Gleichung entsprechend Gl. (9.2.3) substituiert und die Wurzeln s_k formal durch p_k ersetzt, so führt dies auf die von Heaviside angegebene Darstellung der Originalfunktion gemäß Gl. (9.2.2). Der Entwicklungssatz ist somit bewiesen.

Da die Bildfunktion sowohl bei der Operatorenrechnung als auch bei der Laplace-Transformation sehr häufig als Quotient zweier rationaler Funktionen darstellbar ist, läßt sich die recht schwierige Aufgabe der Rücktransformation bei beiden Verfahren mit Hilfe des Entwicklungssatzes wesentlich vereinfachen. Dieser Heavisidesche Entwicklungssatz, oft auch als Expansionstheorem bezeichnet, spielt daher in der Technik bei der Behandlung von Schaltproblemen eine große Rolle.

9.3 Die Laplace-Carson-Transformation

Abschließend sei noch kurz auf die Laplace-Carson-Transformation hingewiesen, die im anglo-amerikanischen Sprachraum häufig verwendet wird. Die von Carson eingeführte Abänderung der Laplace-Transformation beruht auf der Multiplikation des Laplace-Integrals mit dem Faktor p, wobei auch hier die komplexe Veränderliche des Laplace-Integrals mit p und nicht mit s bezeichnet wird. Es gilt also allgemein:

$$(9.3.1) \quad \mathcal{L}_c\{f(t)\} = p \int_0^\infty f(\tau) e^{-p\tau} d\tau = p\,\mathcal{L}\{f(t)\} .$$

Auf diesen Unterschied ist zu achten, wenn Tabellen zur Rücktransformation verwendet werden. Die Transformierte einer Konstanten K ergibt sich beispielsweise zu:

(9.3.2) $\mathcal{L}_c\{K\} = p\left(\dfrac{1}{p} K\right) = K$.

Für diese geringfügige Modifikation können die folgenden Gründe angeführt werden:
1. Die Dimensionen der Laplace-Carson-Transformierten stimmen mit den Dimensionen der zugehörigen Größen im Originalbereich überein; es gilt beispielsweise:

(9.3.3) $\mathcal{L}_c\{U\} = U$ oder $\mathcal{L}_c\{I\} = I$.

2. Die Werte einer Zeitfunktion für t → 0 und für t → ∞ lassen sich unmittelbar aus der zugehörigen Laplace-Carson-Transformierten ablesen.

(9.3.4) $\lim\limits_{t \to 0} f(t) = \lim\limits_{p \to \infty} \mathcal{L}_c\{f(t)\}$

und

(9.3.5) $\lim\limits_{t \to \infty} f(t) = \lim\limits_{p \to 0} \mathcal{L}_c\{f(t)\}$.

Die entsprechenden Beziehungen bei der Laplace-Transformation waren in Abschnitt 4.6 hergeleitet worden; dort mußten die Bildfunktionen vor der Grenzwertbildung mit dem Faktor s multipliziert werden.
Im Falle der in Bild 9.3.1 skizzierten Schaltaufgabe kann, ausgehend von der Differentialgleichung (t > 0)

(9.3.6) $R\,i + L\,\dfrac{di}{dt} = U$,

die Laplace-Carson-Transformierte des Stromes i(t) mit i(0) = 0 wie folgt berechnet werden:

(9.3.7) $R\,\mathcal{L}_c\{i\} + L[p\,\mathcal{L}_c\{i\} - i(0)] = U$

bzw.

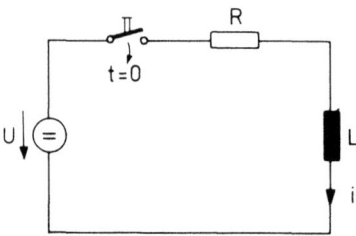

Bild 9.3.1: Schaltaufgabe

9.3 Die Laplace-Carson-Transformation

(9.3.8) $\quad \mathcal{L}_c\{i\} = \dfrac{U}{R + p\,L}$

Dieser Ausdruck ist dem Elektrotechniker vertrauter als der entsprechende Ausdruck bei der Laplace-Transformation, nämlich

(9.3.9) $\quad \mathcal{L}\{i\} = \dfrac{U}{s(R + s\,L)}\,.$

Die genannten Vorteile der Laplace-Carson-Transformation sollten jedoch nicht überbewertet werden, zumal der Anwenderkreis dieser Transformation sehr klein ist. Alle Tabellen der Laplace-Transformation können nach Substitution von s durch p und nach der Multiplikation der Bildfunktion mit p direkt übernommen werden. Der Anwender selbst möge nun entscheiden, welche Transformationsart für ihn die günstigere ist.

10. Tabellen zur Laplace-Transformation

Laplace-Transformierte

$$\mathcal{L}\{f(t)\} = \int_0^\infty f(t)\, e^{-st}\, dt = f_b(s)$$

Inverse Laplace-Transformierte

$$\mathcal{L}^{-1}\{f_b(s)\} = \frac{1}{2\pi j} \int_{c-j\infty}^{c+j\infty} f_b(s)\, e^{st}\, ds = \begin{cases} f(t) & \text{für } t > 0 \\ 0 & \text{für } t < 0 \end{cases}$$

10.1 Hilfssätze

Satz über die Linearkombination

$$f(t) = \sum_{\nu=1}^{n} k_\nu\, f_\nu(t) \quad \circ\!\!-\!\!\bullet \quad f_b(s) = \sum_{\nu=1}^{n} k_\nu\, f_{\nu b}(s)$$

Ableitungssatz für die Originalfunktion

$$\frac{df(t)}{dt} \quad \circ\!\!-\!\!\bullet \quad s\, f_b(s) - f(0)$$

$$\frac{d^2 f(t)}{dt^2} \quad \circ\!\!-\!\!\bullet \quad s^2 f_b(s) - s\, f(0) - f'(0)$$

$$\vdots$$

$$\frac{d^n f(t)}{dt^n} \quad \circ\!\!-\!\!\bullet \quad s^n f_b(s) - \sum_{\nu=0}^{n-1} s^{n-\nu-1}\, f^{(\nu)}(0)$$

10.1. Hilfssätze

Integralsatz für die Originalfunktion

$$\int_{-\infty}^{t} f(\tau)\,d\tau \quad \circ\!\!-\!\!\bullet \quad \frac{1}{s} f_b(s) + \frac{1}{s} \int_{-\infty}^{0} f(\tau)\,d\tau$$

bzw.

$$\int_{0}^{t} f(\tau)\,d\tau \quad \circ\!\!-\!\!\bullet \quad \frac{1}{s} f_b(s)$$

Ableitungssatz für die Bildfunktion

$$-t\,f(t) \quad \circ\!\!-\!\!\bullet \quad \frac{d\,f_b(s)}{ds}$$

$$\vdots$$

$$(-t)^n f(t) \quad \circ\!\!-\!\!\bullet \quad \frac{d^n f_b(s)}{ds^n}$$

Integralsatz für die Bildfunktion

$$\frac{f(t)}{-t} \quad \circ\!\!-\!\!\bullet \quad \int_{\infty}^{s} f_b(u)\,du$$

Ähnlichkeitssatz

$$f(a\,t) \quad \circ\!\!-\!\!\bullet \quad \frac{1}{a} f_b\!\left(\frac{s}{a}\right) \quad \text{mit } a > 0$$

Dämpfungssatz

$$e^{-at} f(t) \quad \circ\!\!-\!\!\bullet \quad f_b(s+a) \quad \text{mit } a \text{ beliebig}$$

Verschiebungssatz

$$f(t - t_0) \circ\!\!-\!\!\bullet\ e^{-st_0} f_b(s) \text{ mit } f(t - t_0) = 0 \text{ für } t < t_0$$

$$f(t + t_0) \circ\!\!-\!\!\bullet\ e^{st_0} \left[f_b(s) - \int_0^{t_0} f(u)\, e^{-su}\, du \right]$$

mit $f(t + t_0) = 0$ für $t < -t_0$

Faltungssatz

$$\int_0^t f_1(t - \tau)\, f_2(\tau)\, d\tau$$
$$= f_1(t) * f_2(t) \circ\!\!-\!\!\bullet\ f_{1b}(s)\, f_{2b}(s)$$

Heavisidescher Entwicklungssatz
einfache Polstellen:

$$f(t) = \sum_{k=1}^n \frac{G(s_k)}{N'(s_k)}\, e^{s_k t} \circ\!\!-\!\!\bullet\ \frac{G(s)}{N(s)} = f_b(s)$$

Der Grad des Zählerpolynoms $G(s)$ muß kleiner als der Grad des Nennerpolynoms

$$N(s) = (s - s_1)(s - s_2) \cdots (s - s_n)$$

sein.

Polstellen höherer Ordnung, z.B. $(s - s_k)^j$:
Teillösung

$$\sum_{\nu=1}^j \frac{A_\nu}{(\nu - 1)!}\, t^{\nu - 1}\, e^{s_k t} \circ\!\!-\!\!\bullet\ \sum_{\nu=1}^j \frac{A_\nu}{(s - s_k)^\nu}$$

$$\text{mit } A_\nu = \frac{1}{(j - \nu)!}\, \lim_{s \to s_k}\, \frac{d^{j-\nu}}{ds^{j-\nu}}\, [(s - s_k)^j\, f_b(s)]$$

10.1 Hilfssätze

Rücktransformation mit Hilfe des Residuenkalküls (einfache Polstellen s_k):

$$f(t) = \sum_{k=0}^{n} R_k(t) = \frac{1}{2\pi j} \oint f_b(s)\, e^{st}\, ds$$

$$\text{mit } R_k(t) = \lim_{s \to s_k} [f_b(s)\, e^{st}\, (s - s_k)]$$

Ableitungssatz für das Faltungsprodukt

$$\frac{d}{dt} [f_1(t) * f_2(t)] \circ\!\!-\!\!\bullet\ s\, f_{1b}(s)\, f_{2b}(s)$$

Bildfunktionen mit gebrochenen Exponenten

$$t^{a-1} \circ\!\!-\!\!\bullet\ \frac{\Gamma(a)}{s^a} \quad \text{für } a > 0,\ \text{reell}$$

$$\text{mit } \Gamma(a) = \int_0^\infty \xi^{a-1}\, e^{-\xi}\, d\xi$$

Asymptotisches Verhalten der Originalfunktion

$$\lim_{t \to 0} f(t) = \lim_{s \to \infty} s\, f_b(s)$$

$$\lim_{t \to \infty} f(t) = \lim_{s \to 0} s\, f_b(s)$$

Periodische Funktionen $f(t) = f(t + T)$

$$f_b(s) = \frac{1}{1 - e^{-sT}} \int_0^T f(\tau)\, e^{-s\tau}\, d\tau$$

10.2 Spezielle Funktionenpaare

10.2.1 Rationale Funktionen

Nr.	$f(t)$	$f_b(s)$
1	$\delta(t)$	1
2	$\delta(t-a)$	e^{-as}
3	1	$\dfrac{1}{s}$
4	t	$\dfrac{1}{s^2}$
5	$\dfrac{1}{2}t^2$	$\dfrac{1}{s^3}$
6	$\dfrac{1}{3!}t^3$	$\dfrac{1}{s^4}$
7	$\dfrac{1}{n!}t^n$	$\dfrac{1}{s^{n+1}}$ ($n>0$, ganzzahlig)
8	e^{at}	$\dfrac{1}{s-a}$
9	$\dfrac{1}{a}e^{-\frac{t}{a}}$	$\dfrac{1}{1+as}$
10	$\dfrac{1}{a}(e^{at}-1)$	$\dfrac{1}{s(s-a)}$
11	$1-e^{-\frac{t}{a}}$	$\dfrac{1}{s(1+as)}$
12	$t\,e^{at}$	$\dfrac{1}{(s-a)^2}$
13	$\dfrac{1}{a^2}t\,e^{-\frac{t}{a}}$	$\dfrac{1}{(1+as)^2}$
14	$\dfrac{t^{n-1}}{(n-1)!}e^{at}$	$\dfrac{1}{(s-a)^n}$ ($n>0$, ganzzahlig)
15	$\dfrac{e^{at}-e^{bt}}{a-b}$	$\dfrac{1}{(s-a)(s-b)}$
16	$\dfrac{e^{-\frac{t}{a}}-e^{-\frac{t}{b}}}{a-b}$	$\dfrac{1}{(1+as)(1+bs)}$

10.2 Spezielle Funktionenpaare

Nr.	$f(t)$	$f_b(s)$
17	$(1 + a\,t)\,e^{at}$	$\dfrac{s}{(s-a)^2}$
18	$\dfrac{1}{a^3}(a-t)\,e^{-\tfrac{t}{a}}$	$\dfrac{s}{(1+a\,s)^2}$
19	$\dfrac{a\,e^{at} - b\,e^{bt}}{a-b}$	$\dfrac{s}{(s-a)(s-b)}$
20	$\dfrac{a\,e^{-\tfrac{t}{b}} - b\,e^{-\tfrac{t}{a}}}{a\,b\,(a-b)}$	$\dfrac{s}{(1+a\,s)(1+b\,s)}$
21	$\dfrac{1}{a^2}(e^{at} - 1 - a\,t)$	$\dfrac{1}{s^2(s-a)}$
22	$a\,e^{-\tfrac{t}{a}} + t - a$	$\dfrac{1}{s^2(1+a\,s)}$
23	$\dfrac{1}{a^2}\left[1 + (a\,t - 1)\,e^{at}\right]$	$\dfrac{1}{s(s-a)^2}$
24	$1 - \dfrac{a+t}{a}\,e^{-\tfrac{t}{a}}$	$\dfrac{1}{s(1+a\,s)^2}$
25	$\dfrac{1}{a\,b} + \dfrac{b\,e^{at} - a\,e^{bt}}{a\,b\,(a-b)}$	$\dfrac{1}{s(s-a)(s-b)}$
26	$1 + \dfrac{a\,e^{-\tfrac{t}{a}} - b\,e^{-\tfrac{t}{b}}}{b-a}$	$\dfrac{1}{s(1+a\,s)(1+b\,s)}$
27	$\dfrac{1}{a^2}(e^{at}-1) - \dfrac{1}{a}\,t$	$\dfrac{1}{s^2(s-a)}$
28	$a\left(e^{-\tfrac{t}{a}} - 1\right) + t$	$\dfrac{1}{s^2(1+a\,s)}$
29	$\dfrac{(b-c)\,e^{at} + (c-a)\,e^{bt} + (a-b)\,e^{ct}}{(a-b)(a-c)(b-c)}$	$\dfrac{1}{(s-a)(s-b)(s-c)}$
30	$\dfrac{a(b-c)\,e^{-\tfrac{t}{a}} + b(c-a)\,e^{-\tfrac{t}{b}} + c(a-b)\,e^{-\tfrac{t}{c}}}{(a-b)(a-c)(b-c)}$	$\dfrac{1}{(1+a\,s)(1+b\,s)(1+c\,s)}$

Nr.	$f(t)$	$f_b(s)$
31	$\dfrac{e^{at} - [1 + (a-b)t]\,e^{bt}}{(a-b)^2}$	$\dfrac{1}{(s-a)(s-b)^2}$
32	$\dfrac{a\,b\,e^{-\frac{t}{a}} - [ab + (a-b)t]\,e^{-\frac{t}{b}}}{b(a-b)^2}$	$\dfrac{1}{(1+as)(1+bs)^2}$
33	$\dfrac{1}{2}\,t^2\,e^{at}$	$\dfrac{1}{(s-a)^3}$
34	$\dfrac{1}{2a^3}\,t^2\,e^{-\frac{t}{a}}$	$\dfrac{1}{(1+as)^3}$
35	$\dfrac{a(b-c)\,e^{at} + b(c-a)\,e^{bt} + c(a-b)\,e^{ct}}{(a-b)(a-c)(b-c)}$	$\dfrac{s}{(s-a)(s-b)(s-c)}$
36	$\dfrac{(c-b)\,e^{-\frac{t}{a}} + (a-c)\,e^{-\frac{t}{b}} + (b-a)\,e^{-\frac{t}{c}}}{(a-b)(a-c)(b-c)}$	$\dfrac{s}{(1+as)(1+bs)(1+cs)}$
37	$\dfrac{a\,e^{at} - [a + b(a-b)t]\,e^{bt}}{(a-b)^2}$	$\dfrac{s}{(s-a)(s-b)^2}$
38	$\dfrac{-b^2\,e^{-\frac{t}{a}} + [b^2 + (a-b)t]\,e^{-\frac{t}{b}}}{b^2(a-b)^2}$	$\dfrac{s}{(1+as)(1+bs)^2}$
39	$\left(t + \dfrac{1}{2}\,a\,t^2\right) e^{at}$	$\dfrac{s}{(s-a)^3}$
40	$\left(\dfrac{t}{a^3} - \dfrac{t^2}{2a^4}\right) e^{-\frac{t}{a}}$	$\dfrac{s}{(1+as)^3}$
41	$\dfrac{a^2(b-c)\,e^{at} + b^2(c-a)\,e^{bt} + c^2(a-b)\,e^{ct}}{(a-b)(a-c)(b-c)}$	$\dfrac{s^2}{(s-a)(s-b)(s-c)}$
42	$\dfrac{bc(b-c)\,e^{-\frac{t}{a}} + ac(c-a)\,e^{-\frac{t}{b}} + ab(a-b)\,e^{-\frac{t}{c}}}{abc(a-b)(a-c)(b-c)}$	$\dfrac{s^2}{(1+as)(1+bs)(1+cs)}$
43	$\dfrac{a^2\,e^{at} - [2ab - b^2 + b^2(a-b)t]\,e^{bt}}{(a-b)^2}$	$\dfrac{s^2}{(s-a)(s-b)^2}$

10.2 Spezielle Funktionenpaare

Nr.	f(t)	$f_b(s)$
44	$\dfrac{b^3 e^{-\frac{t}{a}} + [ab(a-2b)-(a-b)at] e^{-\frac{t}{b}}}{ab^3(a-b)^2}$	$\dfrac{s^2}{(1+as)(1+bs)^2}$
45	$\left(1 + 2at + \dfrac{1}{2}a^2 t^2\right) e^{at}$	$\dfrac{s^2}{(s-a)^3}$
46	$\left(\dfrac{1}{a^3} - \dfrac{2t}{a^4} + \dfrac{t^2}{2a^5}\right) e^{-\frac{t}{a}}$	$\dfrac{s^2}{(1+as)^3}$
47	$\sin at$	$\dfrac{a}{s^2+a^2}$
48	$\cos at$	$\dfrac{s}{s^2+a^2}$
49	$\sin^2 at$	$\dfrac{2a^2}{s(s^2+4a^2)}$
50	$\cos^2 at$	$\dfrac{s^2+2a^2}{s(s^2+4a^2)}$
51	$\sin(at+b)$	$\dfrac{s\sin b + a\cos b}{s^2+a^2}$
52	$\cos(at+b)$	$\dfrac{s\cos b - a\sin b}{s^2+a^2}$
53	$e^{bt} \sin at$	$\dfrac{a}{(s-b)^2+a^2}$
54	$e^{bt} \cos at$	$\dfrac{s-b}{(s-b)^2+a^2}$
55	$\sinh at$	$\dfrac{1}{s^2-a^2}$
56	$\cosh at$	$\dfrac{s}{s^2-a^2}$
57	$\sinh^2 at$	$\dfrac{2a^2}{s(s^2-4a^2)}$

Nr.	f(t)	$f_b(s)$
58	$\cosh^2 at$	$\dfrac{s^2 - 2a^2}{s(s^2 - 4a^2)}$
59	$e^{bt} \sinh at$	$\dfrac{a}{(s-b)^2 - a^2}$
60	$e^{bt} \cosh at$	$\dfrac{s-b}{(s-b)^2 - a^2}$
61	$1 - \cos at$	$\dfrac{a^2}{s(s^2 + a^2)}$
62	$\cosh at - 1$	$\dfrac{a^2}{s(s^2 - a^2)}$
63	$\dfrac{1}{2}(\sin at - at \cos at)$	$\dfrac{a^3}{(s^2 + a^2)^2}$
64	$\dfrac{t}{2} \sin at$	$\dfrac{as}{(s^2 + a^2)^2}$
65	$\dfrac{1}{2}(\sin at + at \cos at)$	$\dfrac{as^2}{(s^2 + a^2)^2}$
66	$t \cos at$	$\dfrac{s^2 - a^2}{(s^2 + a^2)^2}$
67	$\cos at - \dfrac{1}{2} at \sin at$	$\dfrac{s^3}{(s^2 + a^2)^2}$
68	$\dfrac{1}{2}(at \cosh at - \sinh at)$	$\dfrac{a^3}{(s^2 - a^2)^2}$
69	$\dfrac{t}{2} \sinh at$	$\dfrac{as}{(s^2 - a^2)^2}$
70	$\dfrac{1}{2}(\sinh at + at \cosh at)$	$\dfrac{as^2}{(s^2 - a^2)^2}$
71	$t \cosh at$	$\dfrac{s^2 + a^2}{(s^2 - a^2)^2}$
72	$\cosh at + \dfrac{at}{2} \sinh at$	$\dfrac{s^3}{(s^2 - a^2)^2}$

10.2 Spezielle Funktionenpaare

Nr.	$f(t)$	$f_b(s)$
73	$\dfrac{a \sin bt - b \sin at}{a^2 - b^2}$	$\dfrac{ab}{(s^2 + a^2)(s^2 + b^2)}$
74	$\dfrac{\cos bt - \cos at}{a^2 - b^2}$	$\dfrac{s}{(s^2 + a^2)(s^2 + b^2)}$
75	$\dfrac{a \sin at - b \sin bt}{a^2 - b^2}$	$\dfrac{s^2}{(s^2 + a^2)(s^2 + b^2)}$
76	$\dfrac{a^2 \cos at - b^2 \cos bt}{a^2 - b^2}$	$\dfrac{s^3}{(s^2 + a^2)(s^2 + b^2)}$
77	$\dfrac{b \sinh at - a \sinh bt}{a^2 - b^2}$	$\dfrac{ab}{(s^2 - a^2)(s^2 - b^2)}$
78	$\dfrac{\cosh at - \cosh bt}{a^2 - b^2}$	$\dfrac{s}{(s^2 - a^2)(s^2 - b^2)}$
79	$\dfrac{a \sinh at - b \sinh bt}{a^2 - b^2}$	$\dfrac{s^2}{(s^2 - a^2)(s^2 - b^2)}$
80	$\dfrac{a^2 \cosh at - b^2 \cosh bt}{a^2 - b^2}$	$\dfrac{s^3}{(s^2 - a^2)(s^2 - b^2)}$
81	$t - \dfrac{1}{a} \sin at$	$\dfrac{a^2}{s^2(s^2 + a^2)}$
82	$\dfrac{1}{a} \sinh at - t$	$\dfrac{a^2}{s^2(s^2 - a^2)}$
83	$1 - \cos at - \dfrac{at}{2} \sin at$	$\dfrac{a^4}{s(s^2 + a^2)^2}$
84	$1 - \cosh at + \dfrac{at}{2} \sinh at$	$\dfrac{a^4}{s(s^2 - a^2)^2}$
85	$1 + \dfrac{b^2 \cos at - a^2 \cos bt}{a^2 - b^2}$	$\dfrac{a^2 b^2}{s(s^2 + a^2)(s^2 + b^2)}$
86	$1 + \dfrac{b^2 \cosh at - a^2 \cosh bt}{a^2 - b^2}$	$\dfrac{a^2 b^2}{s(s^2 - a^2)(s^2 - b^2)}$
87	$\dfrac{1}{8}[(3 - a^2 t^2) \sin at - 3at \cos at]$	$\dfrac{a^5}{(s^2 + a^2)^3}$

Nr.	$f(t)$	$f_b(s)$
88	$\dfrac{t}{8}(\sin at - at \cos at)$	$\dfrac{a^3 s}{(s^2 + a^2)^3}$
89	$\dfrac{1}{8}[(1 + a^2 t^2)\sin at - at \cos at]$	$\dfrac{a^3 s^2}{(s^2 + a^2)^3}$
90	$\dfrac{1}{8}(3t \sin at + at^2 \cos at)$	$\dfrac{a s^3}{(s^2 + a^2)^3}$
91	$\dfrac{1}{8}[(3 - a^2 t^2)\sin at + 5 at \cos at]$	$\dfrac{a s^4}{(s^2 + a^2)^3}$
92	$\dfrac{1}{8}[(8 - a^2 t^2)\cos at - 7 at \sin at]$	$\dfrac{s^5}{(s^2 + a^2)^3}$
93	$\dfrac{t^2 \sin at}{2a}$	$\dfrac{3 s^2 - a^2}{(s^2 + a^2)^3}$
94	$\dfrac{1}{2} t^2 \cos at$	$\dfrac{s^3 - 3a^2 s}{(s^2 + a^2)^3}$
95	$\dfrac{1}{6} t^3 \cos at$	$\dfrac{s^4 - 6 a^2 s^2 + a^4}{(s^2 + a^2)^4}$
96	$\dfrac{t^3 \sin at}{24 a}$	$\dfrac{s^3 - a^2 s}{(s^2 + a^2)^4}$
97	$\dfrac{1}{8}[(3 + a^2 t^2)\sinh at - 3 at \cosh at]$	$\dfrac{a^5}{(s^2 - a^2)^3}$
98	$\dfrac{t}{8}(at \cosh at - \sinh at)$	$\dfrac{a^3 s}{(s^2 - a^2)^3}$
99	$\dfrac{1}{8}[at \cosh at - (1 - a^2 t^2)\sinh at]$	$\dfrac{a^3 s^2}{(s^2 - a^2)^3}$
100	$\dfrac{1}{8}(3t \sinh at + a t^2 \cosh at)$	$\dfrac{a s^3}{(s^2 - a^2)^3}$
101	$\dfrac{1}{8}[(3 + a^2 t^2)\sinh at + 5 at \cosh at]$	$\dfrac{a s^4}{(s^2 - a^2)^3}$
102	$\dfrac{1}{8}[(8 + a^2 t^2)\cosh at + 7 at \sinh at]$	$\dfrac{s^5}{(s^2 - a^2)^3}$

Nr.	f(t)	$f_b(s)$
103	$\dfrac{t^2 \sinh at}{2a}$	$\dfrac{3s^2 + a^2}{(s^2 - a^2)^3}$
104	$\dfrac{1}{2} t^2 \cosh at$	$\dfrac{s^3 + 3a^2 s}{(s^2 - a^2)^3}$
105	$\dfrac{1}{6} t^3 \cosh at$	$\dfrac{s^4 + 6a^2 s^2 + a^4}{(s^2 - a^2)^4}$
106	$\dfrac{t^3 \sinh at}{24 a}$	$\dfrac{s^3 + a^2 s}{(s^2 - a^2)^4}$
107	$\dfrac{e^{\frac{at}{2}}}{3a^2}\left(\sqrt{3}\sin\dfrac{\sqrt{3}\,at}{2} - \cos\dfrac{\sqrt{3}\,at}{2} + e^{-\frac{3at}{2}}\right)$	$\dfrac{1}{s^3 + a^3}$
108	$\dfrac{e^{\frac{at}{2}}}{3a}\left(\cos\dfrac{\sqrt{3}\,at}{2} + \sqrt{3}\sin\dfrac{\sqrt{3}\,at}{2} - e^{-\frac{3at}{2}}\right)$	$\dfrac{s}{s^3 + a^3}$
109	$\dfrac{1}{3}\left(e^{-at} + 2 e^{\frac{at}{2}} \cos\dfrac{\sqrt{3}\,at}{2}\right)$	$\dfrac{s^2}{s^3 + a^3}$
110	$\dfrac{e^{-\frac{at}{2}}}{3a^2}\left(e^{\frac{3at}{2}} - \cos\dfrac{\sqrt{3}\,at}{2} - \sqrt{3}\sin\dfrac{\sqrt{3}\,at}{2}\right)$	$\dfrac{1}{s^3 - a^3}$
111	$\dfrac{e^{-\frac{at}{2}}}{3a}\left(-\sqrt{3}\sin\dfrac{\sqrt{3}\,at}{2} - \cos\dfrac{\sqrt{3}\,at}{2} + e^{\frac{3at}{2}}\right)$	$\dfrac{s}{s^3 - a^3}$
112	$\dfrac{1}{3}\left(e^{at} - 2 e^{-\frac{at}{2}} \cos\dfrac{\sqrt{3}\,at}{2}\right)$	$\dfrac{s^2}{s^3 - a^3}$
113	$\dfrac{1}{\sqrt{2}}\left(\sin\dfrac{at}{\sqrt{2}}\cosh\dfrac{at}{\sqrt{2}} - \cos\dfrac{at}{\sqrt{2}}\sinh\dfrac{at}{\sqrt{2}}\right)$	$\dfrac{a^3}{s^4 + a^4}$
114	$\sin\dfrac{at}{\sqrt{2}} \sinh\dfrac{at}{\sqrt{2}}$	$\dfrac{a^2 s}{s^4 + a^4}$

Nr.	f(t)	$f_b(s)$
115	$\dfrac{1}{\sqrt{2}}\left(\cos\dfrac{at}{\sqrt{2}}\sinh\dfrac{at}{\sqrt{2}} + \sin\dfrac{at}{\sqrt{2}}\cosh\dfrac{at}{\sqrt{2}}\right)$	$\dfrac{a\,s^2}{s^4 + a^4}$
116	$\cos\dfrac{at}{\sqrt{2}}\cosh\dfrac{at}{\sqrt{2}}$	$\dfrac{s^3}{s^4 + a^4}$
117	$\dfrac{1}{2}(\sinh at - \sin at)$	$\dfrac{a^3}{s^4 - a^4}$
118	$\dfrac{1}{2}(\cosh at - \cos at)$	$\dfrac{a^2 s}{s^4 - a^4}$
119	$\dfrac{1}{2}(\sinh at + \sin at)$	$\dfrac{a\,s^2}{s^4 - a^4}$
120	$\dfrac{1}{2}(\cosh at + \cos at)$	$\dfrac{s^3}{s^4 - a^4}$
121	$\sin at \sinh at$	$\dfrac{2\,a^2 s}{s^4 + 4 a^4}$
122	$\cos at \sinh at$	$\dfrac{a(s^2 - 2 a^2)}{s^4 + 4 a^4}$
123	$\sin at \cosh at$	$\dfrac{a(s^2 + 2 a^2)}{s^4 + 4 a^4}$
124	$\cos at \cosh at$	$\dfrac{s^3}{s^4 + 4 a^4}$

10.2.2 Irrationale und transzendente Funktionen

Nr.	f(t)	$f_b(s)$
125	$\dfrac{1}{\sqrt{\pi t}}$	$\dfrac{1}{\sqrt{s}}$
126	$2\sqrt{\dfrac{t}{\pi}}$	$\dfrac{1}{s\sqrt{s}}$
127	$\dfrac{4}{3}t\sqrt{\dfrac{t}{\pi}}$	$\dfrac{1}{s^2\sqrt{s}}$

10.2 Spezielle Funktionenpaare

Nr.	$f(t)$	$f_b(s)$
128	$\dfrac{1 + 2at}{\sqrt{\pi t}}$	$\dfrac{s + a}{s\sqrt{s}}$
129	$\dfrac{e^{-at}}{\sqrt{\pi t}}$	$\dfrac{1}{\sqrt{s + a}}$
130	$\dfrac{\operatorname{erf}\sqrt{at}}{\sqrt{a}}$	$\dfrac{1}{s\sqrt{s + a}}$
131	$\dfrac{1}{2t\sqrt{\pi t}}(e^{bt} - e^{at})$	$\sqrt{s - a} - \sqrt{s - b}$
132	$\dfrac{e^{at}\operatorname{erf}\sqrt{at}}{\sqrt{a}}$	$\dfrac{1}{\sqrt{s}(s - a)}$
133	$J_0(at)$	$\dfrac{1}{\sqrt{s^2 + a^2}}$
134	$\dfrac{\sin at}{t\sqrt{2\pi t}}$	$\sqrt{\sqrt{s^2 + a^2} - s}$
135	$\sqrt{\dfrac{2}{\pi t}}\sin at$	$\sqrt{\dfrac{\sqrt{s^2 + a^2} - s}{s^2 + a^2}}$
136	$\sqrt{\dfrac{2}{\pi t}}\cos at$	$\sqrt{\dfrac{\sqrt{s^2 + a^2} + s}{s^2 + a^2}}$
137	$\sqrt{\dfrac{2}{\pi t}}\sinh at$	$\sqrt{\dfrac{\sqrt{s^2 - a^2} - s}{s^2 - a^2}}$
138	$\sqrt{\dfrac{2}{\pi t}}\cosh at$	$\sqrt{\dfrac{\sqrt{s^2 - a^2} + s}{s^2 - a^2}}$
139	$\dfrac{t^{\nu - 1}}{\Gamma(\nu)}$	$\dfrac{1}{s^\nu}$, $\operatorname{Re}(\nu) > 0$
140	$\dfrac{4^n n!}{(2n)!\sqrt{\pi}}t^{n - \frac{1}{2}}$	$\dfrac{1}{s^n \sqrt{s}}$
141	$\dfrac{t^{\nu - 1}}{\Gamma(\nu)}e^{-at}$	$\dfrac{1}{(s + a)^\nu}$

Nr.	$f(t)$	$f_b(s)$
142	$\dfrac{t\,J_1(at)}{a}$	$\dfrac{1}{(s^2+a^2)^{\frac{3}{2}}}$
143	$t\,J_0(at)$	$\dfrac{s}{(s^2+a^2)^{\frac{3}{2}}}$
144	$J_0(at) - at\,J_1(at)$	$\dfrac{s^2}{(s^2+a^2)^{\frac{3}{2}}}$
145	$\dfrac{\cos 2\sqrt{at}}{\sqrt{\pi t}}$	$\dfrac{e^{-\frac{a}{s}}}{\sqrt{s}}$
146	$\dfrac{\sin 2\sqrt{at}}{\sqrt{\pi a}}$	$\dfrac{e^{-\frac{a}{s}}}{s^{\frac{3}{2}}}$
147	$\left(\dfrac{t}{a}\right)^{\frac{n}{2}} J_n(2\sqrt{at})$	$\dfrac{e^{-\frac{a}{s}}}{s^{n+1}} \quad (n>-1)$
148	$\dfrac{a}{2\sqrt{\pi t^3}} e^{-\frac{a^2}{4t}} = \psi(a,t)$	$e^{-a\sqrt{s}}$
149	$\dfrac{e^{-\frac{a^2}{4t}}}{\sqrt{\pi t}} = \chi(a,t)$	$\dfrac{e^{-a\sqrt{s}}}{\sqrt{s}}$
150	$\operatorname{erf}\left(\dfrac{a}{2\sqrt{t}}\right)$	$\dfrac{1-e^{-a\sqrt{s}}}{s}$
151	$\operatorname{erfc}\left(\dfrac{a}{2\sqrt{t}}\right)$	$\dfrac{e^{-a\sqrt{s}}}{s}$
152	$-\ln t - C$	$\dfrac{\ln s}{s}$
153	$(\ln t + C)^2 - \dfrac{\pi^2}{6}$	$\dfrac{(\ln s)^2}{s}$

10.2 Spezielle Funktionenpaare

Nr.	$f(t)$	$f_b(s)$
154	$\int_0^\infty \dfrac{t^{u-1}}{\Gamma(u)}\,du$	$\dfrac{1}{\ln s}$
155	$\dfrac{1-e^{at}}{t}$	$\ln \dfrac{s-a}{s}$
156	$\dfrac{e^{bt}-e^{at}}{t}$	$\ln \dfrac{s-a}{s-b}$
157	$\dfrac{2}{t}\sinh at$	$\ln \dfrac{s+a}{s-a}$
158	$\dfrac{2}{t}(1-\cos at)$	$\ln \dfrac{s^2+a^2}{s^2}$
159	$\dfrac{2}{t}(\cos bt - \cos at)$	$\ln \dfrac{s^2+a^2}{s^2+b^2}$
160	$\dfrac{\cos a\sqrt{t}}{\pi\sqrt{t}}$	$\chi(a,s)$
161	$\dfrac{\sin a\sqrt{t}}{\pi}$	$\psi(a,s)$
162	$\dfrac{\cosh 2\sqrt{t}}{\sqrt{\pi t}}$	$\dfrac{e^{\frac{1}{s}}}{\sqrt{s}}$
163	$\dfrac{\sinh 2\sqrt{t}}{\sqrt{\pi}}$	$\dfrac{e^{\frac{1}{s}}}{s\sqrt{s}}$
164	$\dfrac{\sinh\sqrt{2at}\,\sin\sqrt{2at}}{\sqrt{\pi t}}$	$\dfrac{1}{\sqrt{s}}\sin\dfrac{a}{s}$
165	$\dfrac{\cosh\sqrt{2at}\,\sin\sqrt{2at}}{\sqrt{\pi a}}$	$\dfrac{1}{s\sqrt{s}}\sin\dfrac{a}{s}$
166	$\dfrac{\cosh\sqrt{2at}\,\cos\sqrt{2at}}{\sqrt{\pi t}}$	$\dfrac{1}{\sqrt{s}}\cos\dfrac{a}{s}$
167	$\dfrac{\sinh\sqrt{2at}\,\cos\sqrt{2at}}{\sqrt{\pi a}}$	$\dfrac{1}{s\sqrt{s}}\cos\dfrac{a}{s}$

Nr.	f(t)	$f_b(s)$
168	$\dfrac{\cosh 2\sqrt{at} - \cos 2\sqrt{at}}{2\sqrt{\pi t}}$	$\dfrac{1}{\sqrt{s}} \sinh \dfrac{a}{s}$
169	$\dfrac{\sinh 2\sqrt{at} - \sin 2\sqrt{at}}{2\sqrt{\pi a}}$	$\dfrac{1}{s\sqrt{s}} \sinh \dfrac{a}{s}$
170	$\dfrac{\cosh 2\sqrt{at} + \cos 2\sqrt{at}}{2\sqrt{\pi t}}$	$\dfrac{1}{\sqrt{s}} \cosh \dfrac{a}{s}$
171	$\dfrac{\sinh 2\sqrt{at} + \sin 2\sqrt{at}}{2\sqrt{\pi a}}$	$\dfrac{1}{s\sqrt{s}} \cosh \dfrac{a}{s}$
172	$\dfrac{\sin at}{t}$	$\arctan \dfrac{a}{s}$
173	$\dfrac{2}{t} \sin at \cos bt$	$\arctan \dfrac{2as}{s^2 - a^2 + b^2}$
174	$\dfrac{e^{at} - 1}{t} \sin bt$	$\arctan \dfrac{s^2 - as + b}{ab}$
175	$\displaystyle\sum_{n=-\infty}^{\infty} \psi(2nl + l - x, t)$	$\dfrac{\sinh(\sqrt{s}\, x)}{\sinh(\sqrt{s}\, l)} \quad (-l < x < l)$
176	$\displaystyle\sum_{n=-\infty}^{\infty} \psi(2nl + x, t)$	$\dfrac{\sinh[\sqrt{s}\,(l-x)]}{\sinh(\sqrt{s}\, l)} \quad (0 < x < 2l)$
177	$\dfrac{1}{2} \displaystyle\sum_{n=-\infty}^{\infty} [\chi(2nl + x - v, t) - \chi(2nl + x + v, t)]$	$\gamma(x, v, \sqrt{s}) = \begin{cases} \dfrac{\sinh(\sqrt{s}\, v) \sinh[\sqrt{s}\,(l-x)]}{\sqrt{s}\, \sinh(\sqrt{s}\, l)} \\ \qquad (0 \leq v \leq x) \\ \dfrac{\sinh(\sqrt{s}\, x) \sinh[\sqrt{s}\,(l-v)]}{\sqrt{s}\, \sinh(\sqrt{s}\, l)} \\ \qquad (x \leq v \leq l) \end{cases}$

10.2 Spezielle Funktionenpaare

Nr.	f(t)	$f_b(s)$
178	$\dfrac{1}{2}\,[\chi(x-v,t) - \chi(x+v,t)]$	$\gamma(x,v,\sqrt{s}) = \begin{cases} \dfrac{1}{\sqrt{s}}\,e^{-\sqrt{s}\,x}\,\sinh(\sqrt{s}\,v) \\ \qquad (0 \leqslant v \leqslant x) \\[2ex] \dfrac{1}{\sqrt{s}}\,e^{-\sqrt{s}\,v}\,\sinh(\sqrt{s}\,x) \\ \qquad (x \leqslant v < \infty) \end{cases}$

10.2.3 Stückweise stetige Funktionen

Nr.	f(t)	$f_b(s)$
179		$\dfrac{A}{s}\,e^{-as}$
180		$\dfrac{A}{s}\,(1 - e^{-as})^2$
181		$\dfrac{A}{s}\,(e^{-as} - e^{-bs})^2$

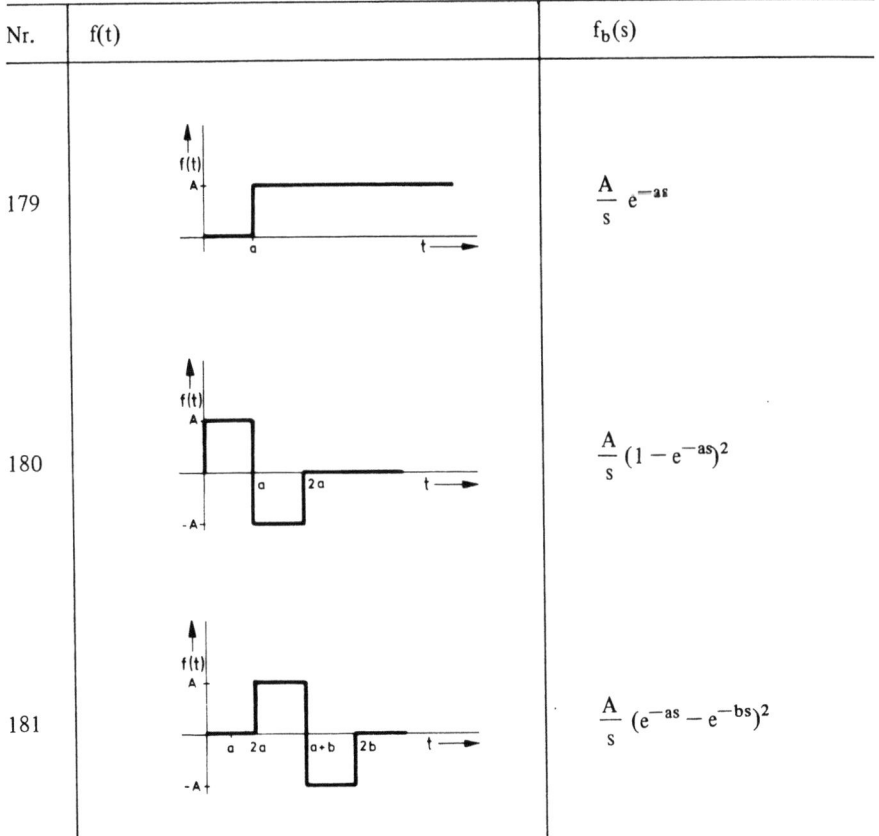

Nr.	f(t)	$f_b(s)$
182	(rectangular pulse from a to b, height A)	$\dfrac{A}{s}(e^{-as} - e^{-bs})$
183	(ramp from a to b, then constant A)	$\dfrac{A}{b-a}\dfrac{e^{-as} - e^{-bs}}{s^2}$
184	(triangular pulse, vertices at a, a+b, 2b)	$\dfrac{A}{b-a}\dfrac{(e^{-as} - e^{-bs})^2}{s^2}$
185	(descending ramp from A at 0 to 0 at a)	$\dfrac{A}{a s^2}(e^{-as} + as - 1)$
186	$\begin{cases} 0 & \text{für } 0 < t < a \\ A e^{-b(t-a)} & \text{für } a < t < \infty \end{cases}$	$\dfrac{A}{s+b}e^{-as}$

10.2 Spezielle Funktionenpaare

Nr.	f(t)	$f_b(s)$
187	$\begin{cases} 0 & \text{für } 0 < t < a \\ A[1 - e^{-b(t-a)}] & \text{für } a < t < \infty \end{cases}$	$\dfrac{A\,b}{s(s+b)}\, e^{-as}$
188	$\begin{cases} A \sin \dfrac{\pi\, t}{a} & \text{für } 0 \leq t \leq a \\ 0 & \text{für } a < t < \infty \end{cases}$	$\dfrac{A\,\pi}{a}\, \dfrac{1 + e^{-as}}{s^2 + \left(\dfrac{\pi}{a}\right)^2}$
189	(Rechteckimpulsfolge mit Periode $2a$)	$\dfrac{A}{s}\, \dfrac{1}{1 + e^{-as}}$
190	(verschobene Rechteckimpulsfolge)	$\dfrac{A}{s}\, \dfrac{1}{1 + e^{as}}$
191	(schmale Rechteckimpulsfolge, Breite $\dfrac{a}{n}$, Periode a)	$\dfrac{A}{s}\, \dfrac{1 - e^{-\tfrac{a}{n}s}}{1 - e^{-as}}$

Nr.	f(t)	$f_b(s)$
192	(square wave, amplitude $\pm A$, period $2a$, starting at $+A$ on $[0,a]$)	$\dfrac{A}{s}\dfrac{1-e^{-as}}{1+e^{-as}}$
193	(square wave, amplitude $\pm A$, starting at 0 on $[0,a]$, then $+A$ on $[a,2a]$, etc.)	$\dfrac{A}{s}\dfrac{1-e^{-as}}{1+e^{as}}$
194	(descending staircase converging to $A/2$); $\dfrac{A}{2}+(-1)^n\dfrac{A}{2^{n+1}}$ für $na<t<(n+1)a$	$\dfrac{A}{s}\dfrac{4-e^{-as}}{4+2e^{-as}}$
195	(pulse train, alternating $\pm A$ with gaps)	$\dfrac{A}{s}\dfrac{1-e^{-as}}{e^{as}+e^{-as}}$
196	(ascending staircase: $A, 2A, 3A, 4A, \ldots$)	$\dfrac{A}{s}\dfrac{1}{e^{as}-1}$

10.2 Spezielle Funktionenpaare

Nr.	f(t)	$f_b(s)$
197		$\dfrac{A}{s} \dfrac{1}{1-e^{-as}}$
198		$\dfrac{A}{as^2} \dfrac{1-e^{-as}}{1+e^{-as}}$
199		$\dfrac{A}{as^2} \dfrac{(1-e^{-as})^2}{1-e^{-4as}}$
200		$\dfrac{2nA}{as^2} \dfrac{\left(1-e^{-\frac{as}{2n}}\right)^2}{1-e^{-as}}$
201		$\dfrac{A}{as^2} \dfrac{2-as-(2+as)e^{-as}}{1+e^{-as}}$
202		$\dfrac{A}{as^2} \dfrac{1+as-e^{as}}{1-e^{as}}$

Nr.	f(t)	$f_b(s)$
203		$\dfrac{A}{a s^2} \dfrac{1-(1+as)e^{-as}}{1-e^{-2as}}$
204		$\dfrac{A}{a s^2} \dfrac{n-(n+as)e^{-\frac{as}{n}}}{1-e^{-as}}$
205		$\dfrac{A}{a s^2} \dfrac{2-as-(2+as)e^{-as}}{1-e^{-as}}$
206		$\dfrac{A}{a s^2} \dfrac{e^{-as}+as-1}{1-e^{-as}}$
207		$\dfrac{A\left[b(b-1)+be^{-as}-b^2 e^{-\frac{as}{b}}\right]}{(b-1)a s^2 (1-e^{-as})}$
208		$\dfrac{A\left[b(b-1)+be^{-as}-b^2 e^{-\frac{as}{b}}\right]}{(b-1)a s^2 (1-e^{-2as})}$

10.2 Spezielle Funktionenpaare

Nr.	f(t)	$f_b(s)$
209	(Diagramm: f(t), b>1, Sägezahn mit Abständen a/nb, a/n, a)	$\dfrac{A\left[nb(b-1) + nbe^{-\frac{as}{n}} - nb^2 e^{-\frac{as}{nb}}\right]}{(b-1)\, a\, s^2\, (1 - e^{-as})}$
210	(Diagramm: f(t), A, Vollweg-Gleichrichtung, Perioden a, 2a, 3a, 4a)	$\dfrac{A\dfrac{\pi}{a}}{s^2 + \left(\dfrac{\pi}{a}\right)^2} \cdot \dfrac{1 + e^{-as}}{1 - e^{-as}}$
211	(Diagramm: f(t), A, Halbwellen mit Lücken, Perioden a, 2a, 3a, 4a)	$\dfrac{A\dfrac{\pi}{a}}{s^2 + \left(\dfrac{\pi}{a}\right)^2} \cdot \dfrac{1}{1 + e^{-as}}$
212	(Diagramm: f(t), A, Halbwellen versetzt, Perioden a, 2a, 3a, 4a)	$\dfrac{A\dfrac{\pi}{a}}{s^2 + \left(\dfrac{\pi}{a}\right)^2} \cdot \dfrac{1}{e^{as} + 1}$

10.2.4 Funktionenverzeichnis

$\delta(t)$ Dirac-Stoß, Stoßfunktion

$$\chi(a, t) = \frac{1}{\sqrt{\pi\, t}}\, e^{-\frac{a^2}{4t}}$$

$$\psi(a, t) = \frac{a}{2\sqrt{\pi}\, t^{\frac{3}{2}}}\, e^{-\frac{a^2}{4t}}$$

$$\operatorname{erfc} x = \frac{2}{\sqrt{\pi}} \int_0^x e^{-u^2}\, du$$

erfc x = 1 − erf x

$$J_0(t) = \sum_{\nu=0}^{\infty} (-1)^\nu \frac{\left(\frac{t}{2}\right)^{2\nu}}{(\nu!)^2}$$

$$J_k(t) = \sum_{\nu=0}^{\infty} (-1)^\nu \frac{\left(\frac{t}{2}\right)^{2\nu+k}}{\nu!\,\Gamma(k+\nu+1)}$$

10.3 Kurzschlußkernimpedanzen

(Die Variable $j\omega$ wird durch die Variable s substituiert).

Nr.	Schaltung	$Z_k(s)$
1	R (Widerstand)	R
2	L (Induktivität)	L s
3	C (Kapazität)	$\frac{1}{C}\frac{1}{s}$

10.3 Kurzschlußkernimpedanzen

Nr.	Schaltung	$Z_k(s)$
4	R — L (Serie)	$R + Ls$
5	R — C (Serie)	$R + \dfrac{1}{C}\dfrac{1}{s}$
6	L — C (Serie)	$Ls + \dfrac{1}{C}\dfrac{1}{s}$
7	R ∥ L	$R\,\dfrac{s}{s+\dfrac{R}{L}}$
8	R ∥ C	$\dfrac{1}{C}\,\dfrac{1}{s+\dfrac{1}{RC}}$

Nr.	Schaltung	$Z_k(s)$
9	(L || C)	$\dfrac{1}{C} \dfrac{s}{s^2 + \dfrac{1}{LC}}$
10	R – L – C in Reihe	$R + Ls + \dfrac{1}{C}\dfrac{1}{s}$
11	(R || L || C)	$\dfrac{1}{C} \dfrac{s}{s^2 + \dfrac{1}{RC}s + \dfrac{1}{LC}}$
12	(R || C) in Reihe mit L	$L \dfrac{s^2 + \dfrac{1}{RC}s + \dfrac{1}{LC}}{s + \dfrac{1}{RC}}$
13	(R || L) in Reihe mit C	$R \dfrac{s^2 + \dfrac{1}{RC}s + \dfrac{1}{LC}}{s\left(s + \dfrac{R}{L}\right)}$

10.3 Kurzschlußkernimpedanzen

Nr.	Schaltung	$Z_k(s)$
14		$R + \dfrac{s}{C\left(s^2 + \dfrac{1}{LC}\right)}$
15		$R_2 + R_1 \dfrac{s}{s + \dfrac{R_1}{L}}$
16		$L_2 s + R \dfrac{s}{s + \dfrac{R}{L_1}}$
17		$R_2 + \dfrac{1}{C\left(s + \dfrac{1}{R_1 C}\right)}$
18		$\dfrac{C_1 + C_2}{C_1 C_2} \dfrac{s + \dfrac{1}{R(C_1 + C_2)}}{s\left(s + \dfrac{1}{RC_1}\right)}$

Nr.	Schaltung	$Z_k(s)$
19		$L_2 \dfrac{s\left(s^2 + \dfrac{L_1 + L_2}{L_1 L_2 C}\right)}{s^2 + \dfrac{1}{L_1 C}}$
20		$\dfrac{C_1 + C_2}{C_1 C_2} \dfrac{s^2 + \dfrac{1}{L(C_1 + C_2)}}{s\left(s^2 + \dfrac{1}{LC_1}\right)}$
21		$R_1 \dfrac{s + \dfrac{R_2}{L}}{s + \dfrac{R_1 + R_2}{L}}$
22		$\dfrac{R_1 R_2}{R_1 + R_2} \dfrac{s + \dfrac{1}{R_2 C}}{s + \dfrac{1}{(R_1 + R_2) C}}$
23		$\dfrac{s L_1 L_2}{L_1 + L_2} \dfrac{s + \dfrac{R}{L_2}}{s + \dfrac{R}{L_1 + L_2}}$

10.3 Kurzschlußkernimpedanzen

Nr.	Schaltung	$Z_k(s)$
24	C_1 parallel to (R series C_2)	$\dfrac{1}{C_1} \dfrac{s + \dfrac{1}{RC_2}}{s\left(s + \dfrac{C_1 + C_2}{RC_1 C_2}\right)}$
25	(R_1 series L_1) parallel (R_2 series L_2)	$\dfrac{L_1 L_2}{L_1 + L_2} \dfrac{\left(s + \dfrac{R_1}{L_1}\right)\left(s + \dfrac{R_2}{L_2}\right)}{s + \dfrac{R_1 + R_2}{L_1 + L_2}}$
26	(R_1 series C_1) parallel (R_2 series C_2)	$\dfrac{\left(s + \dfrac{1}{R_1 C_1}\right)\left(s + \dfrac{1}{R_2 C_2}\right)}{\dfrac{1}{R_2} s\left(s + \dfrac{1}{R_1 C_1}\right) + \dfrac{1}{R_1} s\left(s + \dfrac{1}{R_2 C_2}\right)}$
27	(R_2 series L_2) parallel R_1 parallel L_1	$R_1 \dfrac{s\left(s + \dfrac{R_2}{L_2}\right)}{\left(s + \dfrac{R_1}{L_1}\right)\left(s + \dfrac{R_2}{L_2}\right) + \dfrac{R_1}{L_2} s}$
28	(R_2 series C_2) parallel R_1 parallel C_1	$\dfrac{1}{C_1} \dfrac{s + \dfrac{1}{R_2 C_2}}{\left(s + \dfrac{1}{R_1 C_1}\right)\left(s + \dfrac{1}{R_2 C_2}\right) + \dfrac{1}{R_2 C_1} s}$

Nr.	Schaltung	$Z_k(s)$
29	R_1, L_1 parallel in series with R_2, L_2 parallel	$\dfrac{R_2 s\left(s+\dfrac{R_1}{L_1}\right) + R_1 s\left(s+\dfrac{R_2}{L_2}\right)}{\left(s+\dfrac{R_1}{L_1}\right)\left(s+\dfrac{R_2}{L_2}\right)}$
30	R_1, C_1 parallel in series with R_2, C_2 parallel	$\dfrac{\dfrac{1}{C_2}\left(s+\dfrac{1}{R_1 C_1}\right) + \dfrac{1}{C_1}\left(s+\dfrac{1}{R_2 C_2}\right)}{\left(s+\dfrac{1}{R_1 C_1}\right)\left(s+\dfrac{1}{R_2 C_2}\right)}$
31	R_1, L_1 parallel in series with R_2 and L_2	$\dfrac{R_1 s + L_2\left(s+\dfrac{R_1}{L_1}\right)\left(s+\dfrac{R_2}{L_2}\right)}{\left(s+\dfrac{R_1}{L_1}\right)}$
32	R_1, C_1 parallel in series with R_2 and C_2	$\dfrac{\dfrac{1}{C_1} s + R_2\left(s+\dfrac{1}{R_1 C_1}\right)\left(s+\dfrac{1}{R_2 C_2}\right)}{s\left(s+\dfrac{1}{R_1 C_1}\right)}$
33	R_1, L parallel in series with R_2, C parallel	$\dfrac{R_1 s\left(s+\dfrac{1}{R_2 C}\right) + \dfrac{1}{C}\left(s+\dfrac{R_1}{L}\right)}{\left(s+\dfrac{R_1}{L}\right)\left(s+\dfrac{1}{R_2 C}\right)}$

10.3 Kurzschlußkernimpedanzen

Nr.	Schaltung	$Z_k(s)$
34	$R_1 \parallel L$ in Reihe mit R_2 und C	$(R_1+R_2)\dfrac{s^2+\dfrac{R_1R_2C+L}{(R_1+R_2)CL}s+\dfrac{R_1}{(R_1+R_2)CL}}{s\left(s+\dfrac{R_1}{L}\right)}$
35	$R_1 \parallel C$ in Reihe mit R_2 und L	$L\dfrac{\dfrac{1}{CL}+\left(s+\dfrac{1}{R_1C}\right)\left(s+\dfrac{R_2}{L}\right)}{s+\dfrac{1}{R_1C}}$
36	R_3 parallel zu (R_1, R_2 in Reihe), mit L am Mittelabgriff	$\dfrac{(R_1+R_2)R_3}{R_1+R_2+R_3}\dfrac{s+\dfrac{R_1R_2}{(R_1+R_2)L}}{s+\dfrac{R_1R_2}{(R_1+R_2+R_3)L}}$
37	L_1 parallel zu (R_1, R_2 in Reihe), mit L_2 am Mittelabgriff	$(R_1+R_2)\dfrac{s\left(s+\dfrac{R_1R_2}{(R_1+R_2)L_2}\right)}{s^2+s\dfrac{R_1+R_2}{L_1}+\dfrac{R_1R_2}{L_1L_2}}$
38	C parallel zu (R_1, R_2 in Reihe), mit L am Mittelabgriff	$\dfrac{1}{C}\dfrac{s+\dfrac{R_1R_2}{(R_1+R_2)L}}{s\left(s+\dfrac{R_1R_2C+L}{(R_1+R_2)LC}\right)}$

Nr.	Schaltung	$Z_k(s)$
39		$R_3 \dfrac{s + \dfrac{R_1 + R_2}{R_1 R_2 C}}{s + \dfrac{R_1 + R_2 + R_3}{R_1 R_2 C}}$
40		$\dfrac{R_1 R_2 L C}{L + R_1 R_2 C} \dfrac{s\left(s + \dfrac{R_1 + R_2}{R_1 R_2 C}\right)}{s + \dfrac{R_1 + R_2}{L + R_1 R_2 C}}$
41		$\dfrac{1}{C_1} \dfrac{s + \dfrac{R_1 + R_2}{R_1 R_2 C_2}}{s^2 + \dfrac{R_1 + R_2}{R_1 R_2 C_2} s + \dfrac{1}{R_1 R_2 C_1 C_2}}$
42		$(R_1 + R_2) \dfrac{\left(s + \dfrac{R_3}{L_1}\right)\left(s + \dfrac{R_1 R_2}{(R_1 + R_2) L_2}\right)}{s^2 + \dfrac{R_1 + R_2 + R_3}{L_1} s + \dfrac{R_1 R_2}{L_1 L_2}}$
43		$\dfrac{(R_1 + R_2) R_3}{R_1 + R_2 + R_3} \dfrac{\left(s + \dfrac{1}{R_3 C}\right)\left(s + \dfrac{R_1 R_2}{(R_1 + R_2) L}\right)}{s\left(s + \dfrac{L + R_1 R_2 C}{(R_1 + R_2 + R_3) C L}\right)}$

10.3 Kurzschlußkernimpedanzen

Nr.	Schaltung	$Z_k(s)$
44		$\dfrac{\dfrac{(R_1+R_2)R_3}{R_1+R_2+R_3}\,s\left(s+\dfrac{R_1R_2}{(R_1+R_2)L_2}\right)}{s^2+\dfrac{R_1R_2L_1+(R_1+R_2)R_3L_2}{(R_1+R_2+R_3)L_1L_2}\,s+\dfrac{R_1R_2R_3}{(R_1+R_2+R_3)L_1L_2}}$
45		$\dfrac{1}{C}\,\dfrac{s+\dfrac{R_1R_2}{(R_1+R_2)L}}{s^2+\dfrac{(R_1+R_2+R_3)L+R_1R_2R_3C}{(R_1+R_2)R_3CL}\,s+\dfrac{R_1R_2}{(R_1+R_2)R_3CL}}$
46		$\dfrac{R_1R_2CL}{R_1R_2C+L}\,\dfrac{\left(s+\dfrac{R_3}{L}\right)\left(s+\dfrac{R_1+R_2}{R_1R_2C}\right)}{s+\dfrac{R_1+R_2+R_3}{R_1R_2C+L}}$
47		$R_3\,\dfrac{\left(s+\dfrac{1}{R_3C_1}\right)\left(s+\dfrac{R_1+R_2}{R_1R_2C_2}\right)}{s^2+\dfrac{R_1+R_2+R_3}{R_1R_2C_2}\,s+\dfrac{1}{R_1R_2C_1C_2}}$
48		$R_3\,\dfrac{s\left(s+\dfrac{R_1+R_2}{R_1R_2C}\right)}{s^2+\dfrac{(R_1+R_2+R_3)L+R_1R_2R_3C}{R_1R_2CL}\,s+\dfrac{(R_1+R_2)R_3}{R_1R_2CL}}$
49		$\dfrac{1}{C_1}\,\dfrac{s+\dfrac{R_1+R_2}{R_1R_2C_2}}{s^2+\dfrac{(R_1+R_2)R_3C_1+R_1R_2C_2}{R_1R_2R_3C_1C_2}\,s+\dfrac{R_1+R_2+R_3}{R_1R_2R_3C_1C_2}}$

10.4 Übertragungs- und Übergangsfunktionen von Verstärkerschaltungen

Allgemeines Beispiel:

Im Schaltaugenblick $t = 0$ sollen sämtliche Energiespeicher des Netzwerkes energielos sein.

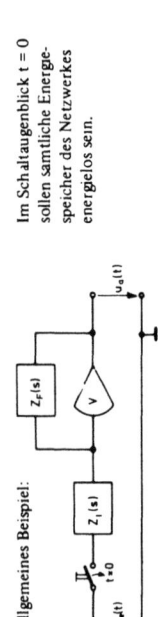

Nr.	Schaltung	Übertragungsfunktion $G(s)$	Übergangsfunktion $h(t)$	Graphische Darstellung von $-h(t)$
	$Z_i(s)$, $Z_F(s)$	$G(s) = -\dfrac{Z_F(s)}{Z_i(s)}$	$h(t) = \mathcal{L}^{-1}\left\{\dfrac{1}{s}\,G(s)\right\}$	
1	R_1, R_F	$-\dfrac{R_F}{R_1}$	$-\dfrac{R_F}{R_1}$	
2	R, C	$-\dfrac{1}{RC}\dfrac{1}{s}$	$-\dfrac{1}{RC}\,t$	

10.4 Übertragungs- und Übergangsfunktion von Verstärkerschaltungen

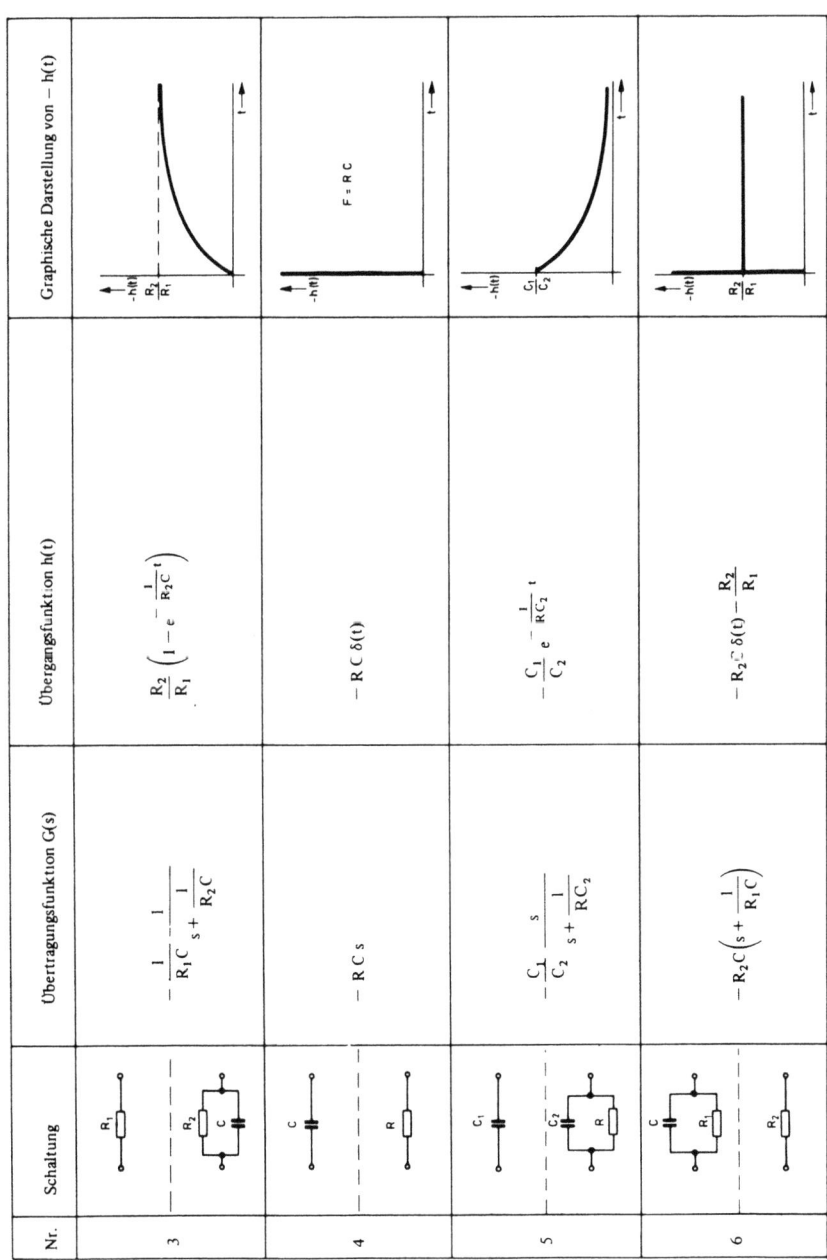

Nr.	Schaltung	Übertragungsfunktion $G(s)$	Übergangsfunktion $h(t)$	Graphische Darstellung von $-h(t)$
7		$-\dfrac{C_1}{C_2}\cdot\dfrac{s+\dfrac{1}{RC_1}}{s}$	$-\dfrac{C_1}{C_2}-\dfrac{1}{RC_2}t$	
8		$-\dfrac{C_1}{C_2}\cdot\dfrac{s+\dfrac{1}{R_1C_1}}{s+\dfrac{1}{R_2C_2}}$	$-\dfrac{R_2}{R_1}\left[1+e^{-\dfrac{1}{R_2C_2}t}\left(\dfrac{R_1C_1}{R_2C_2}-1\right)\right]$	
9		$-\dfrac{R_2}{R_1}\cdot\dfrac{s+\dfrac{1}{R_2C}}{s}$	$-\dfrac{R_2}{R_1}-\dfrac{1}{R_1C_1}t$	
10		$-RC_1\left(s+\dfrac{1}{RC_2}\right)$	$-RC_1\,\delta(t)-\dfrac{C_1}{C_2}$	

10.4 Übertragungs- und Übergangsfunktion von Verstärkerschaltungen

Nr.	Schaltung	Übertragungsfunktion $G(s)$	Übergangsfunktion $h(t)$	Graphische Darstellung von $-h(t)$
11	R_1, C — R_2	$-\dfrac{R_2}{R_1}\dfrac{s}{s+\dfrac{1}{R_1 C}}$	$-\dfrac{R_2}{R_1} e^{-\dfrac{1}{R_1 C} t}$	Exponentieller Abfall von $\dfrac{R_2}{R_1}$ gegen 0
12	R, C_1 — C_2	$-\dfrac{1}{R C_2}\dfrac{1}{s+\dfrac{1}{R C_1}}$	$-\dfrac{C_1}{C_2}\left(1 - e^{-\dfrac{1}{R C_1} t}\right)$	Anstieg auf $\dfrac{C_1}{C_2}$
13	R_1, C_1 — R_2, C_2	$-\dfrac{R_2}{R_1}\dfrac{s+\dfrac{1}{R_2 C_2}}{s+\dfrac{1}{R_1 C_1}}$	$-\dfrac{C_1}{C_2}\left[1 + e^{-\dfrac{1}{R_1 C_1} t}\left(\dfrac{R_2 C_2}{R_1 C_1} - 1\right)\right]$	Kurvenschar mit $R_2 C_2 < R_1 C_1$, $R_2 C_2 = R_1 C_1$, $R_2 C_2 > R_1 C_1$; alle streben gegen $\dfrac{R_2}{R_1}$
14	R_1, C_1 — $R_2 \parallel C_2$	$-\dfrac{1}{R_1 C_2}\dfrac{s}{\left(s+\dfrac{1}{R_1 C_1}\right)\left(s+\dfrac{1}{R_2 C_2}\right)}$	$-\dfrac{R_2 C_1}{R_1 C_1 - R_2 C_2}\left(e^{-\dfrac{1}{R_1 C_1} t} - e^{-\dfrac{1}{R_2 C_2} t}\right)$	Impulsförmiger Verlauf mit Maximum und Rückkehr gegen 0

Nr.	Schaltung	Übertragungsfunktion G(s)	Übergangsfunktion h(t)	Graphische Darstellung von $-h(t)$
15	(Schaltung mit R_1, C_1, R_2, C_2)	$-R_2C_2 \dfrac{\left(s+\dfrac{1}{R_1C_1}\right)\left(s+\dfrac{1}{R_2C_2}\right)}{s}$	$-R_2C_1\left[\left(\dfrac{1}{R_1C_1}+\dfrac{1}{R_2C_2}\right)\delta(t)+\dfrac{1}{R_1C_1R_2C_2}t\right]$	
16	(Schaltung mit R_1, R_2, R_3, C_1, C_2)	$-a\dfrac{\left(s+\dfrac{1}{R_3C_2}\right)\left(s+\dfrac{R_1+R_2}{R_1R_2C_1}\right)}{s}$ mit $a=\dfrac{1}{R_1C_1R_2C_2}$	$-\dfrac{R_3}{R_1+R_2}\Bigg[1-\dfrac{(R_1+R_2)R_3C_2\, e^{-\frac{1}{R_3C_2}t}}{(R_1+R_2)R_3C_2-R_1R_2C_1}$ $-\dfrac{R_1R_2C_1\, e^{-\frac{R_1+R_2}{R_1R_2C_1}t}}{(R_1+R_2)R_3C_2-R_1R_2C_1}\Bigg]$	
17	(Schaltung mit $2R, \tfrac{C}{2}, R, 2C, \tfrac{R}{2}, C$)	$-s\dfrac{\dfrac{1}{RC}}{s^2+\left(\dfrac{1}{RC}\right)^2}$	$-\sin\dfrac{1}{RC}t$	

Literaturverzeichnis

[1] *Ameling, W.:* Aufbau und Wirkungsweise elektronischer Analogrechner. Friedr. Vieweg-Verlag, Braunschweig, 1963
[2] *Bracewell, R.:* The Fourier Transform and its Applications. McGraw-Hill, Inc., 1965
[3] *Brüderlink, R.:* Laplace-Transformation und elektrische Ausgleichsvorgänge. Verlag G. Braun, Karlsruhe, 1964
[4] *Campbell, G. A. / Foster, R. M.:* Fourier Integrals for Practical Applications. D. van Nostrand Company, Inc., 1967
[5] *Doetsch, G.:* Handbuch der Laplace-Transformation. Birkhäuser Verlag, Basel und Stuttgart, 1958
[6] *Doetsch, G.:* Anleitung zum praktischen Gebrauch der Laplace-Transformation. R. Oldenbourg Verlag, München, 1961
[7] *Holbrook, J. G.:* Laplace Transforms for Electrical Engineers. Pergamon Press, 1966
[8] *Nixon, F. E.:* Beispiele und Tafeln zur Laplace-Transformation. Franckh'sche Verlagshandlung, Stuttgart, 1964
[9] *Spiegel, M. R.:* Theory and Problems of Laplace Transforms. Schaum Publishing Co., 1965
[10] *Tschauner, J.:* Einführung in die Theorie der Abtastsysteme. R. Oldenbourg Verlag, München, 1960
[11] *Zypkin, Ja. S.:* Theorie der Relaissysteme der automatischen Regelung. R. Oldenbourg Verlag, München, 1958

Sachwortverzeichnis

Abbildung 12
—, identische 38
Ableitungssatz für das Faltungsprodukt 123
— — die Bildfunktion 67
— — die Originalfunktion 57
Abtastsystem 229
Ähnlichkeitssatz 72
Ausgleichsvorgang 170

Bildbereich 13
Bildfunktion 13, 39
— einer periodischen Funktion 126
—, Ermittlung der 53
— mit gebrochenem Exponenten 131

Dämpfungssatz 74
Delta-Funktion 139
ϑ-Transformation 236
Differentialgleichungen, Cauchy-Riemannsche 106
—, Lösung gewöhnlicher 161
—, Lösung partieller 208
Differentialgleichungssysteme, Lösung von 168
Differenz erster Ordnung 231
— n-ter Ordnung 232
Differenzengleichungen, Behandlung von 229

Einschwingvorgänge in elektrischen Netzwerken 184
Elektrische Maschinen, dynamisches Verhalten 187

Faltung, Eigenschaften der 81
Faltungsintegral 80
Faltungssatz 80
—, Erzeugung neuer Funktionenpaare 118

Fehler 17
Fehlerquadratmethode 18
Fourier-Integral 16, 36
— -Reihe 20
— -Reihe in komplexer Schreibweise 29
— -Transformation 12, 36
Frequenzgang 148
Funktion, gerade 25
—, holomorphe 105
—, reguläre 105
—, ungerade 26
Funktionentheorie, Hauptsatz der 107

Gammafunktion 134
Gebiet, einfach zusammenhängend 107
—, mehrfach zusammenhängend 107
Gleichanteil 24
Grundschwingung 24

harmonische Analyse 20, 33
harmonischer Analysator 35
Heavisidescher Entwicklungssatz 246

Integralsatz für die Bildfunktion 70
— — die Originalfunktion 65

Kennzeitfunktion erster Art 158
— zweiter Art 155
Kurzschlußkernimpedanz 148

Laplace-Carson-Transformation 247
Laplace-Integral 47
— —, inverses 49
Laplace-Transformation 12, 52
— —, diskrete 236
Laplace-Transformierte 49
Laurent-Transformation 238

Sachwortverzeichnis

Leitungsgleichungen 220
Linearkombination, Satz über
  die 57
Linearkombination, Satz über die 57
Linienspektrum 28

Oberfunktion 39
Oberschwingung 24
Operatorenrechnung 11, 241
Originalbereich 13
Originalfunktion 13, 39
—, asymptotisches Verhalten der 141
Orthogonalfunktion 20
Orthonormalfunktion 20

Partialbruchzerlegung 91

Regelkreis 202
—, Grundgleichung 204
regelungstechnische Anwendungen 200
Reihenentwicklung, Methode der 102
Relaissystem 230
Residuensatz 110
Residuum 110
Rücktransformation, Methoden der 90

Schaltvorgang 170
Spektralfunktion 16, 38
System, lineares 146

Telegraphengleichung 208, 221
—, Lösung der 219
Transformation 12
—, diskrete 12
—, Funktional- 12
—, Integral- 12
—, stetige 12

Übergangsfunktion 147, 154
Übertragungsfunktion 147
Umkehrintegral, komplexes 103
Unterfunktion 39

Verschiebungssatz 75

Wärmeleitungsgleichung 208, 221
—, Lösung der 213
Wellengleichung 208, 221

Z-Transformation 238

Aus dem Programm: **Elektrotechnik**

Walter Ameling
Grundlagen der Elektrotechnik

Die „Grundlagen der Elektrotechnik" 1 und 2 umfassen den notwendigen Stoff der Grundlagenausbildung im Fach Elektrotechnik. Die Einteilung in zwei Bände wurde in Anlehnung an die in der Bundesrepublik einheitliche Aufteilung des Studiums bis zur Diplom-Vorprüfung in zwei Studienabschnitte gewählt. Die mathematischen Anforderungen sind den Kenntnissen des jeweiligen Studienabschnitts angepaßt. Wo es notwendig und sinnvoll erschien, wurden die für den Elektrotechniker wesentlichen Zusammenhänge ausführlich hergeleitet.

Band I. 1974. 224 S. 15,5 X 22,6 cm. (Studienbücher Naturwissenschaft und Technik, Bd. 11) Pb.

Aus dem Inhalt: Größengleichungen und Maßsysteme — Der zeitlich konstante elektrische Strom — Das elektrische Feld — Das magnetische Feld — Elektromagnetische Induktion — Komplexe Berechnung von Wechselstromschaltungen.

Band II. 1974. 264 S. 15,5 X 22,6 cm. (Studienbücher Naturwissenschaft und Technik, Bd. 12) Pb.

Aus dem Inhalt: Mehrphasensysteme — Drehfelder — Symmetrische Komponenten — Der Transformator — Asynchronmaschine — Synchronmaschine — Gleichstrommaschinen — Nichtsinusförmige, periodische und nichtperiodische Vorgänge - Laplace-Transformation — Theorie der Leitungen — Grundbegriffe der Netzwerktheorie — Elektronenröhren — Halbleiterbauelemente — Elektrische Meßtechnik.

MIX
Papier aus verantwortungsvollen Quellen
Paper from responsible sources
FSC® C105338

If you have any concerns about our products,
you can contact us on
ProductSafety@springernature.com

In case Publisher is established outside the EU,
the EU authorized representative is:
**Springer Nature Customer Service Center GmbH
Europaplatz 3, 69115 Heidelberg, Germany**

Printed by Libri Plureos GmbH
in Hamburg, Germany